Alle Formeln kompakt

Mathematik

erarbeitet von
Stefan Stöckle

unter Beratung von
Manfred Baum
Prof. Dr. Hinrich Lorenzen
Prof. Dr. Michael Schmitz
Oliver Thomsen

Ernst Klett Verlag
Stuttgart · Leipzig · Dortmund

Inhalt

Inhalt

Inhalt

Inhalt

Grundlagen

Mathematische Begriffe und Bezeichnungen

Relationszeichen

$a = b$	a gleich b	$a < b$	a kleiner b
$a \neq b$	a ungleich b	$a > b$	a größer b
$a \approx b$	a ungefähr gleich b	$a \leq b$	a kleiner b oder a gleich b
		$a \geq b$	a größer b oder a gleich b

Konstanten

π Kreiszahl Pi (Ludolf'sche Zahl) ($\pi = 3{,}141\,592\,653\,589\ldots$)

e Euler'sche Zahl ($e = 2{,}718\,281\,828\,459\ldots$)

Funktionen

f	Bezeichner einer Funktion	f'	Ableitungsfunktion der Funktion f
$f(x)$	Funktionsterm	$f'(x)$	Funktionsterm der ersten Ableitung
$f(a)$	Funktionswert an der Stelle a	$f'(a)$	Wert von f' an der Stelle a
$x \mapsto f(x)$	Funktionsvorschrift	D_f	Definitionsmenge von f
$y = f(x)$	Funktionsgleichung	W_f	Wertemenge von f

Geometrie

$O(0\,\vert\,0)$	Koordinatenursprung in der Ebene
$O(0\,\vert\,0\,\vert\,0)$	Koordinatenursprung im Raum
$P(p_1\,\vert\,p_2)$	Punkt in der Ebene mit den Koordinaten p_1 und p_2
$P(p_1\,\vert\,p_2\,\vert\,p_3)$	Punkt im Raum mit den Koordinaten p_1, p_2 und p_3
$\overline{PQ}$	Strecke mit den Endpunkten P und Q
$\lvert\overline{PQ}\rvert$ (auch $\overline{PQ}$)	Länge der Strecke mit den Endpunkten P und Q
PQ	Gerade durch die Punkte P und Q
$\vec{v} = \begin{pmatrix} v_1 \\ v_2 \end{pmatrix}$	Vektor in der Ebene mit den Koordinaten v_1 und v_2
$\vec{v} = \begin{pmatrix} v_1 \\ v_2 \\ v_3 \end{pmatrix}$	Vektor im Raum mit den Koordinaten v_1, v_2 und v_3
$\lvert\vec{v}\rvert$	Betrag des Vektors $\vec{v}$
$\overrightarrow{AB}$	Vektor, der die Verschiebung beschreibt, die A auf B abbildet
$\vec{o}$	Nullvektor
$\vec{a} = \overrightarrow{OA}$	Ortsvektor des Punktes A

Stochastik

$P(A)$	Wahrscheinlichkeit des Ereignisses A
X	Zufallsgröße
$P(X = k)$	Wahrscheinlichkeit dafür, dass die Zufallsgröße X den Wert k annimmt
$\binom{n}{k}$	Binomialkoeffizient „n über k“
$E(X) = \mu(X)$	Erwartungswert der Zufallsgröße X
$\sigma(X)$	Standardabweichung der Zufallsgröße X

Griechisches Alphabet

A, α Alpha	B, β Beta	Γ, γ Gamma	Δ, δ Delta	E, ε Epsilon	Z, ζ Zeta
H, η Eta	Θ, ϑ Theta	I, ι Jota	K, ϰ Kappa	Λ, λ Lambda	M, μ My
N, ν Ny	Ξ, ξ Xi	O, o Omikron	Π, π Pi	P, ϱ Rho	Σ, σ Sigma
T, τ Tau	Y, υ Ypsilon	Φ, φ Phi	X, χ Chi	Ψ, ψ Psi	Ω, ω Omega

Aussagenlogik

Logik

Aussage, Wahrheitswerte und Aussagenvariable

Eine **Aussage** ist ein Satz, der entweder etwas Wahres oder etwas Falsches ausdrückt. Jeder Aussage lässt sich stets ein **Wahrheitswert** zuordnen: W (wahr) bzw. F (falsch). **Aussagenvariablen** sind Zeichen wie p und q, die für Aussagen stehen und nur die Wahrheitswerte W und F annehmen können.

Aussageform

Ein Ausdruck, der mindestens eine Variable bezüglich einer Grundmenge enthält, heißt **Aussageform** bezüglich dieser Grundmenge. Er ist weder wahr noch falsch und geht bei jeder Einsetzung der Variable(n) durch Elemente der Grundmenge in eine Aussage über.
Eine Aussageform, die für jede Einsetzung den Wahrheitswert W annimmt, heißt **Tautologie**.

Aussagenverknüpfungen

(p, q Aussagenvariablen)

Negation:	$\neg p$	nicht p
Konjunktion:	$p \wedge q$	p und q
Disjunktion:	$p \vee q$	p oder q (einschließendes Oder)
Alternative:	$p \dot{\vee} q$	entweder p oder q (ausschließendes Oder)
Subjunktion:	$p \rightarrow q$	wenn p, dann q
Bijunktion:	$p \leftrightarrow q$	p genau dann, wenn q

Wahrheitstafeln

(p, q Aussagenvariablen)

p	q	$\neg p$	$p \wedge q$	$p \vee q$	$p \dot{\vee} q$	$p \rightarrow q$	$p \leftrightarrow q$
W	W	F	W	W	F	W	W
W	F	F	F	W	W	F	F
F	W	W	F	W	W	W	F
F	F	W	F	F	F	W	W

Die Verknüpfungszeichen $\neg$, $\wedge$, $\vee$, $\dot{\vee}$, $\rightarrow$, und $\leftrightarrow$ heißen **Junktoren**.
$\neg$ bindet stärker als $\wedge$ und $\vee$, die wiederum stärker binden als $\dot{\vee}$, $\rightarrow$ und $\leftrightarrow$.

Implikation und Äquivalenz (A, B Aussageformen)

Implikation: Ist $A \rightarrow B$ für alle möglichen Einsetzungen wahr, schreibt man $A \Rightarrow B$ (aus A folgt B). A ist hinreichend für B; B ist notwendig für A.

Äquivalenz: Ist $A \leftrightarrow B$ für alle möglichen Einsetzungen wahr, schreibt man $A \Leftrightarrow B$ (A ist äquivalent zu B). Dann ist auch B äquivalent zu A.

Gesetze der Aussagenlogik (p, q, r Aussagenvariablen)

Kommutativgesetze:	$p \vee q \Leftrightarrow q \vee p$	$p \wedge q \Leftrightarrow q \wedge p$
Assoziativgesetze:	$(p \vee q) \vee r \Leftrightarrow p \vee (q \vee r)$	$(p \wedge q) \wedge r \Leftrightarrow p \wedge (q \wedge r)$
Distributivgesetze:	$p \vee (q \wedge r) \Leftrightarrow (p \vee q) \wedge (p \vee r)$	$p \wedge (q \vee r) \Leftrightarrow (p \wedge q) \vee (p \wedge r)$
Idempotenzgesetze:	$p \vee p \Leftrightarrow p$	$p \wedge p \Leftrightarrow p$
Absorptionsgesetze:	$p \vee (p \wedge q) \Leftrightarrow p$	$p \wedge (p \vee q) \Leftrightarrow p$
De-Morgan-Gesetze:	$\neg(p \vee q) \Leftrightarrow \neg p \wedge \neg q$	$\neg(p \wedge q) \Leftrightarrow \neg p \vee \neg q$
Vereinigungsgesetze:	$p \vee \neg p$ Tautologie Satz vom ausgeschlossenen Dritten	$\neg(p \wedge \neg p)$ Tautologie Satz vom Widerspruch
Kontrapositionsgesetz:	$(p \rightarrow q) \Leftrightarrow (\neg q \rightarrow \neg p)$	
Transitivgesetz:	$((p \rightarrow q) \wedge (q \rightarrow r)) \Rightarrow (p \rightarrow r)$	
Abtrenngesetze:	$p \wedge (p \rightarrow q) \Rightarrow q$ (direkter Schluss) $(p \rightarrow q) \wedge \neg q \Rightarrow \neg p$ (indirekter Schluss)	

Tautologie
→ vgl. oben

Grundlagen

Mengen

Schreibweisen und Beziehungen

$\{x_1, x_2, \ldots, x_n\}$: Menge mit den Elementen $x_1, x_2, \ldots, x_n$
$\{x \mid \ldots\}$: Menge aller x, für die … gilt
$x \in M$: x ist ein Element der Menge M.
$y \notin M$: y ist kein Element der Menge M.
$\{\,\}$ oder $\varnothing$: leere Menge (enthält kein Element)
Mengengleichheit: $A = B$ A und B haben dieselben Elemente (A gleich B).
Teilmenge: $A \subseteq B$ Jedes Element von A ist auch Element von B (A ist Teilmenge von B).

Echte Teilmenge: $A \subset B$
A ist Teilmenge von B und es gibt mindestens ein Element in B, das nicht Element von A ist (A ist echte Teilmenge von B).

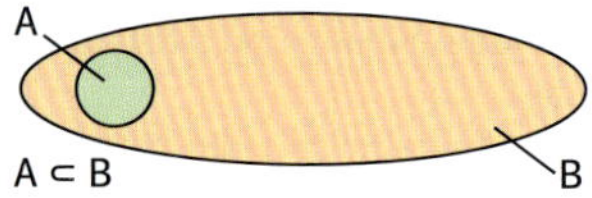

Potenzmenge: $P(B) = \{A \mid A \subseteq B\}$
Menge aller Teilmengen einer Menge B (Potenzmenge einer Menge B).
Die Potenzmenge einer Menge mit n Elementen enthält 2^n Elemente.

Komplementmenge: $\overline{A} = \{x \mid x \in B \wedge x \notin A\}$
Es liegt eine Menge B zugrunde und A ist eine beliebige Menge aus P(B), also Teilmenge von B. Dann ist die Komplementmenge (Komplementärmenge) $\overline{A}$ die Menge aller Elemente von B, die nicht Element der Menge A sind (Komplement bzw. Komplementmenge von A bezüglich B).

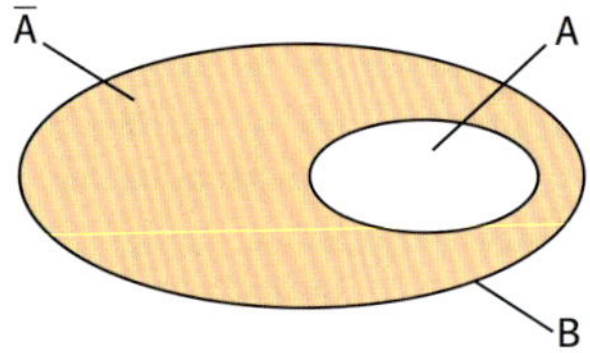

Mengenverknüpfungen

Vereinigungsmenge: $A \cup B = \{x \mid x \in A \vee x \in B\}$
Menge aller Elemente, die Element von A oder Element von B oder Element von A und B sind (A vereinigt B).

Schnittmenge: $A \cap B = \{x \mid x \in A \wedge x \in B\}$
Menge aller Elemente, die Element von A und Element von B sind (A geschnitten B).

Differenzmenge: $A \setminus B = \{x \mid x \in A \wedge x \notin B\}$
Menge aller Elemente, die Element von A, aber nicht Element von B sind (A ohne B).

Produktmenge: $A \times B = \{(x; y) \mid x \in A \wedge y \in B\}$
Menge aller geordneten Paare (x; y), bei denen x Element von A und y Element von B ist (A kreuz B).

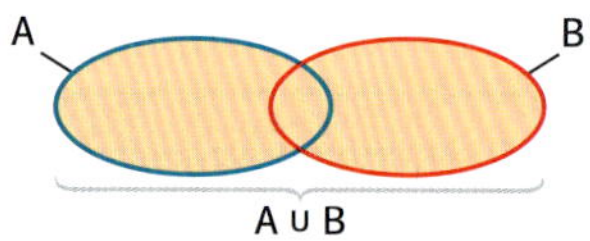

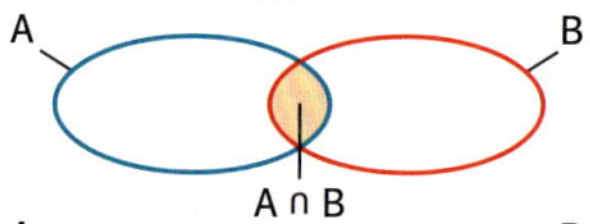

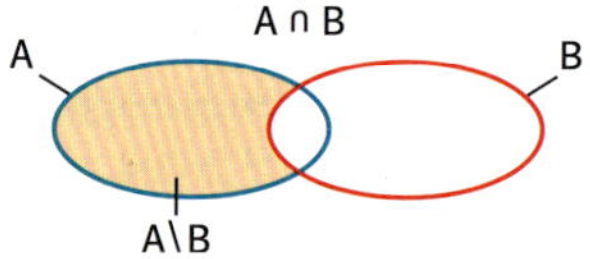

Gesetze der Mengenalgebra

Kommutativgesetze:	$A \cup B = B \cup A$	$A \cap B = B \cap A$
Assoziativgesetze:	$(A \cup B) \cup C = A \cup (B \cup C)$	$(A \cap B) \cap C = A \cap (B \cap C)$
Distributivgesetze:	$A \cup (B \cap C) = (A \cup B) \cap (A \cup C)$	$A \cap (B \cup C) = (A \cap B) \cup (A \cap C)$
Idempotenzgesetze:	$A \cup A = A$	$A \cap A = A$
Absorptionsgesetze:	$A \cup (A \cap B) = A$	$A \cap (A \cup B) = A$
De-Morgan-Gesetze:	$\overline{A \cup B} = \overline{A} \cap \overline{B}$	$\overline{A \cap B} = \overline{A} \cup \overline{B}$

Zahlenmengen

Zahlenmenge	Uneingeschränkt ausführbar
Menge der natürlichen Zahlen: $\mathbb{N} = \{0, 1, 2, 3 \ldots\}$; $\mathbb{N}^* = \mathbb{N} \setminus \{0\} = \{1, 2, 3 \ldots\}$	Addition und Multiplikation
Menge der gebrochenen Zahlen: $\mathbb{Q}^+ = \left\{\frac{a}{b} \,\middle\|\, a, b \in \mathbb{N} \setminus \{0\}\right\}$; $\mathbb{N}^* \subset \mathbb{Q}^+$ Auch als positive abbrechende oder periodische Dezimalbrüche darstellbar.	Addition, Multiplikation und Division (außer durch 0)
Menge der ganzen Zahlen: $\mathbb{Z} = \{\ldots -3, -2, -1, 0, 1, 2, 3 \ldots\}$; $\mathbb{N} \subset \mathbb{Z}$	Addition, Subtraktion und Multiplikation
Menge der rationalen Zahlen: $\mathbb{Q} = \left\{\frac{a}{b} \,\middle\|\, a \in \mathbb{Z} \text{ und } b \in \mathbb{Z} \setminus \{0\}\right\}$; $\mathbb{N} \subset \mathbb{Z} \subset \mathbb{Q}$ Auch als abbrechende oder periodische Dezimalbrüche darstellbar.	Addition, Subtraktion, Multiplikation und Division (außer durch 0)
Menge der reellen Zahlen: $\mathbb{N} \subset \mathbb{Z} \subset \mathbb{Q} \subset \mathbb{R}$ Enthält neben $\mathbb{Q}$ auch die Menge $\mathbb{I}$ der irrationalen Zahlen wie π, e oder $\sqrt{2}$ (nicht als abbrechende oder periodische Dezimalbrüche darstellbar).	Addition, Subtraktion, Multiplikation und Division (außer durch 0) Wurzelziehen für nichtnegative Radikanden
Menge der komplexen Zahlen: $\mathbb{C} = \{z \mid z = a + b\,i \text{ und } a, b \in \mathbb{R} \text{ und } i^2 = -1\}$ $\mathbb{N} \subset \mathbb{Z} \subset \mathbb{Q} \subset \mathbb{R} \subset \mathbb{C}$	Addition, Subtraktion, Multiplikation und Division (außer durch 0), Wurzelzeichen

Echte Teilmenge → S. 8
Radikand → S. 12, 14
Komplexe Zahlen → S. 15

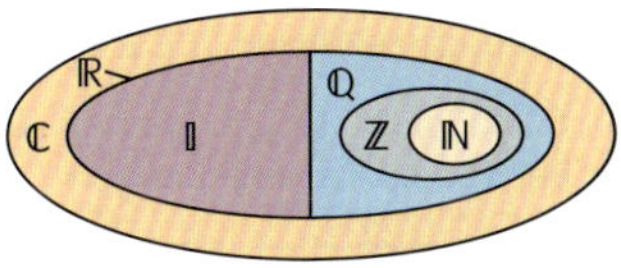

Intervalle

Abgeschlossenes Intervall:
$[a; b] = \{x \in \mathbb{R} \mid a \le x \le b\}$

Linksoffenes Intervall:
$(a; b] = \{x \in \mathbb{R} \mid a < x \le b\}$

Unbeschränkte Intervalle:
$[a; +\infty) = \{x \in \mathbb{R} \mid x \ge a\}$

$(a; +\infty) = \{x \in \mathbb{R} \mid x > a\}$

Offenes Intervall:
$(a; b) = \{x \in \mathbb{R} \mid a < x < b\}$

Rechtsoffenes Intervall:
$[a; b) = \{x \in \mathbb{R} \mid a \le x < b\}$

$(-\infty; a] = \{x \in \mathbb{R} \mid x \le a\}$

$(-\infty; a) = \{x \in \mathbb{R} \mid x < a\}$

Zahldarstellungen

Stellenwertsysteme (Positionssysteme)

Darstellung einer natürlichen Zahl $a_n a_{n-1} a_{n-2} \ldots a_2 a_1 a_0$ mit der Basis b:
$(a_n a_{n-1} a_{n-2} \ldots a_2 a_1 a_0)_b = a_n \cdot b^n + a_{n-1} \cdot b^{n-1} + a_{n-2} \cdot b^{n-2} + \ldots + a_2 \cdot b^2 + a_1 \cdot b^1 + a_0 \cdot b^0$.
In einem Stellenwertsystem mit der Basis b benötigt man zur Darstellung jeder natürlichen Zahl b Ziffern. Der Wert einer Ziffer hängt von ihrer Position (Stelle) ab.

Dezimalsystem (Zehnersystem)

Basis $b = 10$. Ziffern zur Darstellung einer natürlichen Zahl: 0, 1, 2, …, 8 und 9.
$a_n a_{n-1} a_{n-2} \ldots a_2 a_1 a_0 = a_n \cdot 10^n + a_{n-1} \cdot 10^{n-1} + a_{n-2} \cdot 10^{n-2} + \ldots + a_2 \cdot 10^2 + a_1 \cdot 10 + a_0$
Beispiel: $34\,204 = 3 \cdot 10^4 + 4 \cdot 10^3 + 2 \cdot 10^2 + 0 \cdot 10^1 + 4 \cdot 10^0$.

Grundlagen

Zahldarstellungen

Dualsystem (Binärsystem)

Basis $b = 2$. Zur Darstellung einer natürlichen Zahl verwendet man die Ziffern 0 und 1.
$(a_n a_{n-1} a_{n-2} \ldots a_2 a_1 a_0)_2 = a_n \cdot 2^n + a_{n-1} \cdot 2^{n-1} + a_{n-2} \cdot 2^{n-2} + \ldots + a_2 \cdot 2^2 + a_1 \cdot 2 + a_0$
Beispiel: $(1011)_2 = 1 \cdot 2^3 + 0 \cdot 2^2 + 1 \cdot 2^1 + 1 \cdot 2^0 = 11$.

Hexadezimalsystem

Basis $b = 16$. Zur Darstellung einer natürlichen Zahl verwendet man die Ziffern 0, 1, 2, …, 9, A, B … F.
$(a_n a_{n-1} a_{n-2} \ldots a_2 a_1 a_0)_{16} = a_n \cdot 16^n + a_{n-1} \cdot 16^{n-1} + a_{n-2} \cdot 16^{n-2} + \ldots + a_2 \cdot 16^2 + a_1 \cdot 16 + a_0$
Beispiel: $(B103F)_{16} = 11 \cdot 16^4 + 1 \cdot 16^3 + 0 \cdot 16^2 + 3 \cdot 16^1 + 15 \cdot 16^0 = 725\,055$.

Römische Zahlzeichen (Additionssystem)

Römische Zahlzeichen und ihre Bedeutung:
I: 1 V: 5 X: 10 L: 50 C: 100 D: 500 M: 1000

Der Wert eines römischen Zahlzeichens ist unabhängig von seiner Stelle, an der es steht. Römische Zahlzeichen werden hintereinandergeschrieben.
Im Allgemeinen beginnt man mit dem Zeichen mit dem größten Wert.
Steht ein Zahlzeichen rechts von einem gleichen oder höheren, so wird sein Wert addiert. Steht ein Zahlzeichen links von einem höheren, so wird sein Wert subtrahiert.
Die Zeichen I, X und C werden höchstens dreimal hintereinandergeschrieben. Die Zeichen V, L und D werden nicht vorangestellt und nicht wiederholt.
Beispiele: VII = 5 + 1 + 1 = 7, XVI = 10 + 5 + 1 = 16, XCV = 100 − 10 + 5 = 95.

Runden und Näherungswerte

Steht direkt rechts von der Rundungsstelle eine 5, 6, 7, 8 oder 9, so wird **aufgerundet**.
Steht direkt rechts von der Rundungsstelle eine 0, 1, 2, 3 oder 4, so wird **abgerundet**.

Näherungswerte erhält man durch Runden, beim Messen von Größen, beim Angeben von irrationalen Zahlen oder bei Überschlagsrechnungen.

Primzahlen

Teiler und Teilermenge → S. 11

Eine natürliche Zahl $p > 1$ mit genau zwei Teilern in der Menge $\mathbb{N}$ der natürlichen Zahlen (die 1 und p) heißt **Primzahl**.
Eine Primzahl p hat nur unechte Teiler: $T_p = \{1; p\}$.

Primzahlen bis 100:

2	3	5	7	11	13	17	19	23	29	31	37	41
43	47	53	59	61	67	71	73	79	83	89	97	

Wenn sich eine Zahl $n \in \mathbb{N}$, $n > 1$ als Produkt zweier kleinerer natürlicher Zahlen a und b beschreiben lässt ($n = a \cdot b$), dann heißt n **zusammengesetzt**, ansonsten **prim**.

Primfaktorzerlegung

Schreibweise p | n → S. 11

Eine Zahl p heißt **Primfaktor** einer natürlichen Zahl n, wenn $p \mid n$ und p eine Primzahl ist. Alle natürlichen Zahlen größer als 1 lassen sich (bis auf die Reihenfolge der Faktoren) eindeutig als ein Produkt von Primfaktoren schreiben, z. B. $28 = 2 \cdot 2 \cdot 7$.

Bei der **kanonischen Primfaktorzerlegung** einer Zahl $n \in \mathbb{N}, n > 1$ werden die Primfaktoren der Größe nach geordnet und gleiche Primfaktoren zu Potenzen zusammengefasst:
$n = p_1^{e_1} \cdot p_2^{e_2} \cdot \ldots \cdot p_m^{e_m}$ mit den Primzahlen $p_1 < p_2 < \ldots < p_m$ und $e_1, e_2, \ldots, e_m \in \mathbb{N}^*$.
Der Exponent $e_k (k = 1, 2 \ldots m)$ ist die Vielfachheit des Primfaktors p_k.

Teiler und Vielfache

Eine Zahl $a \in \mathbb{Z}$ ist **Teiler** einer Zahl $b \in \mathbb{Z}$, wenn es ein $n \in \mathbb{Z}$ gibt mit $a \cdot n = b$, wenn also die Division $b : a$ ohne Rest aufgeht. Die Zahl n ist der zu a **komplementäre Teiler**, b ist ein **Vielfaches** von a. Die Zahlen 1 und b sind **unechte Teiler**, alle anderen Teiler nennt man **echte Teiler** der Zahl b.

Schreibweisen: $a \mid b$ „a teilt b." und $a \nmid b$ „a ist kein Teiler von b."
Teilermenge: Menge aller Teiler einer Zahl. $T_b = \{x \in \mathbb{Z} \mid x \mid b\}$
Vielfachenmenge: Menge aller Vielfachen einer Zahl. $V_a = \{x \in \mathbb{Z} \mid a \mid x\}$

Teilbarkeitsregeln

Eine Zahl ist genau dann **teilbar durch**
2, wenn ihre letzte Ziffer eine 0, 2, 4, 6 oder 8 ist,
3, wenn ihre Quersumme durch 3 teilbar ist,
4, wenn die aus ihren beiden letzten Ziffern gebildete Zahl durch 4 teilbar ist,
5, wenn ihre letzte Ziffer eine 0 oder eine 5 ist,
9, wenn ihre Quersumme durch 9 teilbar ist,
10, wenn ihre letzte Ziffer eine 0 ist.

Größter gemeinsamer Teiler (ggT) und kleinstes gemeinsames Vielfaches (kgV)

Für den **größten gemeinsamen Teiler** zweier Zahlen a und b schreibt man **ggT(a; b)**.
Für das **kleinste gemeinsame Vielfache** zweier Zahlen a und b schreibt man **kgV(a; b)**.
Zwischen ggT und kgV besteht der Zusammenhang $a \cdot b = \text{ggT}(a; b) \cdot \text{kgV}(a; b)$.

Primfaktorzerlegung → S.10

Bestimmen von ggT(a; b) mithilfe der Primfaktorzerlegung

$$\begin{aligned} 1560 &= 2 \cdot 2 \cdot 2 \cdot 3 \cdot 5 \cdot 13 \\ 6300 &= 2 \cdot 2 \cdot 3 \cdot 3 \cdot 5 \cdot 5 \cdot 7 \\ \text{ggT}(1560; 6300) &= 2 \cdot 2 \cdot 3 \cdot 5 = 60 \end{aligned}$$

Bestimmen von kgV(a; b) mithilfe der Primfaktorzerlegung

$$\begin{aligned} 504 &= 2 \cdot 2 \cdot 2 \cdot 3 \cdot 3 \cdot 7 \\ 60 &= 2 \cdot 2 \cdot 3 \cdot 5 \\ \text{ggT}(504; 60) &= 2 \cdot 2 \cdot 2 \cdot 3 \cdot 3 \cdot 5 \cdot 7 = 2520 \end{aligned}$$

Euklidischer Algorithmus zum Bestimmen von ggT(a; b)

$a : b = m_1$ Rest n_1, $n_1 \neq 0$
$b : n_1 = m_2$ Rest n_2, $n_2 \neq 0$
$n_1 : n_2 = m_3$ Rest n_3, $n_3 \neq 0$
…
$n_{z-2} : n_{z-1} = m_z$ Rest 0
$\text{ggT}(a; b) = n_{z-1}$

Bruchrechnung

Betrag → S.13

Begriffe (Alle Nenner stets ungleich null.)

Bei einem **Bruch** $\frac{a}{b}$ heißt a **Zähler** und b **Nenner** des Bruches. $\frac{b}{a}$ ist der **Kehrbruch** von $\frac{a}{b}$.
Es gilt $\frac{a}{b} \cdot \frac{b}{a} = 1$. Für $|a| < |b|$ spricht man von einem **echten Bruch**, für $|a| \geq |b|$ von einem **unechten Bruch**. Brüche mit dem Zähler 1 heißen **Stammbrüche**.
Unechte Brüche wie $\frac{7}{4}$ kann man auch in der **gemischten Schreibweise** angeben: $1\frac{3}{4}$.
Brüche mit gleichem Nenner heißen **gleichnamig**. Der kleinste gemeinsame Nenner zweier Brüche, der **Hauptnenner**, ist das kgV der beiden Nenner.

kgV → vgl. oben

Erweitern und Kürzen (Alle Nenner stets ungleich null.)

Ein Bruch wird **erweitert**, indem der Zähler und der Nenner mit derselben Zahl (ungleich 0) multipliziert werden: $\frac{a}{b} = \frac{a \cdot n}{b \cdot n}$ $(n \neq 0)$. Ein Bruch wird **gekürzt**, indem der Zähler und der Nenner durch dieselbe Zahl (ungleich 0) dividiert werden: $\frac{a}{b} = \frac{a : n}{b : n}$ $(n \neq 0)$.

Elementare Algebra

Bruchrechnung

Rechnen mit Brüchen (Alle Nenner stets ungleich null.)

Addition und Subtraktion: $\frac{a}{b} \pm \frac{c}{b} = \frac{a \pm c}{b}$ $\frac{a}{b} \pm \frac{c}{d} = \frac{a \cdot d \pm c \cdot b}{b \cdot d}$

Multiplikation: $\frac{a}{b} \cdot \frac{c}{d} = \frac{a \cdot c}{b \cdot d}$

Division: $\frac{a}{b} : \frac{c}{d} = \frac{a}{b} \cdot \frac{d}{c} = \frac{a \cdot d}{b \cdot c}$

Gleichheit von Brüchen (Alle Nenner stets ungleich null.)

Zwei Brüche $\frac{a}{b}$ und $\frac{c}{d}$ stellen genau dann die gleiche Zahl dar, wenn $a \cdot d = b \cdot c$ gilt.

Rechenoperationen und Rechengesetze

Rechenoperationen ($a, b \in \mathbb{R}$)

Potenzen → S.13
Wurzeln → S.14
Logarithmen → S.14

	Rechenart	Term	Termname	a	b
Grundrechenarten	Addition	$a + b$	Summe	Summand	Summand
Grundrechenarten	Subtraktion	$a - b$	Differenz	Minuend	Subtrahend
Grundrechenarten	Multiplikation	$a \cdot b$	Produkt	Faktor	Faktor
Grundrechenarten	Division	$a : b \ (b \neq 0)$	Quotient	Dividend	Divisor
	Potenzieren	a^b $(a > 0)$	Potenz	Basis bzw. Grundzahl	Exponent bzw. Hochzahl
	Radizieren (Wurzelziehen)	$\sqrt[b]{a}$ $(a \geq 0;\ b \in \mathbb{N}^* \setminus \{1\})$	n-te Wurzel	Radikand	Wurzelexponent
	Logarithmieren	$\log_b(a)$ $(a, b > 0;\ b \neq 1)$	Logarithmus	Numerus	Basis

Vorrangregeln (Hierarchie der Rechenoperationen)

Zuerst wird berechnet, was in Klammern steht.
Potenzieren, Radizieren und Logarithmieren erfolgt vor der Punkt- und Strichrechnung.
Die Punktrechnung erfolgt vor der Strichrechnung.

Rechengesetze für die Grundrechenarten

Kommutativgesetze

$a + b = b + a$ $a \cdot b = b \cdot a$

Assoziativgesetze

$(a + b) + c = a + (b + c) = a + b + c$ $(a \cdot b) \cdot c = a \cdot (b \cdot c) = a \cdot b \cdot c$

Distributivgesetze

$a \cdot (b \pm c) = a \cdot b \pm a \cdot c$ $(a \pm b) \cdot c = a \cdot c \pm b \cdot c$

Von links nach rechts gelesen: **Ausmultiplizieren**, in der anderen Richtung **Ausklammern.**

$(a \pm b) : c = a : c \pm b : c$

Multiplizieren von Summen

$(a + b) \cdot (c + d) = a \cdot c + a \cdot d + b \cdot c + b \cdot d$

Rechenoperationen und Rechengesetze

Monotoniegesetze ($a, b, c \in \mathbb{R}$)

$a < b \Leftrightarrow b > a \Leftrightarrow b - a > 0$

Aus $a < b$ folgt $a + c < b + c$.

Aus $a < b$ folgt $-a > -b$.

Aus $a < b$ folgt $a \cdot c < b \cdot c$ $(c > 0)$.

Aus $a < b$ folgt $a \cdot c > b \cdot c$ $(c < 0)$.

Aus $a < b$ folgt $\frac{1}{a} > \frac{1}{b}$ für $a > 0$.

Kehrzahl

Zu einer Zahl $a \in \mathbb{R} \setminus \{0\}$ heißt $\frac{1}{a}$ **Kehrzahl** von a. Es gilt $a \cdot \frac{1}{a} = 1$.

Gegenzahl und Betrag

Zu einer Zahl a heißt $-a$ **Gegenzahl** von a. Es gilt $a + (-a) = 0$.
Zahl und Gegenzahl haben auf der Zahlengeraden denselben Abstand vom Nullpunkt.

Betrag einer Zahl

$|a| = \begin{cases} a & \text{für } a \geq 0 \\ -a & \text{für } a < 0 \end{cases}$ Der Betrag einer Zahl entspricht dem Abstand der Zahl vom Nullpunkt auf der Zahlengeraden.

$|a| = |-a|$

$|a \cdot b| = |a| \cdot |b|$; $|a : b| = |a| : |b|$

$|a + b| \leq |a| + |b|$ **(Dreiecksungleichung)**

$|a + b| \geq \big||a| - |b|\big|$

$|a_1 + a_2 + \ldots + a_n| \leq |a_1| + |a_2| + \ldots + |a_n|$

Termumformungen

Binomische Formeln

$(a + b)^2 = a^2 + 2ab + b^2$

$(a - b)^2 = a^2 - 2ab + b^2$

$(a + b)(a - b) = a^2 - b^2$

$(a + b)^3 = a^3 + 3a^2b + 3ab^2 + b^3$

$(a - b)^3 = a^3 - 3a^2b + 3ab^2 - b^3$

$(a + b)^4 = a^4 + 4a^3b + 6a^2b^2 + 4ab^3 + b^4$

$(a - b)^4 = a^4 - 4a^3b + 6a^2b^2 - 4ab^3 + b^4$

Binomischer Lehrsatz ($a, b \in \mathbb{R}$; $n \in \mathbb{N}$)

Binomialkoeffizient → S. 126

$$(a + b)^n = a^n b^0 + \binom{n}{1} a^{n-1} b^1 + \binom{n}{2} a^{n-2} b^2 + \ldots + \binom{n}{n-1} a^1 b^{n-1} + \binom{n}{n} a^0 b^n = \sum_{k=0}^{n} \binom{n}{k} a^{n-k} b^k$$

Terme der Form $(a + b)^n$ kann man mithilfe des Pascal'schen Dreiecks umformen:

	Pascal'sches Dreieck	
n = 0	1	$(a + b)^0 = 1$
n = 1	1 1	$(a + b)^1 = a + b$
n = 2	1 2 1	$(a + b)^2 = a^2 + 2ab + b^2$
n = 3	1 3 3 1	$(a + b)^3 = a^3 + 3a^2b + 3ab^2 + b^3$
n = 4	1 4 6 4 1	$(a + b)^4 = a^4 + 4a^3b + 6a^2b^2 + 4ab^3 + b^4$
n = 5	1 5 10 10 5 1	$(a + b)^5 = a^5 + 5a^4b + 10a^3b^2 + 10a^2b^3 + 5ab^4 + b^5$
…	…	…

Potenzen und Wurzeln

Definitionen und Begriffe

Potenzen

$a^n = \underbrace{a \cdot a \cdot a \cdot \ldots \cdot a}_{n \text{ Faktoren}}$. $a \in \mathbb{R} \setminus \{0\}$ heißt **Basis (Grundzahl)**, $n \in \mathbb{N}$ **Exponent (Hochzahl)**.

$a^1 = a$ $a^0 = 1$ $a^{-n} = \frac{1}{a^n}$ 0^0 ist nicht definiert.

M

Elementare Algebra

Potenzen und Wurzeln – Definitionen und Begriffe

Wurzeln

$\sqrt{a}$ ist die nichtnegative Zahl b, für die $b^2 = a$ gilt. Dabei ist $a \geq 0$.

$\sqrt{a} = b \Leftrightarrow b^2 = a$

$a \in \mathbb{R}$ und $a \geq 0$

$\sqrt[n]{a}$ ist die nichtnegative Zahl b, für die $b^n = a$ gilt. Dabei ist $n \in \mathbb{N}^* \setminus \{1\}$ sowie $a \geq 0$.

$\sqrt[n]{a} = b \Leftrightarrow b^n = a$

$a \in \mathbb{R}$ und $a \geq 0$, $n \in \mathbb{N}^* \setminus \{1\}$

a: Radikand

b: Wurzelexponent

Zusammenhang Potenzen – Wurzeln ($m, n \in \mathbb{N}^* \setminus \{1\}$ und $a \in \mathbb{R}$ mit $a \geq 0$)

$a^{\frac{1}{n}} = \sqrt[n]{a}$

$a^{\frac{m}{n}} = (a^m)^{\frac{1}{n}} = \left(a^{\frac{1}{n}}\right)^m = \sqrt[n]{a^m}$

$a^{-\frac{m}{n}} = \frac{1}{\sqrt[n]{a^m}}$ $(a > 0)$

Rechnen mit Potenzen und Wurzeln

Potenzgesetze ($m, n \in \mathbb{Z}$; $a, b \in \mathbb{R} \setminus \{0\}$)

$a^m \cdot a^n = a^{m+n}$

$a^m : a^n = a^{m-n}$

$a^n \cdot b^n = (a \cdot b)^n$

$a^n : b^n = (a : b)^n$

$(a^m)^n = (a^n)^m = a^{m \cdot n}$

Wurzelgesetze ($m, n \in \mathbb{N}^* \setminus \{1\}$ und $a, b \in \mathbb{R}$ mit $a, b \geq 0$)

$\sqrt[m]{a} \cdot \sqrt[n]{a} = \sqrt[mn]{a^{m+n}}$

$\sqrt[m]{a} : \sqrt[n]{a} = \sqrt[mn]{a^{n-m}}$

$\sqrt[n]{a} \cdot \sqrt[n]{b} = \sqrt[n]{a \cdot b}$

$\sqrt[n]{a} : \sqrt[n]{b} = \sqrt[n]{a : b}$ $(b > 0)$

$(\sqrt[n]{a})^m = \sqrt[n]{a^m} = \sqrt[kn]{a^{km}}$ $(k \in \mathbb{N}^*)$

$\sqrt[m]{\sqrt[n]{a}} = \sqrt[n]{\sqrt[m]{a}} = \sqrt[mn]{a}$

Logarithmen

Definition

Der Logarithmus von a zur Basis b ist die Zahl, mit der man b potenzieren muss, um a zu erhalten.

Es gilt $\log_b(1) = 0$ und $\log_b(b) = 1$.

$b^x = a \Leftrightarrow \log_b(a) = x$

$a, b \in \mathbb{R}$, $a, b > 0$ und $b \neq 1$

b: Basis

a: Numerus

Rechnen mit Logarithmen ($b, u, v \in \mathbb{R}$; $n \in \mathbb{N}^* \setminus \{1\}$; $p \in \mathbb{R}$; $b, u, v > 0$; $b \neq 1$)

$\log_b(u \cdot v) = \log_b(u) + \log_b(v)$

$\log_b(u : v) = \log_b(u) - \log_b(v)$

$b^{\log_b(u)} = u$

$\log_b(u^p) = p \cdot \log_b(u)$

$\log_b(\sqrt[n]{u}) = \frac{1}{n} \cdot \log_b(u)$

$\log_b(b^u) = u$

Logarithmen zu speziellen Basen

Zehnerlogarithmus bzw. dekadischer Logarithmus

$b = 10$: $\log_{10}(a) = \lg(a)$

Natürlicher Logarithmus

$b = e$ mit $e = 2{,}718\,281\,828\,459\ldots$ (Euler'sche Zahl): $\log_e(a) = \ln(a)$

Basiswechsel und Rechnen mit Logarithmen zu speziellen Basen

($b, c, u \in \mathbb{R}$; $b, c, u > 0$; $b, c \neq 1$)

$\log_b(u) = \frac{\log_c(u)}{\log_c(b)} = \frac{\lg(u)}{\lg(b)} = \frac{\ln(u)}{\ln(b)}$

$10^{\lg(u)} = u$

$e^{\ln(u)} = u$

$\lg(10^u) = u$

$\ln(e^u) = u$

Komplexe Zahlen

Komplexe Zahlen in Normalform

Menge der komplexen Zahlen:
$\mathbb{C} = \{z \mid z = a + b\,i \text{ mit } a, b \in \mathbb{R} \text{ und } i^2 = -1\}$.
a: **Realteil** von $z\,(\mathrm{Re}(z))$
b: **Imaginärteil** von $z\,(\mathrm{Im}(z))$
i: **imaginäre Einheit**
$z = a + b\,i$ und $\overline{z} = a - b\,i$ heißen **zueinander konjugiert komplexe Zahlen.**
$b = 0$: reelle Zahlen $\mathbb{R}$
$a = 0$ und $b \neq 0$: imaginäre Zahlen

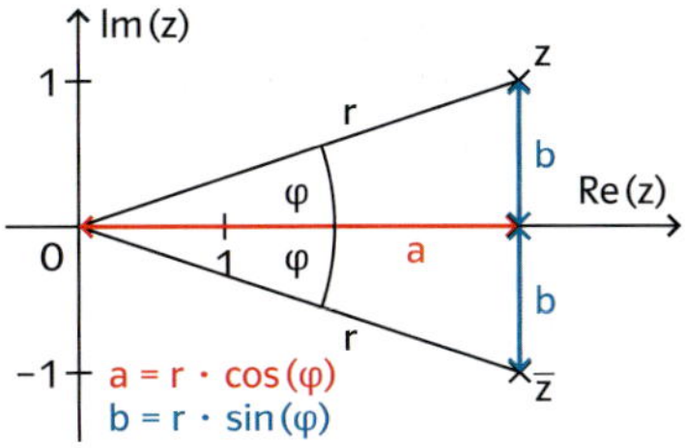

Komplexe Zahlen in Polarform (trigonometrische Form)

$z = r \cdot (\cos(\varphi) + i\sin(\varphi))$ mit $r \geq 0$ und $0 \leq \varphi \leq 2\pi$
r: **Betrag** von z
φ: **Argument** bzw. **Phase** von z

Komplexe Zahlen in Exponentialform

$z = r \cdot e^{i\varphi}$ mit $e^{i\varphi} = \cos(\varphi) + i\sin(\varphi)$ **(Euler'sche Relation)**, e: Euler'sche Zahl

Euler'sche Zahl → S. 6

Zusammenhänge

$r = \sqrt{a^2 + b^2}$ $\cos(\varphi) = \frac{a}{r}$ $\sin(\varphi) = \frac{b}{r}$ $\tan(\varphi) = \frac{b}{a}$

Rechnen mit komplexen Zahlen ($a_1, a_2, b_1, b_2 \in \mathbb{R}$)

Potenzen der imaginären Einheit i ($k, n \in \mathbb{Z}$)

$i^{4n} = 1$ $i^{4n+1} = i$ $i^{4n+2} = -1$ $i^{4n+3} = -i$ $i^i = e^{-\left(\frac{1}{2}+2k\right)\pi}$

In Normalform

$z_1 = a_1 + b_1 i,\ z_2 = a_2 + b_2 i$

$z_1 \pm z_2 = (a_1 \pm a_2) + (b_1 \pm b_2)i$

$z_1 \cdot z_2 = (a_1 a_2 - b_1 b_2) + (a_1 b_2 + a_2 b_1)i$

$\frac{z_1}{z_2} = \frac{z_1 \cdot \overline{z}_2}{z_2 \cdot \overline{z}_1} = \frac{a_1 a_2 + b_1 b_2}{a_2^2 + b_2^2} + \frac{a_2 b_1 - a_1 b_2}{a_2^2 + b_2^2}i$ für $z_2 \neq 0 + 0i$

$z^2 = a^2 + 2abi - b^2$

$z^3 = a^3 + 3a^2bi - 3ab^2i - b^3i$

In Polarform

$z_1 = r_1 \cdot (\cos(\varphi_1) + i\sin(\varphi_1)),\ z_2 = r_2 \cdot (\cos(\varphi_2) + i\sin(\varphi_2))$

$z_1 \pm z_2 = (r_1 \cdot \cos(\varphi_1) \pm r_2 \cdot \cos(\varphi_2)) + i(r_1 \cdot \sin(\varphi_1) \pm r_2 \cdot \sin(\varphi_2))$

$z_1 \cdot z_2 = r_1 r_2 (\cos(\varphi_1 + \varphi_2) + i\sin(\varphi_1 + \varphi_2))$

$\frac{z_1}{z_2} = \frac{r_1}{r_2}(\cos(\varphi_1 - \varphi_2) + i\sin(\varphi_1 - \varphi_2))$ für $z_2 \neq 0 + 0i$

$z^n = \left(r(\cos(\varphi) + i\sin(\varphi))\right)^n = r^n(\cos(n\varphi) + i\sin(n\varphi))$ für $n \in \mathbb{N}$ **(Satz von de Moivre)**

$\sqrt[n]{z} = \sqrt[n]{r}\left(\cos\left(\frac{\varphi + k \cdot 2\pi}{n}\right) + i\sin\left(\frac{\varphi + k \cdot 2\pi}{n}\right)\right)$ für $n \in \mathbb{N}^*$, $k \in \{0, 1, 2 \ldots (n-1)\}$

In Exponentialform

$z_1 = r_1 \cdot e^{i\varphi_1},\ z_2 = r_2 \cdot e^{i\varphi_2}$

$z_1 \cdot z_2 = r_1 \cdot r_2 \cdot e^{i(\varphi_1 + \varphi_2)}$

$\frac{z_1}{z_2} = \frac{r_1}{r_2} \cdot e^{i(\varphi_1 - \varphi_2)}$ für $z_2 \neq 0 + 0i$

$z^n = r^n \cdot e^{in\varphi}$ für $n \in \mathbb{N}$

$e^{i\pi} + 1 = 0$ **(Euler'sche Identität)**

Elementare Algebra

Proportionen

(Direkte) Proportionalität ($x, x_m, x_n, y, y_m, y_n, k \in \mathbb{R}$; $k \neq 0$; Nenner $\neq 0$)

Zwei Größen sind zueinander proportional, wenn die Verhältnisse, also die Quotienten aus zugeordnetem Wert und dem zugehörigen Ausgangswert jeweils gleich sind **(Quotientengleichheit)**.

Verhältnisgleichung für alle Paare $(x_m; y_m)$ und $(x_n; y_n)$: $\frac{y_m}{x_m} = \frac{y_n}{x_n} = k$

Für ein Wertepaar $(x; y)$ gilt also $y = k \cdot x$ bzw. $\frac{y}{x} = k$.
k: **Proportionalitätsfaktor**

Wird der Ausgangswert verdoppelt, verdreifacht …, so verdoppelt, verdreifacht … sich auch der zugeordnete Wert.

Umgekehrte (indirekte) Proportionalität ($x, x_m, x_n, y, y_m, y_n, k \in \mathbb{R}$; $k \neq 0$; Nenner $\neq 0$)

Zwei Größen sind zueinander umgekehrt (indirekt) proportional (auch antiproportional), wenn die Produkte aus Ausgangswert und zugeordnetem Wert stets gleich sind **(Produktgleichheit)**.

Produktgleichung für alle Paare $(x_m; y_m)$ und $(x_n; y_n)$: $x_m y_m = x_n y_n = k$

Für ein Paar $(x; y)$ gilt also $x \cdot y = k$ bzw. $y = \frac{k}{x}$.

Wird der Ausgangswert verdoppelt, verdreifacht …, so wird der zugeordnete Wert halbiert, gedrittelt …

Dreisatz

Proportionalität

Gegeben: x_m, y_m und x_n
Gesucht: y_n

$: x_m$	x_m	y_m	$: x_m$
$\cdot x_n$	1	$\frac{y_m}{x_m}$	$\cdot x_m$
	x_n	$\frac{y_m}{x_m} \cdot x_n$	

$$y_n = \frac{y_m}{x_m} \cdot x_n$$

Umgekehrte Proportionalität

Gegeben: x_m, y_m und x_n
Gesucht: y_n

$: x_m$	x_m	y_m	$\cdot x_m$
$\cdot x_n$	1	$y_m \cdot x_m$	$: x_m$
	x_n	$\frac{y_m \cdot x_m}{x_n}$	

$$y_n = \frac{y_m \cdot x_m}{x_n}$$

Prozent- und Zinsrechnung

Grundbegriffe

Prozent: $1\% = \frac{1}{100}$

Promille: $1‰ = \frac{1}{1000}$

Prozentrechnung

Grundwert: G
Prozentsatz: $p\% = \frac{p}{100}$
Prozentzahl: p
Prozentwert: W
Prozentwert und Prozentsatz sind zueinander (direkt) proportional.

Proportionalität → vgl. oben

Zinsrechnung

Kapital: K
Zinssatz: $p\% = \frac{p}{100}$
Zinszahl: p
Zinsen: Z
Zinsen und Zinssatz sind zueinander (direkt) proportional.

Ausgewählte Prozentsätze

1%	2%	2,5%	4%	5%	10%	12,5%	20%	25%	$33\frac{1}{3}\%$	50%	$66\frac{2}{3}\%$	75%	100%
$\frac{1}{100}$	$\frac{1}{50}$	$\frac{1}{40}$	$\frac{1}{25}$	$\frac{1}{20}$	$\frac{1}{10}$	$\frac{1}{8}$	$\frac{1}{5}$	$\frac{1}{4}$	$\frac{1}{3}$	$\frac{1}{2}$	$\frac{2}{3}$	$\frac{3}{4}$	1

Elementare Algebra

Prozent- und Zinsrechnung

Grundbegriffe → S.16

Grundgleichung

$\frac{W}{G} = \frac{p}{100} = p\,\% = \frac{p}{100}$ $\qquad$ $\frac{Z}{K} = \frac{p}{100} = p\,\% = \frac{p}{100}$

Grundaufgaben

Prozentsatz berechnen: $p\,\% = \frac{p}{100} = \frac{W}{G}$

Prozentwert berechnen: $W = G \cdot p\,\% = \frac{G \cdot p}{100}$

Grundwert berechnen: $G = \frac{W}{p\,\%} = \frac{W \cdot 100}{p}$

Zinssatz berechnen: $p\,\% = \frac{p}{100} = \frac{Z}{K}$

Zinsen berechnen: $Z = K \cdot p\,\% = \frac{K \cdot p}{100}$

Kapital berechnen: $K = \frac{Z}{p\,\%} = \frac{Z \cdot 100}{p}$

Die Grundaufgaben können auch mit dem Dreisatz gelöst werden.

Dreisatz → S.16

Vermehrter bzw. verminderter Grundwert

Um p % vermehrter Grundwert:

$G_+ = G \cdot \frac{100 + p}{100} = G \cdot (1 + p\,\%)$

Um p % verminderter Grundwert:

$G_- = G \cdot \frac{100 - p}{100} = G \cdot (1 - p\,\%)$

Zinsrechnung

K: Kapital
n: Anzahl an Jahren
Z: Zinsen
m: Anzahl an Monaten
$p\,\% = \frac{p}{100}$: Zinssatz
$q = 1 + \frac{p}{100}$: Zinsfaktor
t: Anzahl an Tagen

Tages-, Monats- und Jahreszinsen

Zinsen für ein Jahr: $Z = \frac{K \cdot p}{100}$

Zinsen für m Monate: $Z = \frac{K \cdot m \cdot p}{100 \cdot 12}$

Zinsen für n Jahre: $Z = \frac{K \cdot n \cdot p}{100}$

Zinsen für t Tage: $Z = \frac{K \cdot t \cdot p}{100 \cdot 360}$

Zinseszins

Kapital K_n nach n Jahren bei einem Anfangskapital K_0: $K_n = K_0 \cdot \left(1 + \frac{p}{100}\right)^n = K_0 \cdot q^n$

Rentenrechnung

K: Kapital $\qquad$ $q = 1 + \frac{p}{100}$: Zinsfaktor

Vorschüssige Rente

Am Beginn jeden Jahres wird eine Rate R eingezahlt und am Jahresende wird das Gesamtkapital mit p % verzinst.
Kapital nach n Jahren: $K_n = R \cdot q \cdot \frac{q^n - 1}{q - 1}$

Nachschüssige Rente

Am Ende jeden Jahres wird eine Rate R eingezahlt und am Jahresende wird das Gesamtkapital mit p % verzinst.
Kapital nach n Jahren: $K_n = R \cdot \frac{q^n - 1}{q - 1}$

Sparkassenformeln

Kapital nach n Jahren bei einer Verzinsung mit p % am Jahresende, wenn ein Anfangskapital K_0 durch Jahresraten R vermehrt (+) bzw. vermindert (–) wird bei vorschüssiger Zahlungsweise: $K_n = K_0 \cdot q^n \pm R \cdot q \cdot \frac{q^n - 1}{q - 1}$

Kapital nach n Jahren bei einer Verzinsung mit p % am Jahresende, wenn ein Anfangskapital K_0 durch Jahresraten R vermehrt (+) bzw. vermindert (–) wird bei nachschüssiger Zahlungsweise: $K_n = K_0 \cdot q^n \pm R \cdot \frac{q^n - 1}{q - 1}$

Elementare Algebra

Prozent- und Zinsrechnung

Tilgungsrechnung

K: Kapital

$q = 1 + \frac{p}{100}$: Zinsfaktor

Jährliche Tilgungsrate (Annuität) zur Tilgung einer Schuld S in n Jahren bei einer Verzinsung mit p% bei nachschüssiger Zahlungsweise:

$R_n = S \cdot q^n \cdot \frac{q-1}{q^n-1}$

Abschreibung

Lineare Abschreibung

Abschreibungsbetrag pro Jahr

$= \frac{\text{Anschaffungskosten}}{\text{Nutzungsdauer (in Jahren)}}$

$\text{Abschreibungssatz} = \frac{100}{\text{Nutzungsdauer (in Jahren)}}$

$= p\,\% = \frac{p}{100}$

Der Abschreibungssatz wird auf die Anschaffungskosten angewendet.

Buchwert W_n des Anschaffungswertes W_0 nach n Jahren:

$W_n = W_0 \cdot \left(1 - n \cdot \frac{p}{100}\right)$

Geometrisch-degressive Abschreibung

$p\,\% = \frac{p}{100}$: Abschreibungssatz

Abschreibungsbetrag pro Jahr

= Abschreibungssatz · Buchwert des Vorjahres

Statt des Buchwertes des Vorjahres verwendet man im Jahr der Anschaffung die Anschaffungskosten.

Buchwert W_n des Anschaffungswertes W_0 nach n Jahren:

$W_n = W_0 \cdot \left(1 - \frac{p}{100}\right)^n$

Mittelwerte

Für mehr als zwei Werte → S. 122 f.

Arithmetisches Mittel: $m_a = \frac{a+b}{2} \Leftrightarrow a - m_a = m_a - b$

Geometrisches Mittel: $m_g = \sqrt{ab} \Leftrightarrow \frac{a}{m_g} = \frac{m_g}{b}$ $(a, b > 0)$

Harmonisches Mittel: $m_h = \frac{2ab}{a+b} \Leftrightarrow \frac{a - m_h}{m_h - b} = \frac{a}{b}$

Zusammenhänge: $m_h \leq m_g \leq m_a$ $\qquad m_g = \sqrt{m_h m_a}$ $\qquad \frac{1}{m_h} = \frac{1}{2}\left(\frac{1}{a} + \frac{1}{b}\right)$

Vollständige Induktion

Aussageform → S. 7

Wenn für eine Aussageform A(n) mit $n \in \mathbb{N}$

(1) A(m) für $m \in \mathbb{N}$ eine wahre Aussage ist (oft $m = 1$) und **(Induktionsanfang)**

(2) $A(n) \Rightarrow A(n+1)$ für $n \geq m$ eine wahre Aussage ist, **(Induktionsschritt)**

dann gilt A(n) für alle $n \in \mathbb{N}$ mit $n \geq m$.

Implikation → S. 7

Es müssen sowohl der Induktionsanfang als auch der Induktionsschritt bewiesen werden. Bei der Implikation $A(n) \Rightarrow A(n+1)$ des Induktionsschrittes ist A(n) die **Induktionsvoraussetzung** und A(n + 1) die **Induktionsbehauptung**, die bewiesen werden muss.

Gleichungen und Ungleichungen

Grundbegriffe

Variable, Term, Grundmenge und Defintionsmenge

Variablen (Platzhalter) sind Zeichen wie z. B. a, b, x, y, □ oder △, für die man Zahlen aus einer gegebenen Menge, der **Definitionsmenge D**, einsetzen darf.

Ein **Term** ist ein mathematisch sinnvoller Ausdruck wie z. B. $16 + 8$ oder $5(a+b)^2$, der aus Zahlen, Variablen, Rechenzeichen und Klammern bestehen kann.

Teilmenge → S. 8

Die **Grundmenge G** ist die Menge, aus der man Zahlen zum Einsetzen für die Variablen eines Terms nimmt. Die Definitionsmenge D eines Terms ist die Menge der Zahlen aus G, bei deren Einsetzung der Term einen **Wert** hat. D ist eine Teilmenge von G $(D \subset G)$.

Gleichungen und Ungleichungen – Grundbegriffe

Wertgleiche Terme – Termumformungen

Zwei Terme sind **wertgleich**, wenn sie für alle Einsetzungen der Variablen denselben Wert haben.

Mit einer **Termumformung** formt man einen Term unter Verwendung der Rechengesetze in einen wertgleichen Term um.

Gleichungen und Ungleichungen

Verbindet man zwei Terme T_1 und T_2 durch ein Gleichheitszeichen (Ungleichheitszeichen), so entsteht eine **Gleichung (Ungleichung)**.

Enthalten T_1 und T_2 keine Variablen, also nur Zahlen, so stellt die Gleichung (Ungleichung) eine **Aussage** dar, die entweder **wahr** oder **falsch** sein kann.

$3 + 5 = 10 - 2$ wahr $2 - 6 > 6 - 1$ falsch

Aussage → S. 7

Enthält mindestens einer der beiden Terme eine oder mehrere Variablen, dann ist die Gleichung (Ungleichung) eine **Aussageform.** Wenn man für die Variablen Zahlen einsetzt, wird die Aussageform zu einer **wahren** oder **falschen Aussage**.

$2x - 1 = 5x + 2$ $2x - 1 \geq 5x + 2$

Aussageform → S. 7

Alle Elemente der Definitionsmenge D, die beim Einsetzen eine wahre Aussage ergeben (die Gleichung (Ungleichung) erfüllen), sind Lösungen der Gleichung (Ungleichung). Sie bilden die **Lösungsmenge L** der Gleichung. L ist eine Teilmenge von D ($L \subset D \subset G$).

Definitionsmenge D → S. 18

Lösbarkeit von Gleichungen und Ungleichungen

Eine Gleichung (Ungleichung) heißt bezüglich einer Grundmenge G
allgemeingültig, wenn $L = G$ ist,
lösbar, wenn $L \neq \{\}$ ist,
unlösbar, wenn $L = \{\}$ ist,

Grundmenge G → S. 18

Äquivalenz von Gleichungen und Ungleichungen

Gleichungen (Ungleichungen), die bezüglich einer Grundmenge dieselbe Lösungsmenge haben, heißen **zueinander äquivalent** bezüglich dieser Grundmenge. Sind zwei Gleichungen (Ungleichungen) zueinander äquivalent, setzt man das Zeichen $\Leftrightarrow$ zwischen sie.

Äquivalenzumformungen für Gleichungen und Ungleichungen

Umformungen, die eine Gleichung (Ungleichung) in eine dazu äquivalente Gleichung (Ungleichung) umformen, heißen **Äquivalenzumformungen.**

Wichtige Äquivalenzumformungen bei Gleichungen sind:
- Termumformungen der Terme auf der linken und rechten Seite der Gleichung,
- die Addition (oder Subtraktion) derselben Zahl oder desselben Terms auf beiden Seiten der Gleichung,
- die Multiplikation beider Seiten mit derselben von null verschiedenen Zahl bzw. die Division beider Seiten durch dieselbe von null verschiedenen Zahl.

Ungleichungen kann man mit denselben Äquivalenzumformungen lösen. Multipliziert man aber eine Ungleichung mit einer negativen Zahl bzw. dividiert man durch eine negative Zahl, so muss man das Relationszeichen umdrehen. Vertauscht man die Seiten einer Ungleichung, so muss man das Relationszeichen ebenfalls umdrehen.

Man versucht beim Lösen einer Gleichung, die gegebene Gleichung durch Äquivalenzumformungen so umzuformen, dass man die Lösungsmenge ablesen kann. Dazu sollte die Variable zum Schluss allein auf einer Seite der Gleichung stehen.

Elementare Algebra

Gleichungen und Ungleichungen

Gleichungsarten

Lineare Gleichungen $(a, b, c \in \mathbb{R})$

Anzahl der Variablen	eine	zwei
Normalform	$ax + b = 0$ $(a, b = \text{const.};\ a \neq 0)$	$ax + by = c$ $(a, b, c = \text{const.};\ a, b \neq 0)$
Lösungsmenge	$L = \left\{-\frac{b}{a}\right\}$	$L = \left\{(x; y) \mid x \in \mathbb{R} \text{ und } y = -\frac{a}{b}x + \frac{c}{b}\right\}$

Quadratische Gleichungen $(a, b, c, p, q \in \mathbb{R})$

Allgemeine Form

$ax^2 + bx + c = 0 \quad (a, b = \text{const.};\ a \neq 0)$

Diskriminante: $D = b^2 - 4ac$

Lösungen:

$D = 0$: genau eine Lösung (Doppellösung) $x_1 = x_2 = -\frac{b}{2a}$

$D > 0$: zwei Lösungen (abc-Formel) $x_{1,2} = \frac{-b \pm \sqrt{b^2 - 4ac}}{2a} = \frac{-b \pm \sqrt{D}}{2a}$

$D < 0$: keine Lösung in $\mathbb{R}$

Zerlegung in Linearfaktoren ($x_{1,2}$: Lösungen):
$ax^2 + bx + c = a(x - x_1)(x - x_2) = 0$

Satz von Vieta ($x_{1,2}$: Lösungen):
$x_1 + x_2 = -\frac{b}{a}$ und $x_1 x_2 = \frac{c}{a}$

Normalform

$x^2 + px + q = 0 \quad (p, q = \text{const.})$

Diskriminante: $D = \frac{p^2}{4} - q$

Lösungen:

$D = 0$: genau eine Lösung (Doppellösung) $x_1 = x_2 = -\frac{p}{2}$

$D > 0$: zwei Lösungen (pq-Formel) $x_{1,2} = -\frac{p}{2} \pm \sqrt{\frac{p^2}{4} - q} = -\frac{p}{2} \pm \sqrt{D}$

$D < 0$: keine Lösung in $\mathbb{R}$

Zerlegung in Linearfaktoren ($x_{1,2}$: Lösungen):
$x^2 + px + q = (x - x_1)(x - x_2) = 0$

Satz von Vieta ($x_{1,2}$: Lösungen):
$x_1 + x_2 = -p$ und $x_1 x_2 = q$

Biquadratische Gleichungen

Gleichungen 4. Grades der Form $ax^4 + bx^2 + c = 0$ bzw. $x^4 + px^2 + q = 0$ heißen **biquadratische Gleichungen**. Sie können durch die Substitution $x^2 = z$ auf eine quadratische Gleichung in z zurückgeführt werden: $az^2 + bz + c = 0$ bzw. $z^2 + pz + q = 0$. Hat diese Gleichung die nichtnegativen Lösungen z_1 und z_2, so sind $x_{1,2} = \pm\sqrt{z_1}$ und $x_{3,4} = \pm\sqrt{z_2}$ die Lösungen der biquadratischen Gleichung.

Gleichungen höheren Grades $(a_i \in \mathbb{R};\ x_i \in \mathbb{C};\ n \in \mathbb{N}^*)$

Eine Gleichung der Form $a_n x^n + a_{n-1} x^{n-1} + \ldots + a_2 x^2 + a_1 x + a_0 = 0 \quad (a_n \neq 0)$ heißt (algebraische) **Gleichung n-ten Grades.**
Dabei heißt $P_n(x) = a_n x^n + a_{n-1} x^{n-1} + \ldots + a_2 x^2 + a_1 x + a_0$ **Polynom von Grad n.**

Fundamentalsatz der Algebra

Komplexe Zahlen → S. 15

Jede Gleichung n-ten Grades hat in der Menge der komplexen Zahlen mindestens eine Lösung. Berücksichtigt man die Vielfachheit der Lösungen, so gibt es in der Menge der komplexen Zahlen genau n Lösungen.

Wenn $x_1, x_2, \ldots, x_k$ die Lösungen mit den Vielfachheiten $\alpha_1, \alpha_2, \ldots, \alpha_k$ sind, so ist $\sum_{i=1}^{k} \alpha_i = n$ und die Gleichung hat die Produktdarstellung
$a_n(x - x_1)^{\alpha_1}(x - x_2)^{\alpha_2} \ldots (x - x_{k-1})^{\alpha_{k-1}}(x - x_k)^{\alpha_k} = 0.$
Speziell für n verschiedene Lösungen $x_1, x_2, \ldots, x_n$ ergibt sich
$a_n(x - x_1)(x - x_2) \ldots (x - x_{n-1})(x - x_n) = 0.$
Das Polynom $P_n(x)$ zerfällt entsprechend in Linearfaktoren.

Mit $z = a + bi \ (z \in \mathbb{C})$ ist auch $\overline{z} = a - bi$ eine Lösung mit gleicher Vielfachheit wie z.

Elementare Algebra

Eine Gleichung n-ten Grades hat in der Menge der reellen Zahlen höchstens n reelle Lösungen. Ist n ungerade, so hat die Gleichung mindestens eine reelle Lösung, für gerade n muss es keine Lösung geben.
Die Lösungen sind die Nullstellen der ganzrationalen Funktion $P_n(x)$.

Fundamentalsatz der Algebra

Ganzrationale Funktion → S. 30

„Reelle Version des Fundamentalsatzes der Algebra":
Jedes Polynom $P_n(x) = a_n x^n + a_{n-1} x^{n-1} + \ldots + a_2 x^2 + a_1 x + a_0$ mit reellen Koeffizienten $a_i \in \mathbb{R}$ lässt sich als Produkt von linearen und/oder quadratischen Faktoren mit reellen Koeffizienten schreiben. Dabei haben die quadratischen Faktoren keine reellen Nullstellen.

Zum Lösen von Gleichungen n-ten Grades:
Ist $P_n(x)$ ein Polynom vom Grad n und $x_1 \neq 0$ eine Lösung der Gleichung $P_n(x) = 0$, so kann man $P_n(x)$ mithilfe der **Polynomdivision** ohne Rest durch $(x - x_1)$ dividieren.
Man erhält ein Polynom (n − 1)-ten Grades: $P_n(x) = (x - x_1) P_{n-1}(x)$.

Polynom vom Grad n → S. 20

$3x^3 + 6x^2 - 3x - 6 = 0.$ $x_1 = 1$ ist Lösung.

$$\begin{aligned}
&(3x^3 + 6x^2 - 3x - 6) : (x - 1) = 3x^2 + 9x + 6\\
&\underline{-(3x^3 - 3x^2)}\\
&\quad 9x^2 - 3x\\
&\quad \underline{-(9x^2 - 9x)}\\
&\qquad 6x - 6\\
&\qquad \underline{-(6x - 6)}\\
&\qquad\quad 0
\end{aligned}$$

$x_2 = -1$ $x_3 = -2$

$3x^3 + 6x^2 - 3x - 6 = 3(x - 1)(x + 1)(x + 2)$

Bruchgleichungen

Eine Gleichung, bei der mindestens ein Bruch mit der Variable im Nenner vorkommt, heißt **Bruchgleichung**. Die Defintionsmenge umfasst alle Zahlen, für die alle vorkommenden Nenner ungleich null sind.
Durch Multiplikation mit dem Hauptnenner entsteht eine Gleichung n-ten Grades. Es ist zu prüfen, ob die Lösungen der entstandenen Gleichung zur Defintionsmenge der Bruchgleichung gehören.

Definitionsmenge → S. 18
Hauptnenner → S. 11
Gleichung n-ten Grades → S. 20

Wurzelgleichungen

Eine Gleichung, bei der die Variable mindestens einmal im Radikanden einer Wurzel vorkommt, heißt **Wurzelgleichung**. Es kann sich um Quadratwurzeln oder um Wurzeln mit beliebigen Wurzelexponenten handeln. Die Definitionsmenge umfasst alle Zahlen, für die alle vorkommenden Radikanden nicht negativ sind.
Lässt sich durch Äquivalenzumformungen der Wurzelterm isolieren, so kann die entstehende Gleichung durch Potenzieren beider Seiten eventuell gelöst werden. Da Potenzieren aber keine Äquivalenzumformung ist, muss man unbedingt eine Probe machen.

Radikand → S. 12, 14
Wurzelexponent → S. 12, 14
Äquivalenzumformungen → S. 19

Exponentialgleichungen

Eine Gleichung, bei der die Variable mindestens einmal im Exponenten einer Potenz auftritt, heißt **Exponentialgleichung**. Zum Lösen kann man die Gleichung logarithmieren und die Variable isolieren. Kann man die Gleichung auf die Form $b^x = a$ mit $a, b \in \mathbb{R}$, $a, b > 0$ und $b \neq 1$ bringen, so ist $x = \log_b(a)$ Lösung der Gleichung.

Exponent und Potenz → S. 12 f.
Logarithmieren → S. 12

Logarithmusgleichungen

Eine Gleichung, bei der die Variable mindestens einmal im Argument eines Logarithmus (also im Numerus) auftritt, heißt **Logarithmusgleichung**. Kann man die Gleichung auf die Form $\log_b(x) = a$ mit $a, b, x \in \mathbb{R}$, $b, x > 0$ und $b \neq 1$ bringen, so ist $x = b^a$ Lösung der Gleichung.

Logarithmus und Numerus → S. 12, 14

Gleichungsarten

Trigonometrische Gleichungen

Eine Gleichung, bei der die Variable mindestens einmal im Argument einer trigonometrischen Funktion auftritt, heißt **trigonometrische Gleichung**.
Wegen der Periodizität der trigonometrischen Funktionen können unendlich viele Lösungen auftreten.

Lineare Ungleichungen mit zwei Variablen

Die Lösungen einer linearen Ungleichung $ax + by \leq c$ mit zwei Variablen sind alle geordneten Paare $(x; y)$, die die Ungleichung erfüllen.
Man kann die Lösungsmenge als Menge aller Punkte veranschaulichen, die in der entsprechenden Halbebene liegen, die durch die Gerade $y = -\frac{a}{b}x + \frac{c}{b}$ festgelegt wird, oder auf der Geraden.

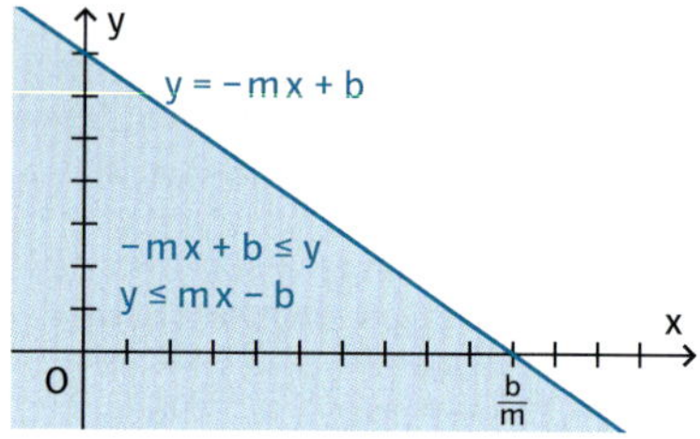

Lineare Gleichungssysteme mit zwei Gleichungen und zwei Variablen

LGS mit m Gleichungen und n Variablen → S. 107

Zwei lineare Gleichungen mit den beiden gleichen Variablen bilden ein **lineares Gleichungssystem mit zwei Gleichungen und zwei Variablen.**

$a_1x + b_1y = c_1$
$a_2x + b_2y = c_2$
$a_1, a_2, b_1, b_2, c_1, c_2 = \text{const.}$
$a_1, a_2, b_1, b_2, c_1, c_2 \in \mathbb{R}$

Grafisches Lösen und Lösbarkeit

Jede Gleichung eines linearen Gleichungssystems mit zwei Gleichungen und zwei Variablen kann als Geradengleichung aufgefasst werden.
Es werden die beiden Geraden in ein Koordinatensystem gezeichnet. Dabei können drei Fälle auftreten:

Die beiden Geraden schneiden sich im Punkt $S(x_S \mid x_S)$.
Genau eine Lösung.

$L = \{(x_S \mid x_S)\}$

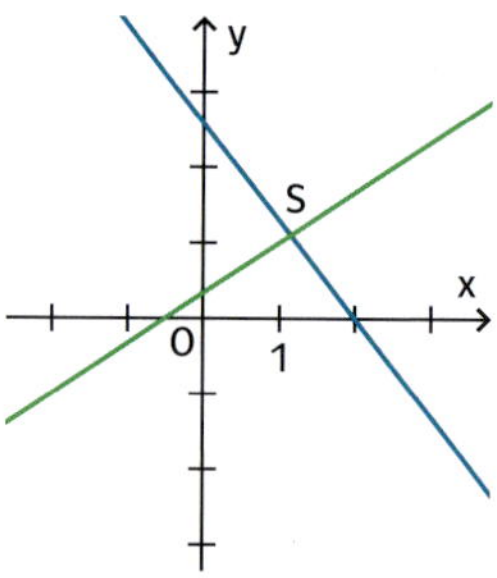

Die beiden Geraden sind zueinander parallel.
Keine Lösung.

$L = \{\,\}$

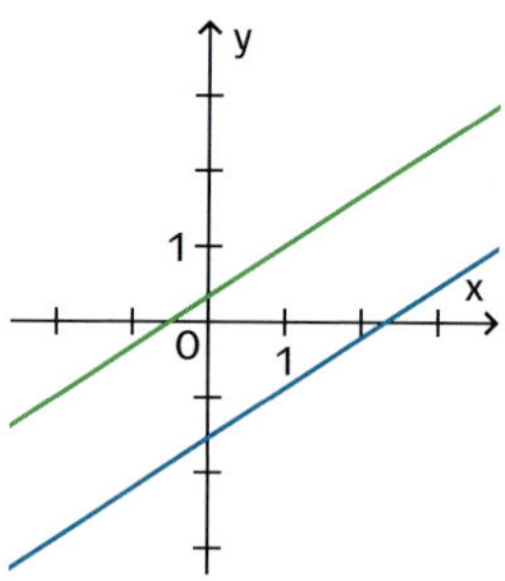

Die beiden Geraden sind identisch.
Unendlich viele Lösungen.

$L = \left\{(x; y) \mid y = -\frac{a_1}{b_1}x + \frac{c_1}{b_1}\right\}$

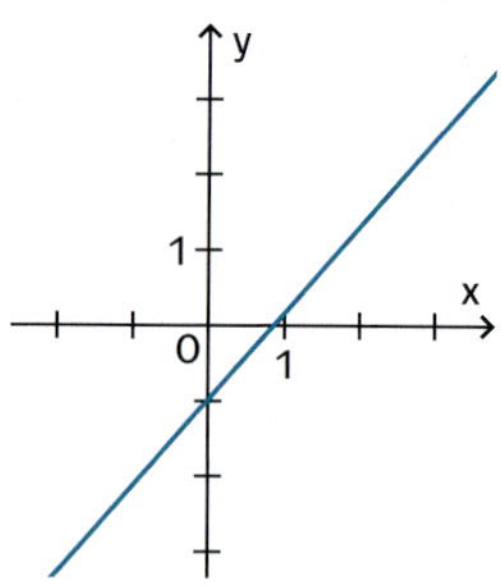

Äquivalenzumformungen für lineare Gleichungssysteme

Lineare Gleichungssysteme mit zwei Gleichungen und zwei Variablen

(1) Vertauschen zweier Gleichungen.
(2) Multiplizieren einer Gleichung mit einer Zahl ungleich null.
(3) Ersetzen einer Gleichung durch die Summe oder Differenz eines Vielfachen der Gleichung (Faktor $\neq 0$) und dem Vielfachen einer anderen Gleichung (Faktor $\neq 0$).

Rechnerisches Lösen

Lösungsformel (Cramer'sche Regel)

$$x = \frac{c_1 b_2 - c_2 b_1}{a_1 b_2 - a_2 b_1}, \quad y = \frac{a_1 c_2 - a_2 c_1}{a_1 b_2 - a_2 b_1} \quad \text{für } a_1 b_2 - a_2 b_1 \neq 0$$

Gleichsetzungsverfahren

Man löst beide Gleichungen nach derselben Variablen auf und erzeugt durch Gleichsetzen der erhaltenen Terme eine lineare Gleichung, die nur noch die andere der beiden Variablen enthält. Diese Gleichung löst man und setzt die Lösung in eine der beiden Ausgangsgleichungen ein.

Lineare Gleichung → S. 20

Einsetzungsverfahren

Man löst eine der beiden Gleichungen nach einer Variablen auf und erzeugt durch Einsetzen des erhaltenen Terms in die andere Gleichung eine lineare Gleichung, die nur noch die andere der beiden Variablen enthält. Diese Gleichung löst man und setzt die Lösung in eine der beiden Ausgangsgleichungen ein.

Additionsverfahren

Man bringt beide Gleichungen in die Form $ax + by = c$.
Man multipliziert die Ausgangsgleichungen mit geeigneten Zahlen so, dass bei der Addition der Gleichungen eine Variable wegfällt. Neben der so erhaltenen linearen Gleichung mit einer Variablen wird eine Ausgangsgleichung beibehalten.
Man löst die Gleichung, die nur eine Variable enthält, und setzt die Lösung in die andere Gleichung ein.
Man löst die andere Gleichung nach der zweiten Variablen auf.

Lineare Ungleichungssysteme mit zwei Variablen

Lineare Ungleichungen mit zwei Variablen → S. 22

Ein lineares Ungleichungssystem mit zwei Variablen kann man grafisch lösen. Man löst jede der Ungleichungen. Die Lösungsmengen der Ungleichungen veranschaulicht man jeweils durch entsprechende Halbebenen und gegebenenfalls Geraden. Der Bereich, der in allen Halbebenen und gegebenenfalls auf allen Geraden liegt, ergibt die Lösungsmenge des linearen Ungleichungssystems.

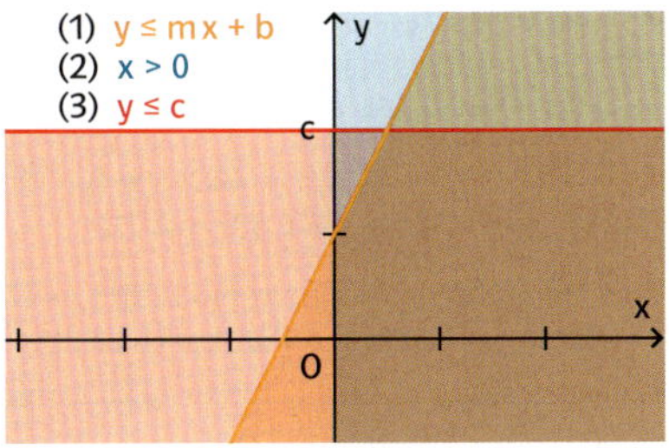

Funktionen und ihre Graphen

Grundbegriffe

Funktion

Eine Zuordnung, die jedem Element x **(Argument)** aus einer Menge D_f **(Definitionsmenge von f)** eindeutig ein Element y **(Funktionswert)** aus einer Menge Z_f **(Zielmenge von f)** zuordnet, heißt **Funktion**. Man schreibt $f\colon D_f \to Z_f,\ x \mapsto f(x)$. Die Menge $W_f = \{f(x) \mid x \in D_f\}$ heißt **Wertemenge von f.**

Funktionsvorschrift: $f\colon x \mapsto f(x)$
Funktionsgleichung: $y = f(x)$
Funktionsterm: $f(x)$
Funktionswert an der Stelle x_0: $f(x_0)$

Kartesisches Koordinatensystem, Graph einer Funktion, Abszisse und Ordinate

Mithilfe eines **Koordinatensystems** können Punkte eindeutig bezeichnet werden. Stehen die beiden Koordinatenachsen senkrecht aufeinander, spricht man von einem **kartesischen Koordinatensystem.** Darin begrenzen die beiden Koordinatenachsen vier **Quadranten.**

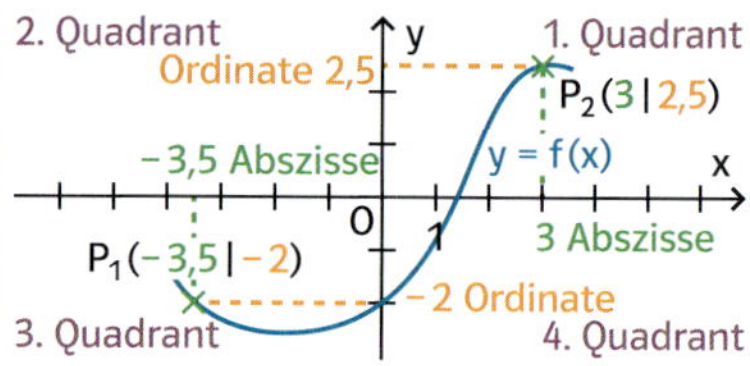

Jedes geordnete Paar (x; y) mit $y = f(x)$ kann als ein Punkt $P(x \mid y)$ in einem kartesischen Koordinatensystem interpretiert werden. Der **Graph einer Funktion** f ist die Menge aller Punkte $P(x \mid y)$ mit $x \in D_f$.

x-Koordinate eines Punktes: **Abszisse** y-Koordinate eines Punktes: **Ordinate**

Umkehrfunktion

Gibt es zu jedem $y \in W_f$ genau ein $x \in D_f$ mit $f(x) = y$, so heißt f **injektiv** (oder **umkehrbar eindeutig** oder **eineindeutig**). Die Funktion $f^{-1}\colon W_f \to D_f,\ y \mapsto x$, wobei $f(x) = y$ ist, heißt **Umkehrfunktion** (oder **inverse Funktion**) zu f.
Meist vertauscht man die Variablen und schreibt $f^{-1}(x)$.

Spiegelt man den Graphen einer Funktion f an der 1. Winkelhalbierenden, so erhält man den **Graphen der Umkehrfunktion** f^{-1}.

Es gilt $(f^{-1})^{-1} = f$ und $f(f^{-1}(x)) = x$ für $x \in W_f$ und $f^{-1}(f(x)) = x$ für $x \in D_f$.

Monotonie → S. 26

Ist eine Funktion in einem Intervall I streng monoton, so ist sie auf I umkehrbar.

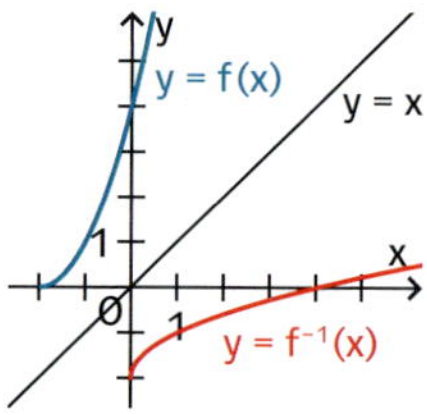

$D_f = [-1; \infty)$
$W_f = [0; \infty)$

$D_{f^{-1}} = [0; \infty)$
$W_{f^{-1}} = [-1; \infty)$

Verketten von Funktionen

Die Verkettung zweier Funktionen f und g ist die Funktion $f \circ g\colon x \mapsto f(g(x))$.
Die Funktion $f \circ g$ ist nur für solche $x \in D_g$ definiert, für die $g(x) \in D_f$ ist, d.h.
$D_{f \circ g} = \{x \in D_g \mid g(x) \in D_f\}$.
$f \circ g$ liest man „f nach g".

Funktionen und ihre Graphen

Grundbegriffe

Funktionenschar und Kurvenschar

Eine **Funktionenschar** ist eine Menge von Funktionen, die denselben Funktionsterm haben, der mindestens einen frei wählbaren Parameter **(Scharparameter)** enthält. Zu jedem Wert des Parameters a beschreibt $f_a: x \mapsto f_a(x)$ eine Funktion der Schar.

Die Graphen der Funktionenschar heißen **Kurvenschar**. Punkte der Kurvenschar mit gleichen Eigenschaften (z. B. Extrempunkte) liegen auf einer Kurve, der **Ortskurve**.

Eigenschaften von Funktionen und ihren Graphen

Nullstellen

Eine Stelle $x_0 \in D_f$ einer Funktion f heißt **Nullstelle**, wenn $f(x_0) = 0$ gilt.

Schnitt- und Berührungspunkte eines Graphen mit den Koordinatenachsen

Ist x_0 eine Nullstelle der Funktion f, so schneidet oder berührt der Graph der Funktion f die x-Achse im Punkt $N(x_0 \mid 0)$. Der Graph schneidet die y-Achse im Punkt $S(0 \mid f(0))$.

Symmetrie von Graphen

Symmetrie zur y-Achse, gerade Funktionen

Der Graph einer Funktion $f: x \mapsto f(x)$ mit der Definitionsmenge D_f ist genau dann **achsensymmetrisch zur y-Achse**, wenn für alle $x \in D_f$ gilt: $\mathbf{f(-x) = f(x)}$.

Eine solche Funktion heißt **gerade Funktion.**

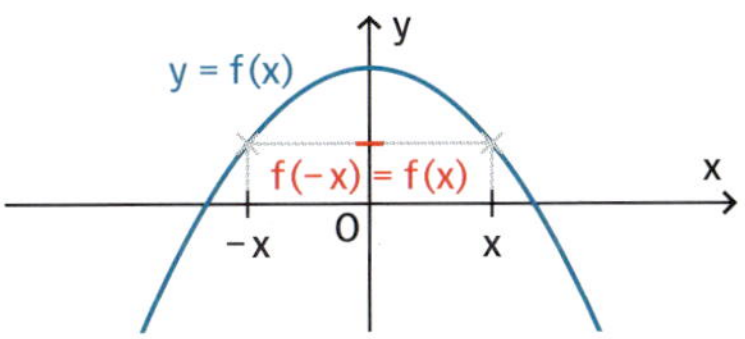

Symmetrie zum Koordinatenursprung, ungerade Funktionen

Der Graph einer Funktion $f: x \mapsto f(x)$ mit der Definitionsmenge D_f ist genau dann **punktsymmetrisch zum Koordinatenursprung**, wenn für alle $x \in D_f$ gilt: $\mathbf{f(-x) = -f(x)}$.

Eine solche Funktion heißt **ungerade Funktion.**

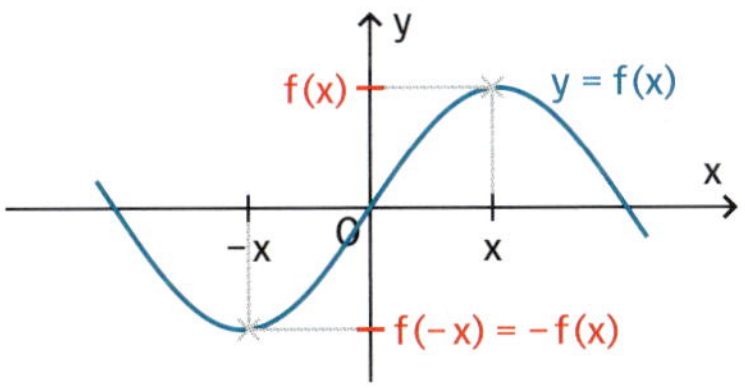

Symmetrie zu einer Parallelen zur y-Achse

Der Graph einer Funktion $f: x \mapsto f(x)$ mit der Definitionsmenge D_f ist genau dann **achsensymmetrisch zur Geraden mit der Gleichung $x = x_0$**, wenn für alle $h \in \mathbb{R}$ mit $x_0 + h \in D_f$ gilt: $\mathbf{f(x_0 - h) = f(x_0 + h)}$.

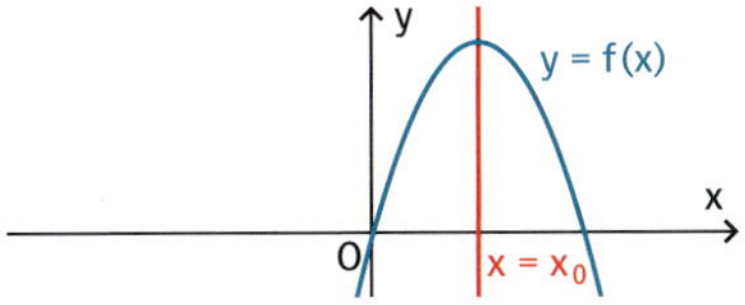

Symmetrie zu einem beliebigen Punkt

Der Graph einer Funktion $f: x \mapsto f(x)$ mit der Definitionsmenge D_f ist genau dann **punktsymmetrisch zum Punkt $S(x_0 \mid y_0)$**, wenn für alle $h \in \mathbb{R}$ mit $x_0 + h \in D_f$ gilt: $\mathbf{\frac{1}{2}(f(x_0 - h) + f(x_0 + h)) = y_0}$.

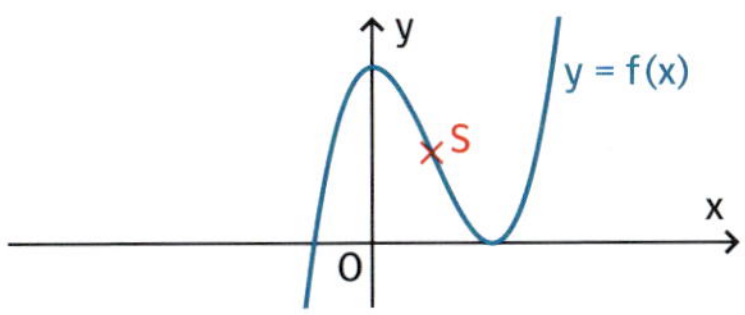

Funktionen und ihre Graphen

Eigenschaften von Funktionen und ihren Graphen

Einfluss von Parametern auf den Graphen einer Funktion

Multiplikation des Funktionsterms mit einer Konstanten

Der Graph der Funktion g mit $g(x) = a \cdot f(x)$ und $a \in \mathbb{R} \setminus \{0\}$ geht aus dem Graphen der Funktion f durch **Strecken in y-Richtung mit dem Faktor a** hervor.

Für $|a| < 1$ erfolgt eine Stauchung, für $|a| > 1$ eine Streckung und für $a < 0$ eine zusätzliche Spiegelung an der x-Achse. $a = -1$ bedeutet ausschließlich eine Spiegelung an der x-Achse.

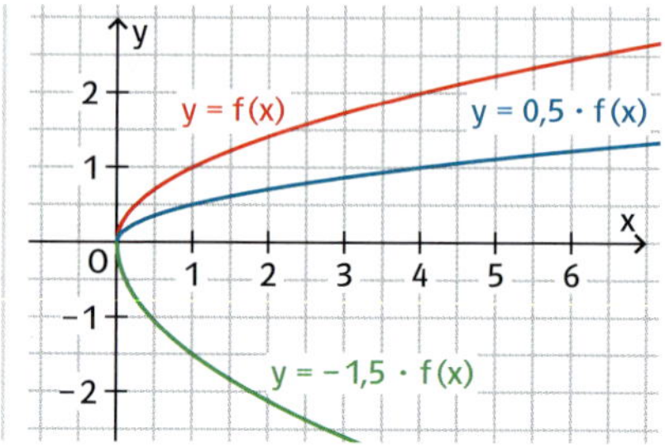

Addition einer Konstanten zum Argument

Der Graph der Funktion g mit $g(x) = f(x - b)$ und $b \in \mathbb{R}$ geht aus dem Graphen der Funktion f durch **Verschieben um b in x-Richtung** hervor.

Für $b > 0$ $(b < 0)$ wird der Graph in Richtung (entgegen) der x-Achse verschoben.

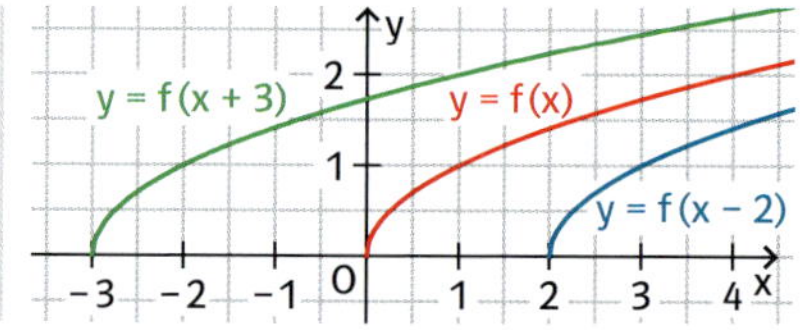

Addition einer Konstanten zum Funktionsterm

Der Graph der Funktion g mit $g(x) = f(x) + c$ und $c \in \mathbb{R}$ geht aus dem Graphen der Funktion f durch **Verschieben um c in y-Richtung** hervor.

Für $c > 0$ $(c < 0)$ wird der Graph in Richtung (entgegen) der y-Achse verschoben.

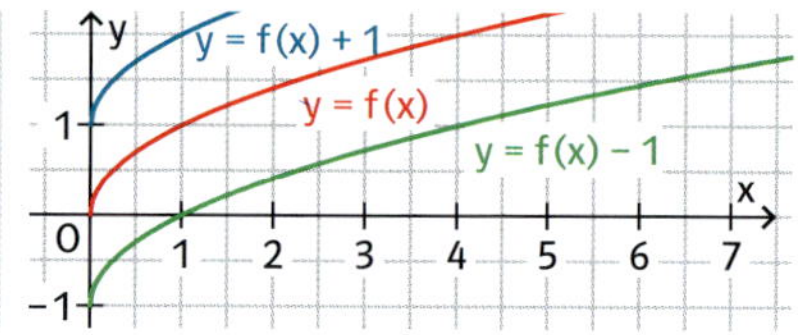

Multiplikation des Arguments mit einer Konstanten

Der Graph der Funktion g mit $g(x) = f(d \cdot x)$ und $d \in \mathbb{R} \setminus \{0\}$ geht aus dem Graphen der Funktion f durch **Strecken in x-Richtung mit dem Faktor $\frac{1}{d}$** hervor.

Für $|d| > 1$ erfolgt eine Stauchung, für $|d| < 1$ eine Streckung und für $d < 0$ eine zusätzliche Spiegelung an der y-Achse. $d = -1$ bedeutet ausschließlich eine Spiegelung an der y-Achse.

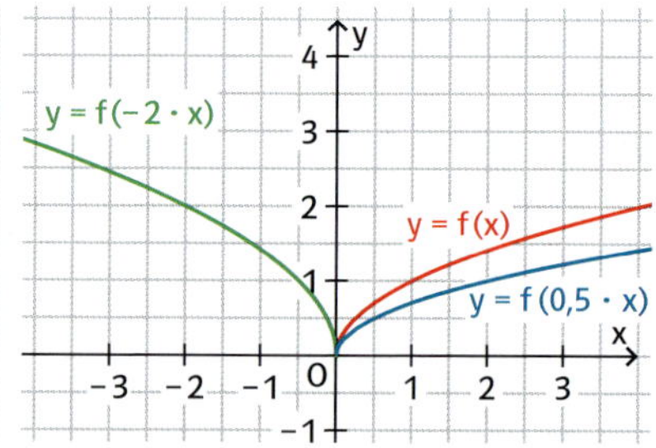

Monotonie

Monotoniesatz → S. 67

Eine Funktion f mit der Definitionsmenge D_f heißt in einem Intervall I mit $I \subseteq D_f$

streng monoton wachsend,	**streng monoton fallend,**
wenn für alle $x_1, x_2 \in I$ mit $x_1 < x_2$ gilt:	
$f(x_1) < f(x_2)$	$f(x_1) > f(x_2)$.

In einem **Monotonieintervall** ist eine der Monotoniebedingungen erfüllt.
Gilt nur $f(x_1) \le f(x_2)$ bzw. $f(x_1) \ge f(x_2)$, so spricht man von **monoton wachsend** bzw. **fallend.**

Periodizität

Eine Funktion f heißt **periodisch**, wenn es eine Zahl $p \in \mathbb{R}$ gibt, sodass für alle $x \in D_f$ gilt: $x + p \in D_f$ und $f(x + p) = f(x)$. Die Zahl p heißt **Periode** von f. Meist bezeichnet man die kleinste positive Zahl p, für die die Bedingung $f(x + p) = f(x)$ gilt, als Periode.

Lineare Funktionen und Geraden

Lineare Funktionen

Hauptform: $f(x) = mx + b$ $(m, b \in \mathbb{R};\ m \neq 0)$
Definitionsmenge: $D_f = \mathbb{R}$; Wertemenge: $W_f = \mathbb{R}$
Der Graph einer linearen Funktion ist eine **Gerade** mit der **Steigung** m und dem **y-Achsenabschnitt** b.

Steigung: $m = \frac{y_2 - y_1}{x_2 - x_1} = \frac{f(x_2) - f(x_1)}{x_2 - x_1}$ $(x_1 \neq x_2)$

$m > 0$: steigende Gerade
$m < 0$: fallende Gerade
$m = 0$: Parallele zur x-Achse
Steigungswinkel: α; $\tan(\alpha) = m$
Nullstellen: $x_0 = -\frac{b}{m}$ $(m \neq 0)$

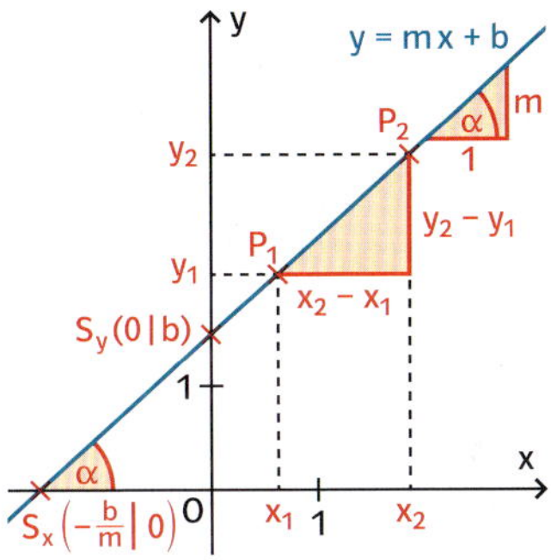

Konstante Funktion → vgl. unten

Konstante Funktionen

$f(x) = b$ $(b \in \mathbb{R})$
Definitionsmenge: $D_f = \mathbb{R}$
Wertemenge: $W_f = \{b\}$
Der Graph ist eine Parallele zur x-Achse.

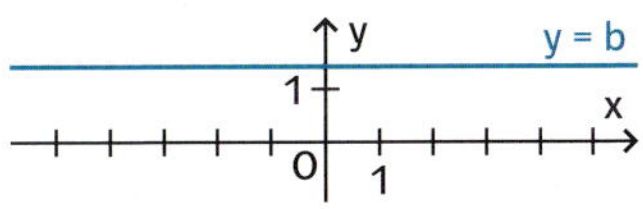

Proportionale Funktionen

$f(x) = mx$ $(m \neq 0)$
Definitionsmenge: $D_f = \mathbb{R}$;
Wertemenge: $W_f = \mathbb{R}$
Der Graph einer proportionalen Funktion ist eine **Ursprungsgerade** mit der Steigung m.

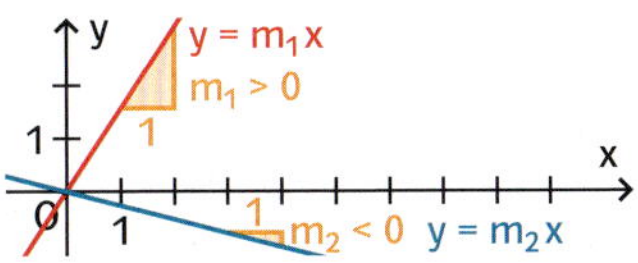

Betragsfunktionen

$f(x) = |x| = \begin{cases} x & \text{für } x \geq 0 \\ -x & \text{für } x < 0 \end{cases}$
Definitionsmenge: $D_f = \mathbb{R}$; Wertemenge: $W_f = \mathbb{R}_0^+$

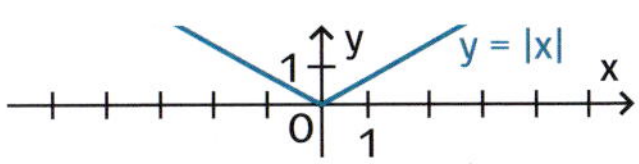

Lagebeziehungen, Schnittpunkt und Schnittwinkel zweier Geraden

Zwei Geraden mit den Steigungen m_1 bzw. m_2 sind genau dann **zueinander parallel**, wenn $m_1 = m_2$ gilt.

Zwei Geraden mit den Steigungen m_1 bzw. m_2 sind genau dann **zueinander senkrecht**, wenn $m_1 \cdot m_2 = -1$ gilt.

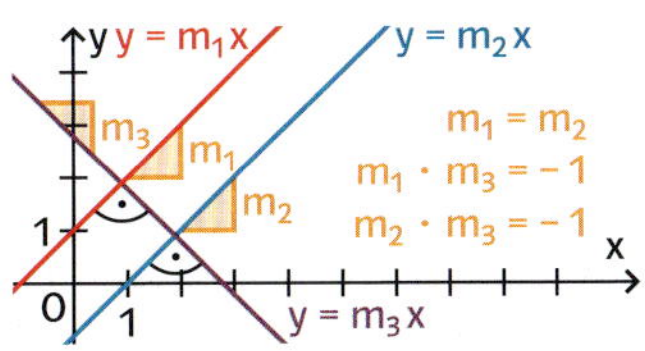

Funktionen und ihre Graphen

Lagebeziehungen zweier Geraden und Schnittwinkel

Zwei nicht zueinander parallele Geraden mit $f_1(x) = m_1x + b_1$ und $f_2(x) = m_2x + b_2$ haben den **Schnittpunkt** $S\left(\frac{b_1 - b_2}{m_2 - m_1} \middle| \frac{m_2b_1 - m_1b_2}{m_2 - m_1}\right)$.

Für $m_1 \cdot m_2 \neq -1$ gilt für ihren **Schnittwinkel** α: $\tan(\alpha) = \frac{m_2 - m_1}{1 + m_1m_2}$.

Koordinatengleichungen von Geraden in der Ebene

Allgemeine Form

$Ax + By + C = 0$ $(A, B, C \in \mathbb{R};\ A^2 + B^2 \neq 0)$

Konstante Funktion → S. 27

$A = 0$ und $B \neq 0$: konstante Funktion; Parallele zur x-Achse

$A \neq 0$ und $B = 0$: Parallele zur y-Achse

Lineare Funktion → S. 27

$A \neq 0$ und $B \neq 0$: lineare Funktion

Zwei-Punkte-Form

$y - y_1 = \frac{y_2 - y_1}{x_2 - x_1}(x - x_1)$

Achsenabschnittsform

$\frac{x}{a} + \frac{y}{b} = 1$ $(a \neq 0$ und $b \neq 0)$

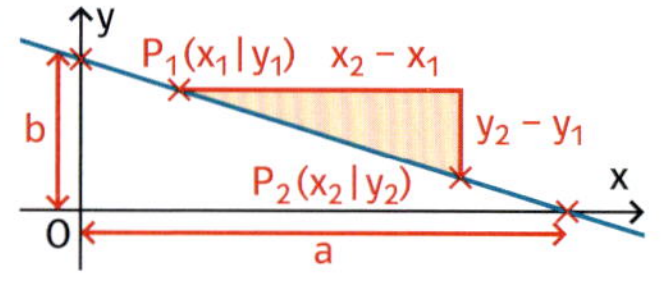

Quadratische Funktionen und Parabeln

Allgemeine Form

$\mathbf{f(x) = ax^2 + bx + c}$ $(a, b, c \in \mathbb{R};\ a \neq 0)$

Diskriminante: $D = b^2 - 4ac$

Definitionsmenge: $D_f = \mathbb{R}$

Wertemenge: $W_f = \left\{y \mid y \geq -\frac{D}{4a}\right\}$ für $a > 0$ bzw. $W_f = \left\{y \mid y \leq -\frac{D}{4a}\right\}$ für $a < 0$

Scheitelpunkt: $S\left(-\frac{b}{2a} \middle| -\frac{D}{4a}\right)$

Nullstellen: $x_{1,2} = \frac{-b \pm \sqrt{D}}{2a}$ $(D \geq 0)$

Der Graph einer quadratischen Funktion ist eine **Parabel**.

Der Graph der quadratischen Funktion f mit $\mathbf{f(x) = x^2}$ heißt **Normalparabel**.

Verschieben und Strecken von Graphen → S. 26

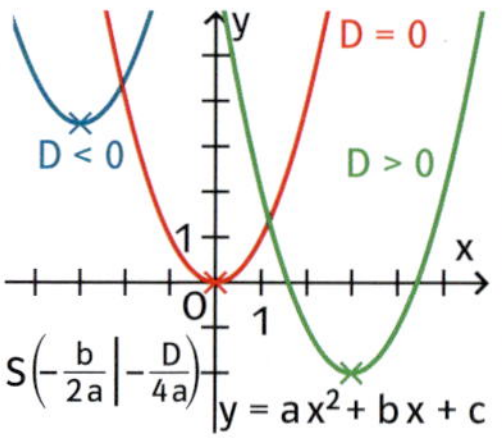

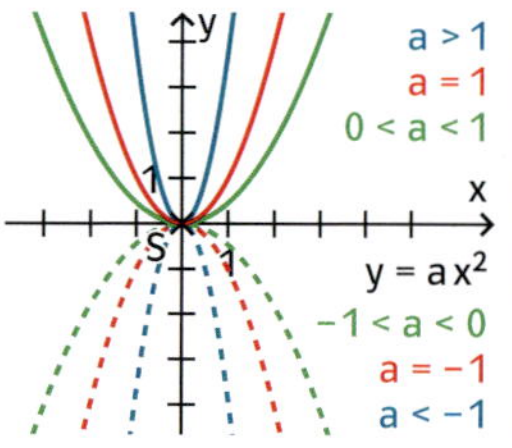

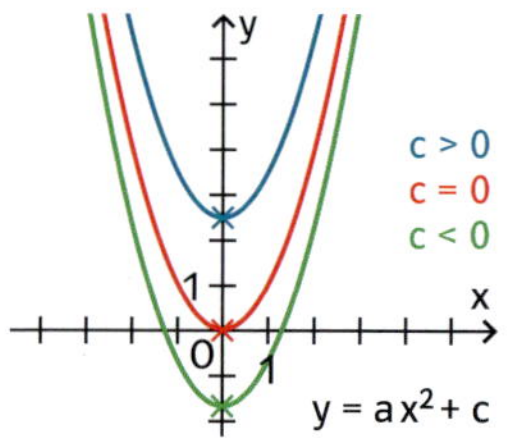

Normalform

$\mathbf{f(x) = x^2 + px + q}$ $(p, q \in \mathbb{R})$

Diskriminante: $D = \left(\frac{p}{2}\right)^2 - q$

Definitionsmenge: $D_f = \mathbb{R}$

Wertemenge: $W_f = \{y \mid y \geq -D\}$

Scheitelpunkt: $S\left(-\frac{p}{2} \middle| -D\right)$

Nullstellen: $x_{1,2} = -\frac{p}{2} \pm \sqrt{D}$ $(D \geq 0)$

Scheitelpunktform

$\mathbf{f(x) = a(x - d)^2 + e}$ $(a, d, e \in \mathbb{R};\ a \neq 0)$

Definitionsmenge: $D_f = \mathbb{R}$

Wertemenge: $W_f = \{y \mid y \geq -D\}$

Scheitelpunkt: $S(d \mid e)$

Nullstellen: $x_{1,2} = d \pm \sqrt{-\frac{e}{a}}$ $\left(\frac{e}{a} \leq 0\right)$

Potenzfunktionen mit ganzzahligen Exponenten

$f(x) = x^n$ $(n \in \mathbb{N}^*)$

Nullstelle: $x_0 = 0$
Die Graphen sind **Parabeln n-ten Grades.**
Für $n = 1$ erhält man eine lineare Funktion, für $n = 2$ eine quadratische Funktion.

n gerade

Definitionsmenge: $D_f = \mathbb{R}$
Wertemenge: $W_f = \mathbb{R}_0^+$
Die Graphen sind **achsensymmetrisch zur y-Achse.**
Gemeinsame Punkte aller Graphen:
$(-1|1)$; $(0|0)$; $(1|1)$

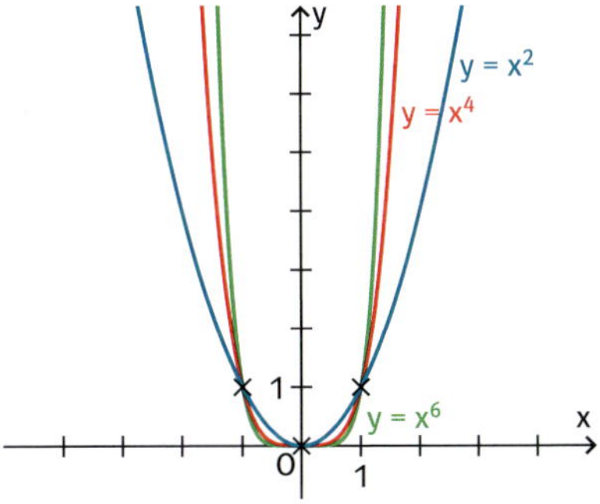

n ungerade

Definitionsmenge: $D_f = \mathbb{R}$
Wertemenge: $W_f = \mathbb{R}$
Die Graphen sind **punktsymmetrisch zum Koordinatenursprung.**
Gemeinsame Punkte aller Graphen:
$(-1|-1)$; $(0|0)$; $(1|1)$

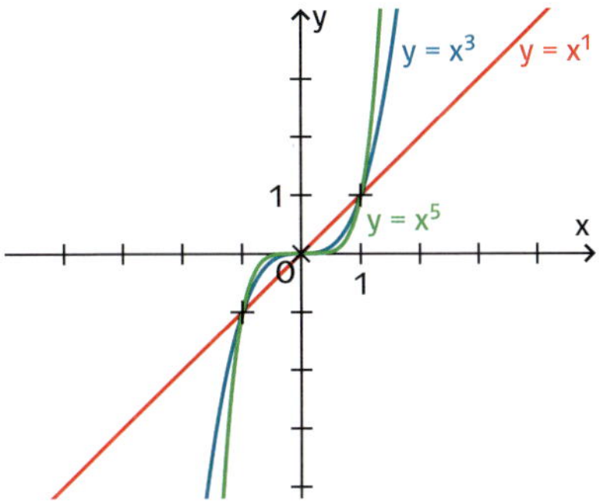

$f(x) = x^{-n} = \frac{1}{x^n}$ $(n \in \mathbb{N}^*)$

Es gibt keine Nullstellen.
Die Graphen sind **Hyperbeln.** Sie bestehen aus zwei Ästen, auch Zweige genannt.

n gerade

Definitionsmenge: $D_f = \mathbb{R} \setminus \{0\}$
Wertemenge: $W_f = \mathbb{R}^+$
Die Graphen sind **achsensymmetrisch zur y-Achse.**
Gemeinsame Punkte aller Graphen:
$(-1|1)$; $(1|1)$

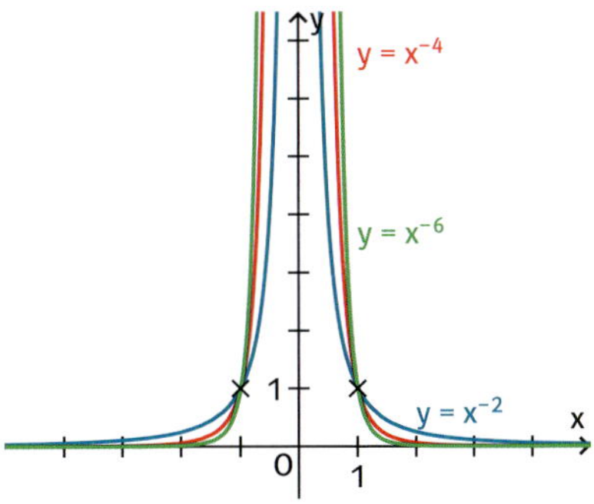

n ungerade

Definitionsmenge: $D_f = \mathbb{R} \setminus \{0\}$
Wertemenge: $W_f = \mathbb{R} \setminus \{0\}$
Die Graphen sind **punktsymmetrisch zum Koordinatenursprung.**
Gemeinsame Punkte aller Graphen:
$(-1|-1)$; $(1|1)$

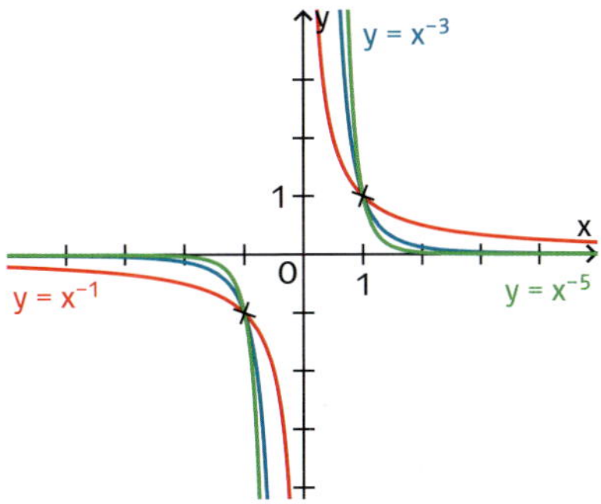

Funktionen und ihre Graphen

Potenzfunktionen mit gebrochenen Exponenten (Wurzelfunktionen)

Umkehrfunktion → S. 24

$f(x) = x^q$ mit $q = \frac{m}{n}$ ($m \in \mathbb{Z}$ und $n \in \mathbb{N}^*$; m und n teilerfremd)

Definitionsmenge:
Für $m > 0$: $D_f = \mathbb{R}_0^+$; für $m < 0$: $D_f = \mathbb{R}^+$.
Wertemenge:
Für $m > 0$: $W_f = \mathbb{R}_0^+$; für $m < 0$: $W_f = \mathbb{R}^+$.
Nullstelle: $x_0 = 0$
Gemeinsamer Punkt aller Graphen: (1|1)

Die **Wurzelfunktionen** $f(x) = \sqrt[n]{x} = x^{\frac{1}{n}}$ ($m = 1$) und $g(x) = \frac{1}{\sqrt[n]{x}} = x^{-\frac{1}{n}}$ ($m = -1$) sind die **Umkehrfunktionen** von Potenzfunktionen $h(x) = x^n$ und $i(x) = x^{-n}$ mit $n \in \mathbb{N}^*$ und eingeschränkten Definitionsmengen $D_h = \mathbb{R}_0^+$ und $D_i = \mathbb{R}^+$.

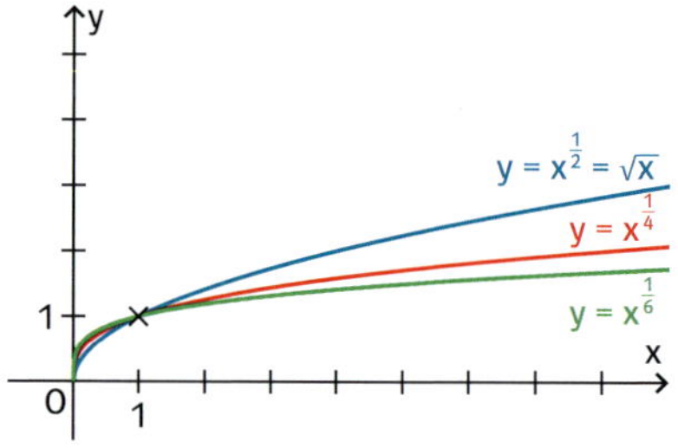

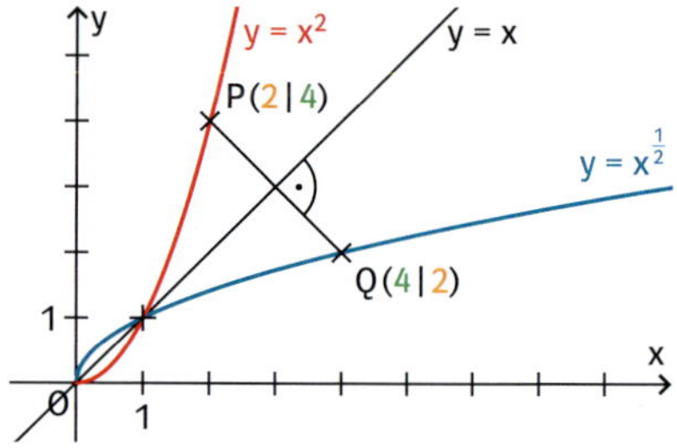

Rationale Funktionen

Eine Funktion f mit $f(x) = \frac{a_n x^n + a_{n-1} x^{n-1} + \ldots + a_2 x^2 + a_1 x + a_0}{b_m x^m + b_{m-1} x^{m-1} + \ldots + b_2 x^2 + b_1 x + b_0}$ ($m, n \in \mathbb{N}$; $a_i, b_j \in \mathbb{R}$; $b_m \neq 0$) heißt **rationale Funktion**.

Ganzrationale Funktionen

Eine Funktion f mit $f(x) = a_n x^n + a_{n-1} x^{n-1} + \ldots + a_2 x^2 + a_1 x + a_0 = \sum_{i=0}^{n} a_i x^i$

($n \in \mathbb{N}$; $a_i \in \mathbb{R}$; $a_n \neq 0$) heißt **ganzrationale Funktion vom Grad n** oder **Polynomfunktion vom Grad n**. Ganzrationale Funktionen sind rationale Funktionen, bei denen das Nennerpolynom konstant ist.
Definitionsmenge: $D_f = \mathbb{R}$
$a_n x^n + a_{n-1} x^{n-1} + \ldots + a_2 x^2 + a_1 x + a_0$: Polynom vom Grad n
$a_n, a_{n-1}, \ldots, a_2, a_1, a_0$: Koeffizienten a_0: Absolutglied

Gleichungen höheren Grades → S. 20

Polynomdivision → S. 21

Nullstellen ganzrationaler Funktionen

Eine ganzrationale Funktion vom Grad n hat **höchstens n Nullstellen**.

Ist x_0 eine Nullstelle einer ganzrationalen Funktion f mit $f(x) = a_n x^n + a_{n-1} x^{n-1} + \ldots + a_1 x + a_0$, so kann man den Funktionsterm in der Form $f(x) = (x - x_0)\,g(x)$ schreiben, wobei g(x) ein Polynom vom Grad $n - 1$ ist mit $g(x_0) \neq 0$.

Lässt sich eine ganzrationale Funktion f in der Form $f(x) = (x - x_0)^m\,h(x)$ schreiben, wobei h eine ganzrationale Funktion vom Grad $n - m$ ist mit $h(x_0) \neq 0$, dann heißt x_0 **m-fache Nullstelle** von f (**Nullstelle m-ter Ordnung** oder **Nullstelle der Vielfachheit m**).

Unter Berücksichtigung der Vielfachheit der Nullstellen lässt sich eine ganzrationale Funktion vom Grad n in der Form $f(x) = (x - x_1)^{m_1}(x - x_2)^{m_2} \ldots (x - x_i)^{m_i}\,j(x)$ mit $\sum_{r=1}^{i} m_r = k$ schreiben, wobei x_r eine m_r-fache Nullstelle mit $r = 1, 2, \ldots, i$ und j(x) eine ganzrationale Funktion vom Grad $n - k$ ist.

Extrem- und Sattelpunkt → S. 68

Ist x_0 eine Nullstelle gerader Ordnung, dann hat die Funktion f an der Stelle $x = x_0$ keinen Vorzeichenwechsel und ihr Graph einen Extrempunkt ($f(x_0) = f'(x_0) = 0$). Ist x_0 eine Nullstelle ungerader Ordnung ($m \neq 1$), dann hat die Funktion f an der Stelle $x = x_0$ einen Vorzeichenwechsel und ihr Graph einen Sattelpunkt ($f(x_0) = f'(x_0) = f''(x_0) = 0$).

Verhalten ganzrationaler Funktionen für $|x| \to \infty$

Das Verhalten einer ganzrationalen Funktionen für $|x| \to \infty$ wird allein durch den Summanden $a_n x^n$ bestimmt. Man unterscheidet bei ihren Graphen vier Fälle:

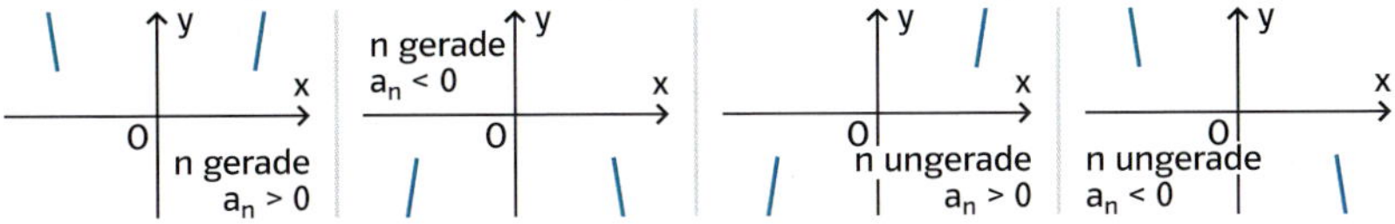

Symmetrie von Graphen ganzrationaler Funktionen

Der Graph einer ganzrationalen Funktion f ist genau dann

achsensymmetrisch zur y-Achse, wenn der Funktionsterm f(x) ausschließlich gerade Potenzen von x enthält.

punktsymmetrisch zum Ursprung, wenn der Funktionsterm f(x) ausschließlich ungerade Potenzen von x enthält.

Gebrochenrationale Funktionen

Eine Funktion f mit $f(x) = \frac{u(x)}{v(x)}$ heißt **gebrochenrationale Funktion**, wenn u und v ganzrationale Funktionen sind und v mindestens vom Grad 1 ist.
Definitionsmenge: $D_f = \mathbb{R} \setminus \{x \in \mathbb{R} \mid v(x) = 0\}$.
Die Stellen x mit $v(x) = 0$ heißen **Definitionslücken**.

Ganzrationale Funktion → S. 30

Ist der Grad von u größer als null und der Grad von v größer als der von u, so heißt die Funktion **echt gebrochenrational**.
Ist der Grad von u größer als null und der Grad von v kleiner oder gleich dem von u, so heißt die Funktion **unecht gebrochenrational**. Durch Polynomdivision kann sie als Summe einer ganzrationalen Funktion und einer echt gebrochenrationale Funktion geschrieben werden.

Polynomdivision → S. 21

Nullstellen gebrochenrationaler Funktionen

Eine Stelle x_0 ist genau dann eine Nullstelle von f, wenn $u(x_0) = 0$ und $v(x_0) \neq 0$ gilt.

Polstellen gebrochenrationaler Funktionen

Eine Definitionslücke x_0 ist genau dann eine Polstelle von f, wenn $u(x_0) \neq 0$ und $v(x_0) = 0$ gilt. Dann gilt $|f(x)| \to \infty$ für $x \to x_0$. Die Funktion f hat an der Stelle x_0 einen **Pol**. Die Gerade $x = x_0$ ist eine **senkrechte Asymptote** des Graphen von f.

Gilt $\lim\limits_{\substack{x \to x_0 \\ x < x_0}} f(x) = \pm\infty$ und $\lim\limits_{\substack{x \to x_0 \\ x > x_0}} f(x) = \pm\infty$, so liegt ein **Pol ohne Vorzeichenwechsel** vor.
Gilt $\lim\limits_{\substack{x \to x_0 \\ x < x_0}} f(x) = \pm\infty$ und $\lim\limits_{\substack{x \to x_0 \\ x > x_0}} f(x) = \mp\infty$, so liegt ein **Pol mit Vorzeichenwechsel** vor.

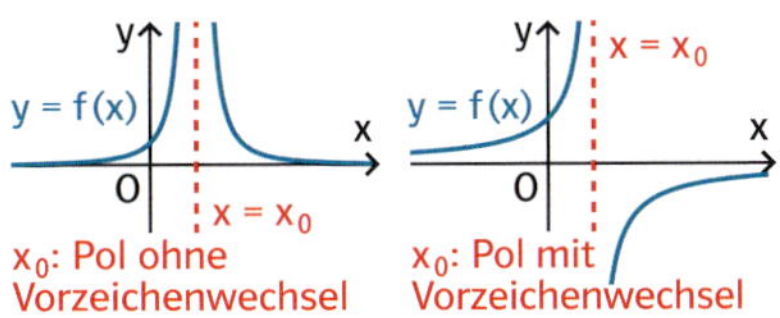

Hebbare Lücken gebrochenrationaler Funktionen

Ist x_0 eine Definitionslücke von f mit $u(x_0) = v(x_0) = 0$ und gilt $\lim\limits_{\substack{x \to x_0 \\ x < x_0}} f(x) = \lim\limits_{\substack{x \to x_0 \\ x > x_0}} f(x) = a$, so heißt die Stelle x_0 **(stetig) hebbare Lücke**. An dieser Stelle liegt keine Polstelle vor. Der Punkt $(x_0 \mid f(x_0))$ gehört nicht zum Graphen von f. Die Funktion f ist **stetig fortsetzbar**, indem man $f(x_0) = \lim\limits_{x \to x_0} f(x)$ festlegt.

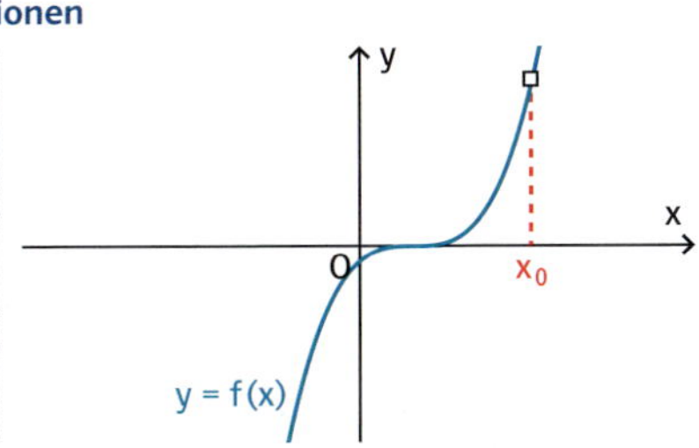

Stetigkeit von Funktionen → S. 64

Gebrochenrationale Funktionen

Sprungstelle

Ist x_0 eine Definitionslücke mit $u(x_0) = v(x_0) = 0$ und gilt $\lim\limits_{\substack{x \to x_0 \\ x < x_0}} f(x) = a$ sowie $\lim\limits_{\substack{x \to x_0 \\ x > x_0}} f(x) = b$ mit $a \neq b$, so heißt die Stelle x_0 **Sprungstelle**.

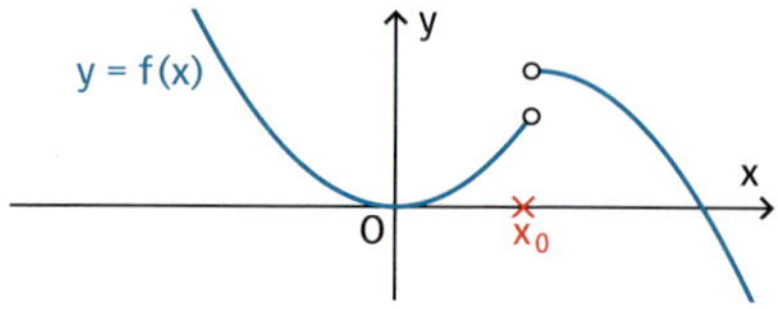

Bedingungen für Polstellen und hebbare Lücken

Gebrochenrationale Funktion → S. 31
Definitionslücke → S. 31
Hebbare Lücke → S. 31

Gegeben ist eine gebrochenrationale Funktion f mit $f(x) = \frac{u(x)}{v(x)}$ und der Definitionslücke x_0. Dabei ist x_0 m-fache Nullstelle von u und n-fache Nullstelle von v ($m, n \in \mathbb{N}$). Dann kann man f in der Form $f(x) = \frac{u(x)}{v(x)} = \frac{(x - x_0)^m p(x)}{(x - x_0)^n q(x)}$ mit $p(x_0) \neq 0$ und $q(x_0) \neq 0$ schreiben.

$m > n > 0$: x_0 ist eine stetig hebbare Lücke und es gilt $\lim\limits_{\substack{x \to x_0 \\ x < x_0}} f(x) = \lim\limits_{\substack{x \to x_0 \\ x > x_0}} f(x) = 0$.

$m = n > 0$: x_0 ist eine stetig hebbare Lücke und es gilt $\lim\limits_{\substack{x \to x_0 \\ x < x_0}} f(x) = \lim\limits_{\substack{x \to x_0 \\ x > x_0}} f(x) = \frac{p(x_0)}{q(x_0)}$.

$m < n$: x_0 ist eine Polstelle.

Asymptotisches Verhalten der Graphen gebrochenrationaler Funktionen

Gegeben ist eine gebrochenrationale Funktion $f(x) = \frac{a_n x^n + a_{n-1} x^{n-1} + \ldots + a_2 x^2 + a_1 x + a_0}{b_m x^m + b_{m-1} x^{m-1} + \ldots + b_2 x^2 + b_1 x + b_0}$ ($a_n \neq 0$ und $b_m \neq 0$). Für $|x| \to \infty$ gilt:

Polynomdivision → S. 21

$n < m$: $\lim\limits_{|x| \to \infty} f(x) = 0$. Der Graph von f hat die **waagerechte Asymptote $y = 0$.**

$n = m$: $\lim\limits_{|x| \to \infty} f(x) = \frac{a_n}{b_m} \neq 0$. Der Graph von f hat die **waagerechte Asymptote $y = \frac{a_n}{b_m}$.**

$n = m + 1$: $\lim\limits_{|x| \to \infty} f(x) = \infty$. Der Graph von f hat eine **schiefe Asymptote**, deren Gleichung sich mithilfe der Polynomdivision ergibt.

$n > m + 1$: $\lim\limits_{|x| \to \infty} f(x) = \infty$. Der Graph von f hat eine **nichtlineare Näherungskurve**, deren Gleichung sich mithilfe der Polynomdivision ergibt.

waagerechte Asymptote $y = 0$

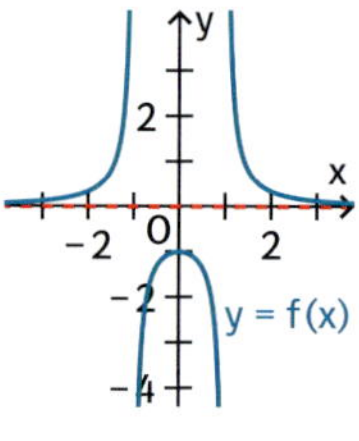

waagerechte Asymptote $y = \frac{a_n}{b_m}$

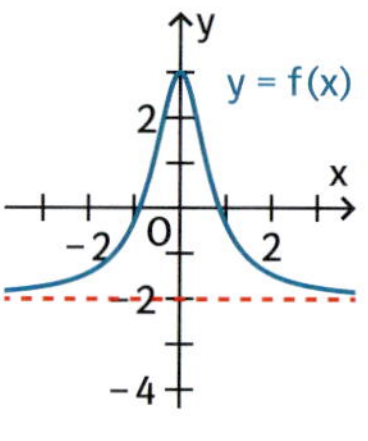

schiefe Asymptote

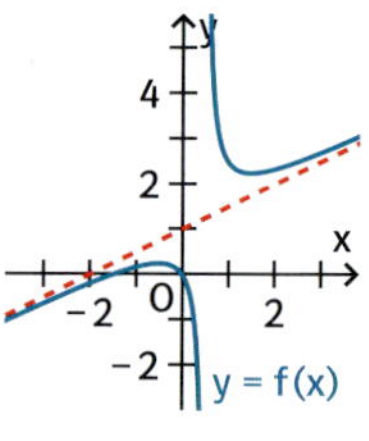

nichtlineare Näherungskurve

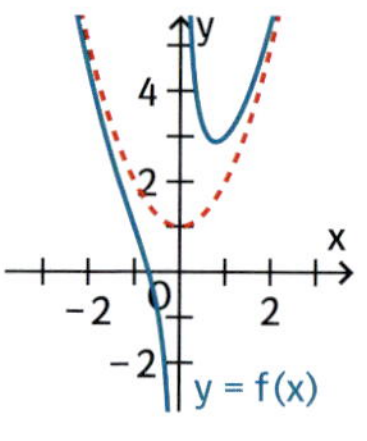

Exponential- und Logarithmusfunktionen

Exponentialfunktionen

Euler'sche Zahl → S. 6

$f(x) = a^x$ ($a \in \mathbb{R}^+$; $a \neq 1$)
Definitionsmenge: $D_f = \mathbb{R}$
Wertemenge: $W_f = \mathbb{R}^+$
Es gibt keine Nullstellen.
Gemeinsamer Punkt aller Graphen: $(0 | 1)$
Spezialfall: $f(x) = e^x$ (e: Euler'sche Zahl)
natürliche Exponentialfunktion

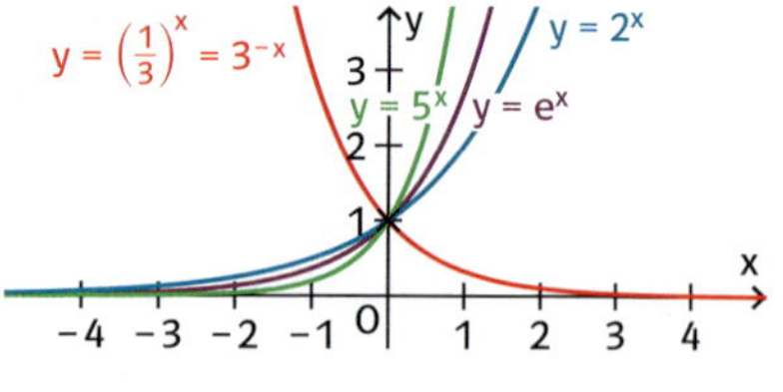

Funktionen und ihre Graphen

Logarithmusfunktionen

Exponential- und Logarithmusfunktionen

$f(x) = \log_b(x)$ ($b \in \mathbb{R}^+$; $b \neq 1$)
Definitionsmenge: $D_f = \mathbb{R}^+$
Wertemenge: $W_f = \mathbb{R}$
Nullstelle: $x_0 = 0$
Gemeinsamer Punkt aller Graphen: (1 | 0)

Spezialfälle:
$\log_e(x) = \ln(x)$ **natürliche Logarithmusfunktion** (e: Euler'sche Zahl)
$\log_{10}(x) = \lg(x)$ **dekadische Logarithmusfunktion** oder **Zehnerlogarithmusfunktion**
$\log_2(x) = \text{lb}(x)$ **binäre Logarithmusfunktion** oder **Zweierlogarithmusfunktion**

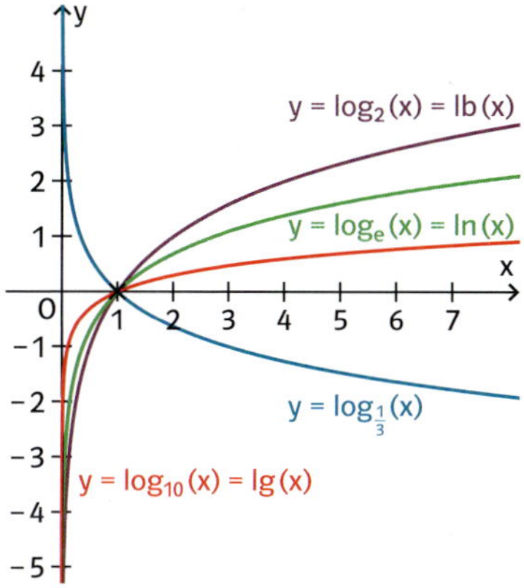

Natürlicher Logarithmus → S. 14
Euler'sche Zahl → S. 6
Dekadischer Logarithmus → S. 14

Die Logarithmusfunktion $\log_b(x)$ ist die **Umkehrfunktion** der Exponentialfunktion b^x ($b \in \mathbb{R}^+$; $b \neq 1$) und umgekehrt. Insbesondere ist die natürliche Logarithmusfunktion ln(x) die Umkehrfunktion der natürlichen Exponentialfunktion e^x.

Umkehrfunktion → S. 24

Sinusfunktion

Trigonometrische Funktionen (Winkelfunktionen)

Bogenmaß → S. 37, 56
Definition am Einheitskreis → S. 56

$f(x) = \sin(x)$
Definitionsmenge: $D_f = \mathbb{R}$
Wertemenge: $W_f = [-1; 1]$
Nullstellen: $x_k = k\pi$; $k \in \mathbb{Z}$
Periode: 2π; $\sin(x + 2k\pi) = \sin(x)$
Der Graph ist **punktsymmetrisch zum Koordinatenursprung.**

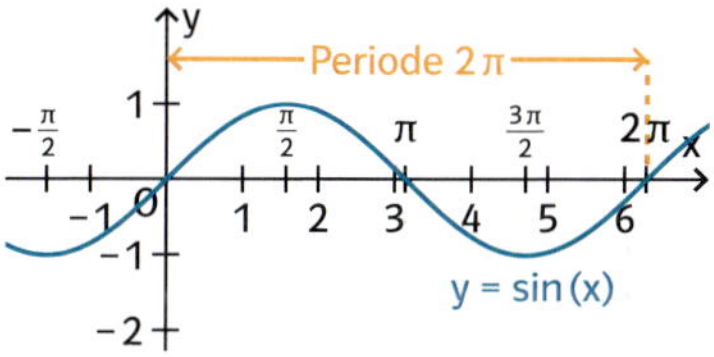

Allgemeine Sinusfunktion

$f(x) = a \cdot \sin(b \cdot (x - c)) + d$
($a, b, c, d \in \mathbb{R}$; $a, b \neq 0$)

Definitionsmenge: $D_f = \mathbb{R}$

Wertemenge: $W_f = [-|a| + d; |a| + d]$

Nullstellen ($d = 0$): $x_k = \frac{k\pi + bc}{b}$; $k \in \mathbb{Z}$

Periode: $\frac{2\pi}{|b|}$; $\sin\left(x + k\frac{2\pi}{|b|}\right) = \sin(x)$

Amplitude: $A = |a|$

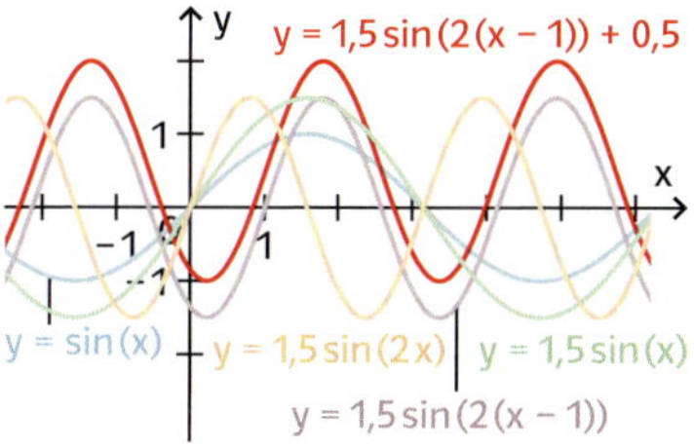

Den **Graphen von $a \cdot \sin(b \cdot (x - c)) + d$** erhält man aus dem Graphen von sin(x) durch
- Strecken in y-Richtung mit dem Faktor a (für $a < 0$ zusätzlich Spiegelung an der x-Achse),
- Strecken in x-Richtung mit dem Faktor $\frac{1}{b}$ (für $b < 0$ zusätzlich Spiegelung an der x-Achse),
- Verschieben in x-Richtung um c,
- Verschieben in y-Richtung um d.

Einfluss von Parametern auf den Graphen einer Funktion → S. 26

Funktionen und ihre Graphen

Trigonometrische Funktionen (Winkelfunktionen)

Kosinusfunktion

$f(x) = \cos(x)$
Definitionsmenge: $D_f = \mathbb{R}$
Wertemenge: $W_f = [-1; 1]$
Nullstellen: $x_k = (2k + 1)\frac{\pi}{2};\ k \in \mathbb{Z}$
Periode: $2\pi;\ \cos(x + 2k\pi) = \cos(x)$
Der Graph ist **achsensymmetrisch zur y-Achse.**

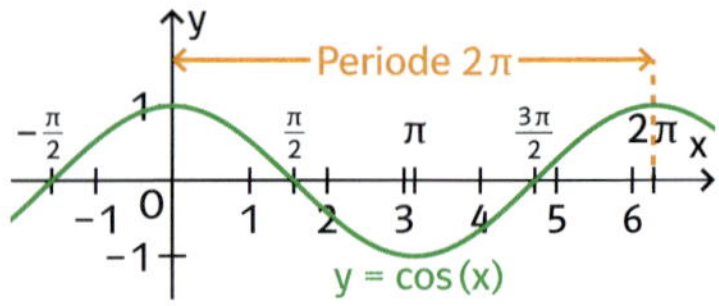

Tangensfunktion

$f(x) = \tan(x) = \frac{\sin(x)}{\cos(x)}$
Definitionsmenge: $D_f = \mathbb{R} \setminus \left\{x \,|\, x = (2k+1)\frac{\pi}{2}\right\};\ k \in \mathbb{Z}$
Wertemenge: $W_f = \mathbb{R}$
Nullstellen: $x_k = k\pi;\ k \in \mathbb{Z}$
Periode: $\pi;\ \tan(x + k\pi) = \tan(x)$
Der Graph ist **punktsymmetrisch zum Koordinatenursprung.**

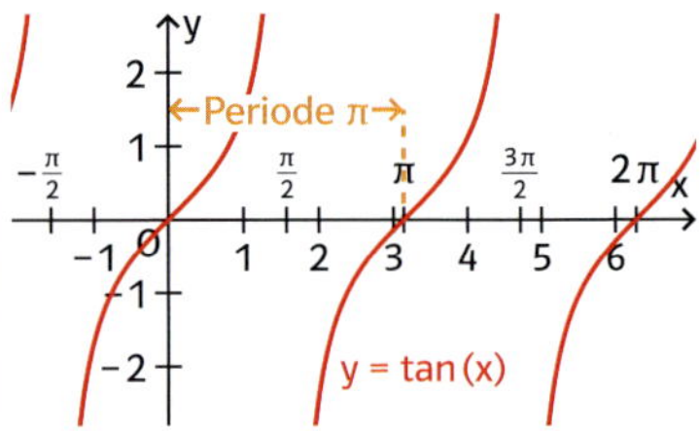

Kotangensfunktion

$f(x) = \cot(x) = \frac{\cos(x)}{\sin(x)}$
Definitionsmenge: $D_f = \mathbb{R} \setminus \{x \,|\, x = k\pi\};\ k \in \mathbb{Z}$
Wertemenge: $W_f = \mathbb{R}$
Nullstellen: $x_k = (2k + 1)\frac{\pi}{2};\ k \in \mathbb{Z}$
Periode: $\pi;\ \cot(x + k\pi) = \cot(x)$
Der Graph ist **punktsymmetrisch zum Koordinatenursprung.**

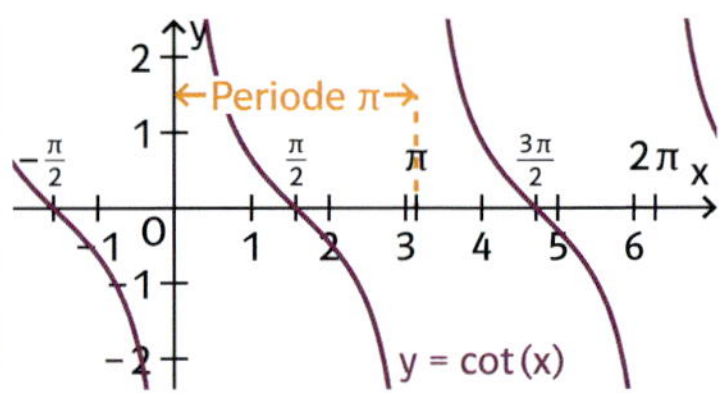

Umkehrfunktion → S. 24

Strenge Monotonie → S. 26

Umkehrfunktionen der trigonometrischen Funktionen

Schränkt man die Definitionsmenge der trigonometrischen Funktionen auf Bereiche ein, in denen die Funktionen jeweils streng monoton sind, so sind diese eingeschränkten Funktionen umkehrbar. Die Umkehrfunktionen der geeignet eingeschränkten trigonometrischen Funktionenheißen **Arkusfunktionen (zyklometrische Funktionen).**

Arkussinusfunktion

$f(x) = \arcsin(x)$
Definitionsmenge: $D_f = [-1; 1]$
Wertemenge: $W_f = \left[-\frac{\pi}{2}; \frac{\pi}{2}\right]$
Nullstelle: $x_0 = 0$

Arkuskosinusfunktion

$f(x) = \arccos(x)$
Definitionsmenge: $D_f = [-1; 1]$
Wertemenge: $W_f = [0; \pi]$
Nullstelle: $x_0 = 1$

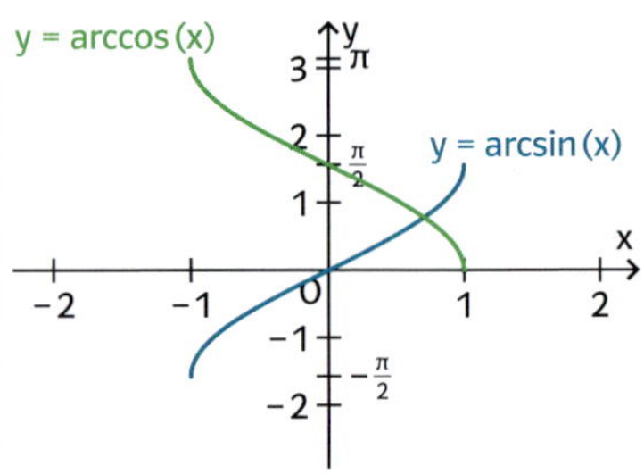

Umkehrfunktionen der trigonometrischen Funktionen

Arkustangensfunktion

$f(x) = \arctan(x)$

Definitionsmenge: $D_f = \mathbb{R}$

Wertemenge: $W_f = \left(-\frac{\pi}{2}; \frac{\pi}{2}\right)$

Nullstelle: $x_0 = 0$

Arkuskotangensfunktion

$f(x) = \operatorname{arccot}(x)$

Definitionsmenge: $D_f = \mathbb{R}$

Wertemenge: $W_f = (0; \pi)$

Es gibt keine Nullstellen.

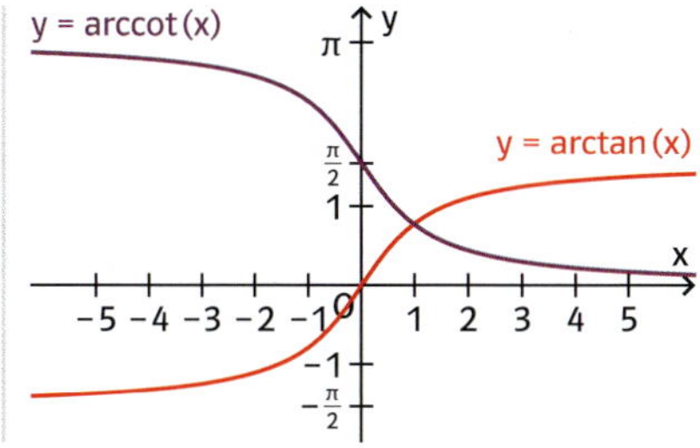

Parameterdarstellung von Kurven in der Ebene

Die **Parameterdarstellung einer Kurve in der Ebene** ist eine Darstellung, bei der jedem Wert eines Parameters t ein Punkt P_t der Kurve entspricht. Die Koordinaten jedes Punktes der Kurve sind Funktionen des Parameters t. Es gilt $P_t(x(t) \mid y(t))$.

Kreis mit Radius r und Mittelpunkt $M(x_M \mid y_M)$ in Parameterdarstellung

$x = x(t) = x_M + r \cdot \cos(t)$

$y = y(t) = y_M + r \cdot \sin(t)$

$0 \leq t \leq 2\pi$

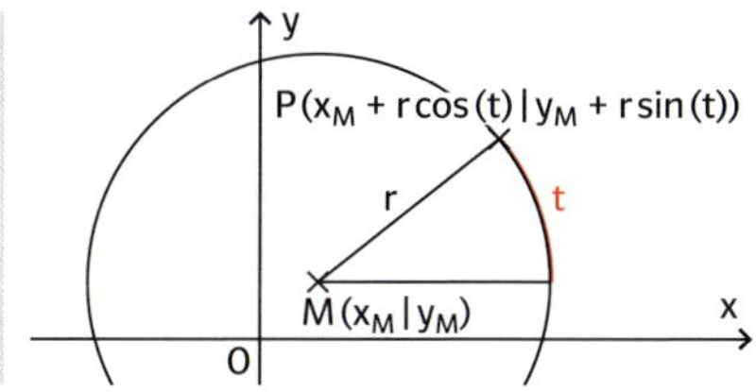

Archimedische Spirale

$x = x(t) = a \cdot t \cdot \cos(t)$

$y = y(t) = a \cdot t \cdot \sin(t)$

$0 \leq t < \infty$

$a > 0$

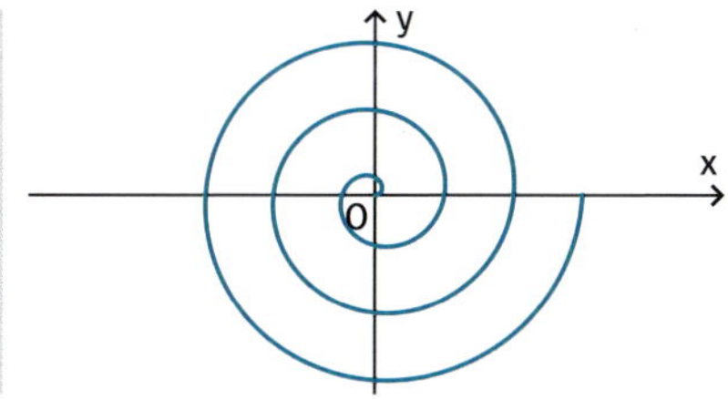

Zykloide

Eine **Zykloide** ist die Kurve, auf der sich ein Kreispunkt beim Abrollen des Kreises auf einer Geraden bewegt.

Rollt ein Kreis mit dem Radius r auf der x-Achse ab, so gilt für die Bahn eines Punktes auf der Kreislinie:

$x = x(t) = r \cdot (t - \sin(t)),$

$y = y(t) = r \cdot (1 - \cos(t)),$

$-\infty < t < \infty.$

Dabei heißt t **Wälzwinkel**.

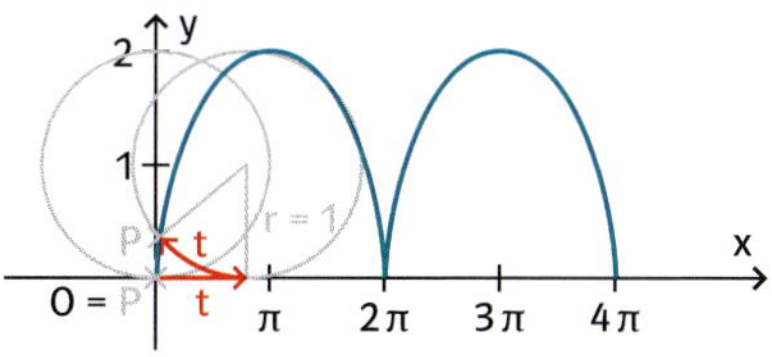

M

Mathematik

Ebene Geometrie (Planimetrie)

Grundbegriffe

Strecke, Strahl und Gerade

Eine gerade Linie mit einem Anfangs- und einem Endpunkt heißt **Strecke**. Die **Länge einer Strecke** $\overline{AB}$ bezeichnet man mit $|\overline{AB}|$ (manchmal auch mit $\overline{AB}$). Verlängert man eine Strecke unbegrenzt über einen ihrer Endpunkte hinaus, so erhält man einen **Strahl (Halbgerade)**. Verlängert man eine Strecke unbegrenzt über ihre beiden Endpunkte hinaus, so erhält man eine **Gerade**.

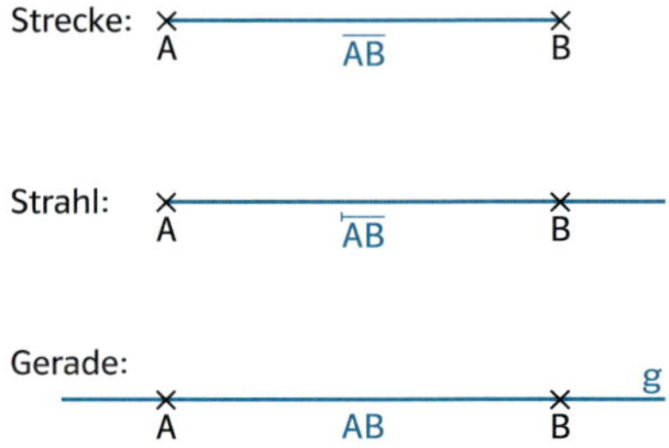

Zueinander senkrecht und zueinander parallel

Zwei Geraden sind genau dann **zueinander parallel**, wenn sie sich nicht schneiden oder wenn sie identisch sind.

Zwei Geraden sind genau dann **zueinander senkrecht (orthogonal)**, wenn sie sich unter einem rechten Winkel schneiden.

Rechter Winkel → S. 37

Zwei Geraden sind genau dann zueinander senkrecht, wenn sie sich schneiden und eine Gerade bei Spiegelung an der anderen Geraden auf sich selbst abgebildet wird.

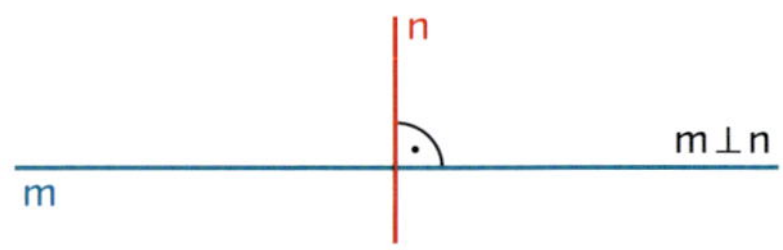

Strecke und Gerade → vgl. oben

Das **Lot** ist eine Strecke oder Gerade, die auf einer gegebenen Geraden senkrecht steht. Man spricht von **Lotgerade** oder **Lotstrecke**. Den Schnittpunkt des Lots mit einer gegebenen Geraden nennt man den **Lotfußpunkt**.

Man **errichtet das Lot** einer Geraden in einem Punkt der Geraden und **fällt das Lot** von einem Punkt außerhalb der Geraden auf diese Gerade.

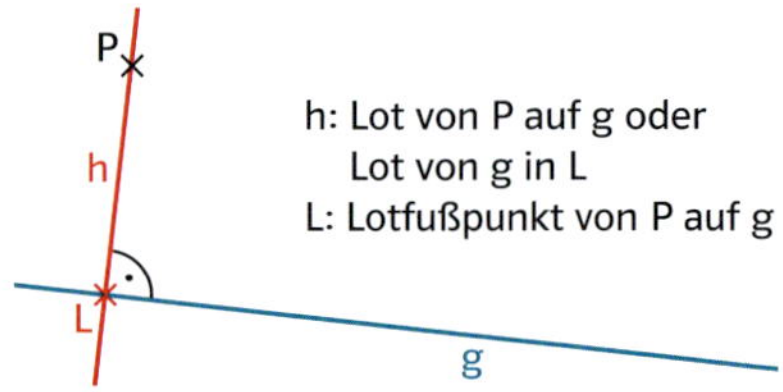

Die **Mittelparallele** zweier zueinander paralleler Geraden g und h ist die Gerade, die von g und h jeweils den gleichen Abstand hat.

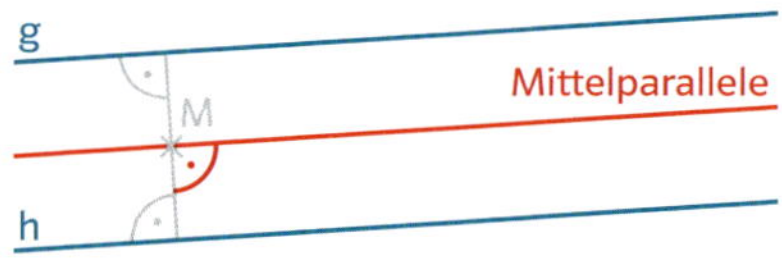

Winkel

Strahl → vgl. oben

Zwei Strahlen mit einem gemeinsamen Anfangspunkt S bilden einen **Winkel**. Der Punkt S heißt **Scheitelpunkt** des Winkels, die beiden Strahlen g und h nennt man **Schenkel** des Winkels.

Bezeichnung von Winkeln

Winkel bezeichnet man mit griechischen Buchstaben (α, β, γ …), mit den Schenkeln oder mit drei Punkten.

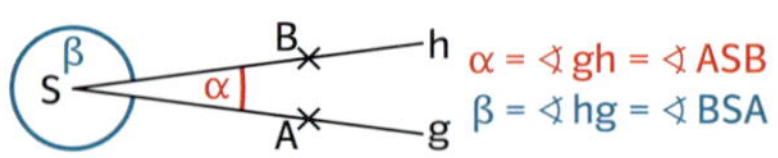

Ebene Geometrie (Planimetrie)

Winkel

Winkelmaße

Gradmaß

Ein Winkel mit der Größe ein **Grad** (1°) ist der 360. Teil des Vollwinkels.
Es gilt: $1° = 60'$ (Minuten),
$1' = 60''$ (Sekunden) und
$1° = 3600''$.
Man erhält einen Winkel der Größe 1°, indem man einen Kreis durch Radien in 360 deckungsgleiche Kreisausschnitte unterteilt.

Bogenmaß

Trigonometrie → S. 56
Zentriwinkel → S. 46

Das zum (Zentri-)Winkel α gehörende Verhältnis von **Bogenlänge** b zu Radius r heißt **Bogenmaß** des Winkels α: $\operatorname{arc}(\alpha) = \frac{b}{r}$.
Im **Einheitskreis**, dem Kreis mit Radius 1 und Mittelpunkt im Koordinatenursprung, ist das Bogenmaß eines Winkels gleich der Maßzahl der zugehörigen Bogenlänge.
Ein Winkel hat die Größe 1 **Radiant** (1 rad), wenn $b = r$ gilt bzw. für $b = 1$ im Einheitskreis.

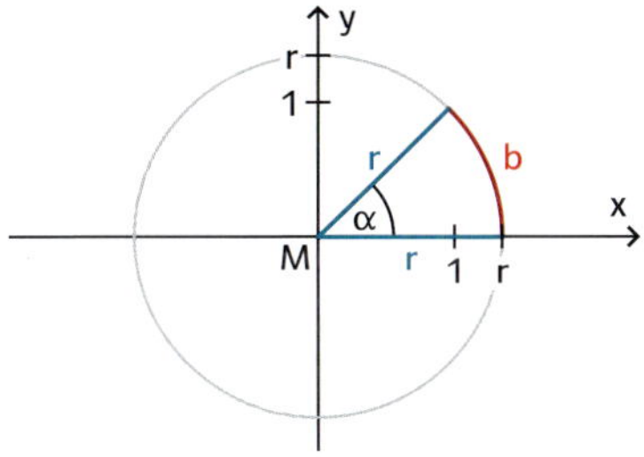

Umrechnungen

Wenn α die Winkelgröße im Gradmaß und x die Winkelgröße im Bogenmaß ist, dann gilt:

$\frac{\alpha}{360°} = \frac{x}{2\pi}$ bzw. $\frac{\alpha}{180°} = \frac{x}{\pi}$ $\qquad x = \frac{\alpha}{180°} \cdot \pi$ $\qquad \alpha = \frac{x}{\pi} \cdot 180°$

$1° \approx 0{,}01745\,\text{rad}$ $\qquad 1\,\text{rad} \approx 57{,}296°$

Gradmaß	0°	15°	30°	45°	60°	90°	120°	135°	180°	270°	360°
Bogenmaß	0	$\frac{\pi}{12}$	$\frac{\pi}{6}$	$\frac{\pi}{4}$	$\frac{\pi}{3}$	$\frac{\pi}{2}$	$\frac{2\pi}{3}$	$\frac{3\pi}{4}$	π	$\frac{3\pi}{2}$	2π

Winkelarten

Nullwinkel	spitzer Winkel	rechter Winkel	stumpfer Winkel	gestreckter Winkel	überstumpfer Winkel	Vollwinkel
$\alpha = 0°$	$0° < \alpha < 90°$	$\alpha = 90°$	$90° < \alpha < 180°$	$\alpha = 180°$	$180° < \alpha < 360°$	$\alpha = 360°$

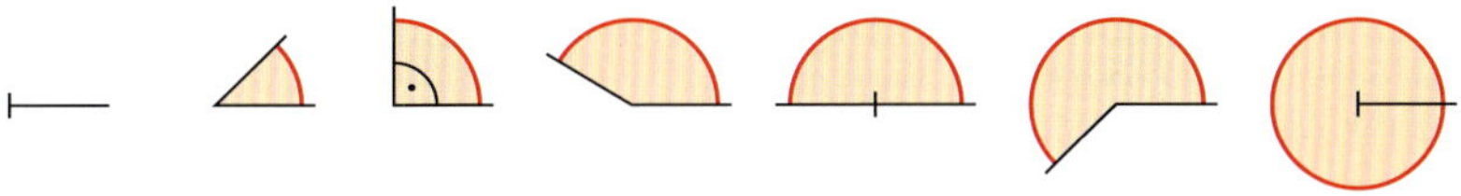

Winkel an sich schneidenden Geraden

Scheitelwinkel sind gleich groß.

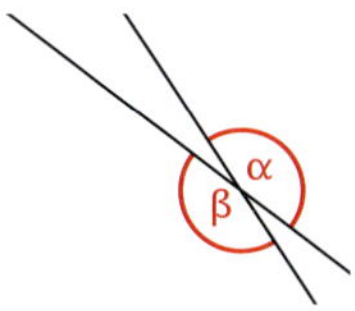

Ein Winkel und sein **Nebenwinkel** sind zusammen 180° groß.

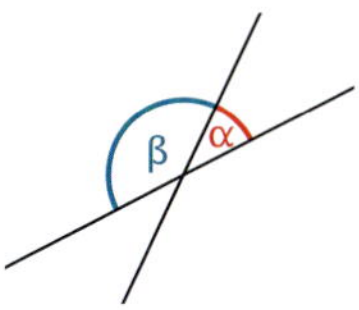

Stufenwinkel an geschnittenen Parallelen sind gleich groß.

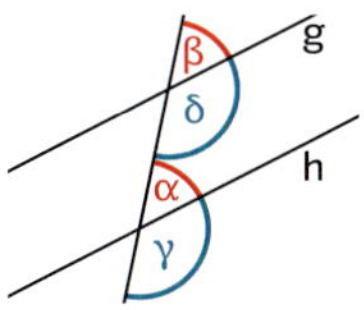

Wechselwinkel an geschnittenen Parallelen sind gleich groß.

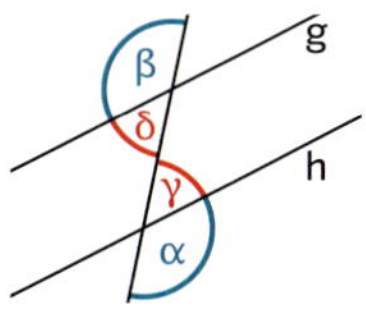

Ebene Geometrie (Planimetrie)

Grundbegriffe

Abstände, Mittelsenkrechte und Winkelhalbierende

Abstände

Der **Abstand zweier Punkte** P und Q ist die Länge der Verbindungsstrecke der Punkte. Man schreibt dafür d(P; Q).

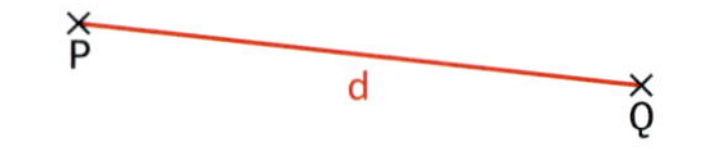

Lot und Lotfußpunkt → S. 36

Der **Abstand eines Punktes** P **von einer Geraden** g ist die Länge des Lots von P auf g, also der Abstand von P zum Lotfußpunkt von P auf g. Man schreibt dafür d(P; g).

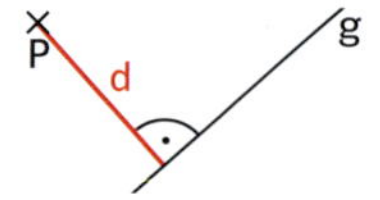

Der **Abstand zwischen zwei zueinander parallelen Geraden** g und h ist die Länge der kürzesten Strecke zwischen g und h. Man schreibt dafür d(g; h).

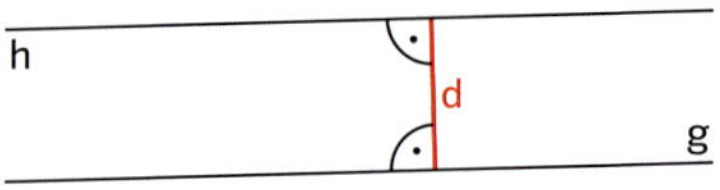

Mittelsenkrechte

Die Gerade, die senkrecht zu einer Strecke $\overline{AB}$ ist und durch ihren Mittelpunkt verläuft, heißt **Mittelsenkrechte** $m_{\overline{AB}}$ der Strecke $\overline{AB}$.
Wenn ein Punkt P auf der Mittelsenkrechten von $\overline{AB}$ liegt, dann ist der Abstand von P zu A und zu B gleich.
Wenn der Abstand eines Punktes P zu A und zu B gleich ist, dann liegt P auf der Mittelsenkrechten von $\overline{AB}$.

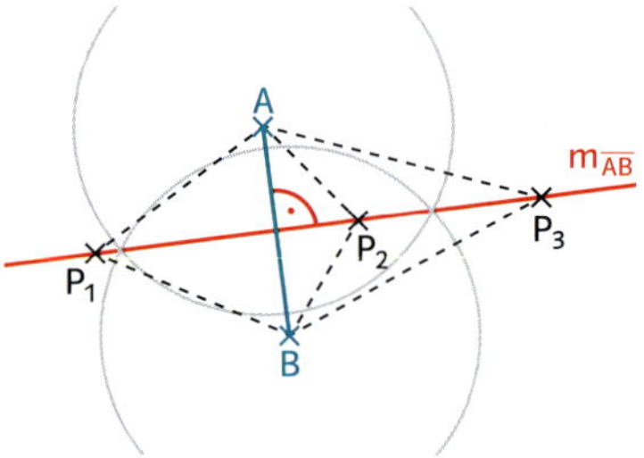

Winkelhalbierende

Die Gerade, die einen Winkel α in zwei gleich große Teile teilt, heißt **Winkelhalbierende** w_α von α.
Wenn ein Punkt P auf der Winkelhalbierenden von α liegt, dann ist der Abstand von P zu beiden Schenkeln von α gleich.
Wenn der Abstand eines Punktes P zu beiden Schenkeln von α gleich ist, dann liegt P auf der Winkelhalbierenden von α.

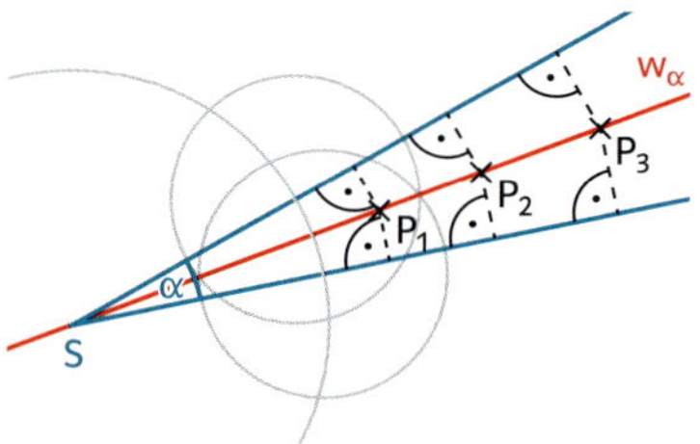

Dreiecke

Bezeichnungen

Drei Punkte A, B und C, die nicht auf einer Geraden liegen, bilden ein **Dreieck**.
Eckpunkte: A, B und C
Seiten: a, b und c
Winkel: α, β und γ

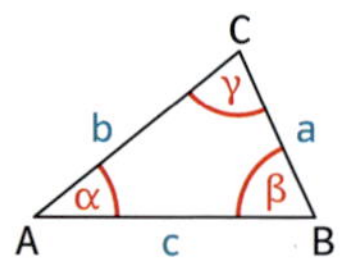

Lotgerade → S. 36

Die Lotgerade von einem Eckpunkt auf die gegenüberliegende Seite(nlinie) heißt **Höhenlinie**. Die Strecke vom Eckpunkt zum Lotfußpunkt heißt **Höhe** des Dreiecks zur entsprechenden Seite.

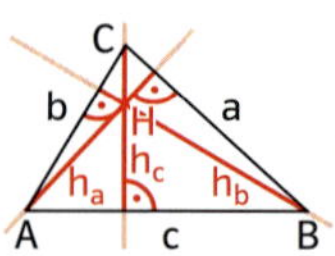

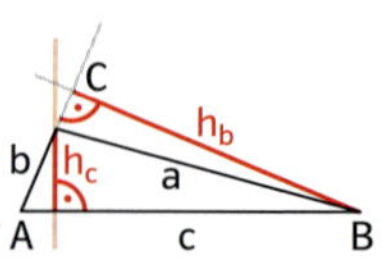

Ebene Geometrie (Planimetrie)

Winkelsätze

Innenwinkelsatz

In jedem Dreieck beträgt die Summe der Innenwinkel 180°: $\alpha + \beta + \gamma = 180°$.

Außenwinkelsatz

Jeder Außenwinkel eines Dreiecks ist so groß wie die Summe der beiden nicht anliegenden Innenwinkel.
In jedem Dreieck beträgt die Summe der Außenwinkel 360°: $\alpha' + \beta' + \gamma' = 360°$.

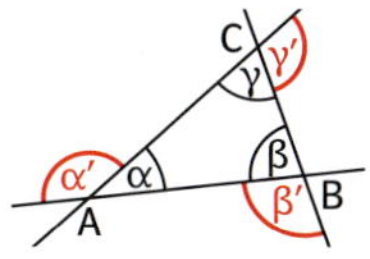

$\alpha' = \beta + \gamma$
$\beta' = \alpha + \gamma$
$\gamma' = \alpha + \beta$

Besondere Punkte und Linien im Dreieck

Umkreismittelpunkt

In jedem Dreieck schneiden sich die drei Mittelsenkrechten m_a, m_b und m_c in einem Punkt, dem **Umkreismittelpunkt** U des Dreiecks. U hat zu den drei Eckpunkten A, B und C den gleichen Abstand. Die Eckpunkte liegen auf dem Umkreis.

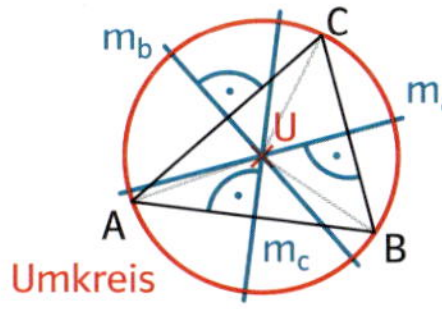

Mittelsenkrechte → S. 38

Inkreismittelpunkt

In jedem Dreieck schneiden sich die drei Winkelhalbierenden w_α, w_β und w_γ in einem Punkt, dem **Inkreismittelpunkt** I des Dreiecks. I hat von den drei Seiten a, b und c den gleichen Abstand. Der Inkreis berührt die drei Seiten.

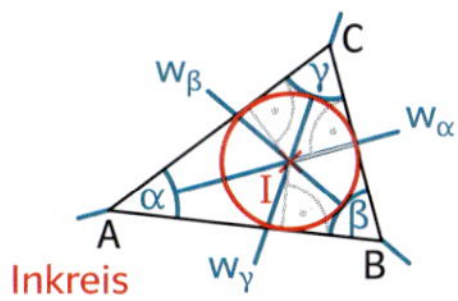

Winkelhalbierende → S. 38

Höhenschnittpunkt

In jedem Dreieck schneiden sich die drei Höhenlinien h_a, h_b und h_c in einem Punkt, dem **Höhenschnittpunkt** H des Dreiecks.

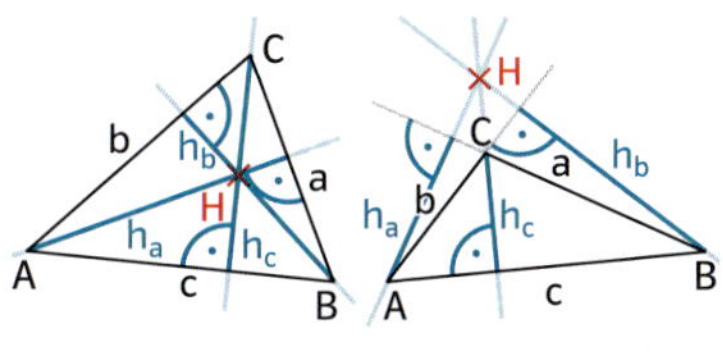

Höhenlinie → S. 38

Schwerpunkt

Die Strecken von einem Eckpunkt zum Mittelpunkt der gegenüberliegenden Seite heißen **Seitenhalbierende**.
In jedem Dreieck schneiden sich die drei Seitenhalbierenden s_a, s_b und s_c in einem Punkt, dem **Schwerpunkt** S des Dreiecks.

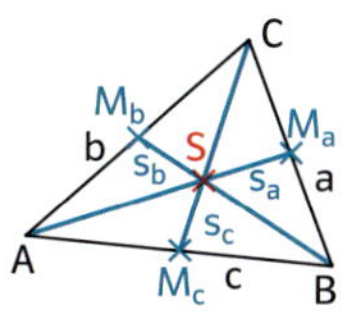

S teilt jede Seitenhalbierende im Verhältnis 2 : 1:
$\frac{\overline{SA}}{\overline{SM_a}} = \frac{\overline{SB}}{\overline{SM_b}} = \frac{\overline{SC}}{\overline{SM_c}} = \frac{2}{1}$.

Euler-Gerade

In jedem Dreieck liegen der Umkreismittelpunkt U, der Höhenschnittpunkt H und der Schwerpunkt S auf einer Geraden, der **Euler-Geraden** e.

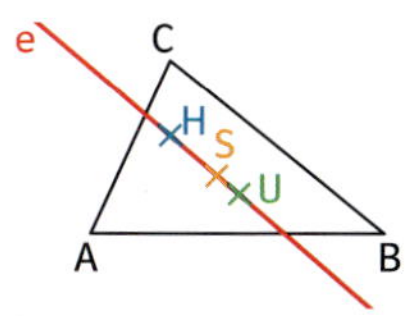

M

Mathematik

Ebene Geometrie (Planimetrie)

Dreiecke

Dreiecksarten

Einteilung nach der Seitenlänge

Allgemeines Dreieck
Alle drei Seiten sind paarweise unterschiedlich lang.
$a \neq b;\ a \neq c;\ b \neq c$

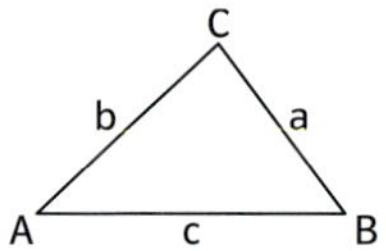

Gleichschenkliges Dreieck
Zwei der drei Seiten, die **Schenkel**, sind gleich lang. Die dritte Seite heißt **Basis**.

$a = b \neq c$

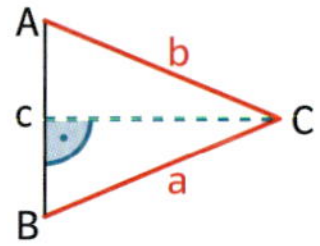

Gleichseitiges Dreieck
Alle drei Seiten sind gleich lang.

$a = b = c$

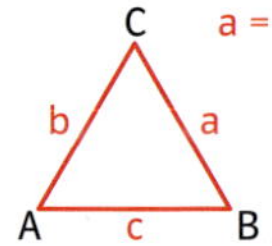

Einteilung nach der Größe der Innenwinkel

Winkelarten → S. 37

Spitzwinkliges Dreieck
Alle drei Innenwinkel sind spitze Winkel.

$\alpha < 90°$
$\beta < 90°$
$\gamma < 90°$

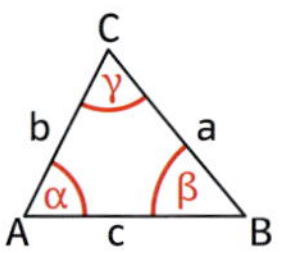

Rechtwinkliges Dreieck
Einer der drei Innenwinkel ist ein rechter Winkel.

$\gamma = 90°$

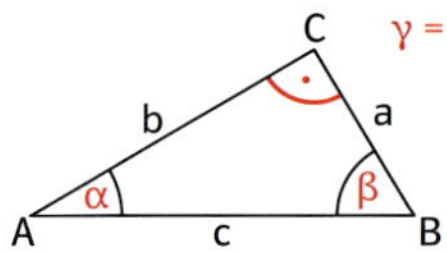

Stumpfwinkliges Dreieck
Einer der drei Innenwinkel ist ein stumpfer Winkel.

$\gamma > 90°$

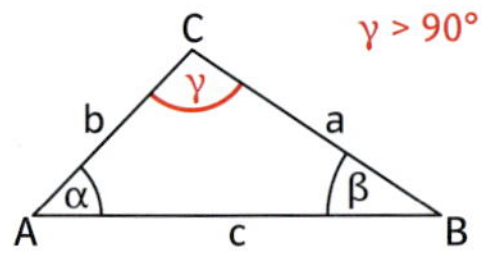

Allgemeines Dreieck (beliebiges Dreieck)

Umfang: $U = a + b + c$

Flächeninhalt: $A = \frac{1}{2}a \cdot h_a = \frac{1}{2}b \cdot h_b = \frac{1}{2}c \cdot h_c$
$= \frac{1}{4}\frac{abc}{R}$ (R: Umkreisradius)

Heron'sche Formel: $A = \sqrt{s(s-a)(s-b)(s-c)}$ $\left(s = \frac{U}{2}\right)$

Dreiecksungleichung: $a + b > c;\ a + c > b;\ b + c > a$

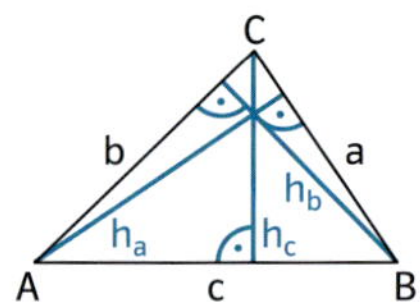

Gleichschenkliges Dreieck

$a = b$ und $\alpha = \beta$

Länge der Höhe zur Basis: $h_c = \sqrt{a^2 - \left(\frac{c}{2}\right)^2}$

Flächeninhalt: $A = \frac{1}{2}c \cdot h_c$

Umkreis → S. 39

Umkreisradius: $R = \frac{4h_c^2 + c^2}{8h_c}$

Inkreis → S. 39

Inkreisradius: $r = \frac{ch_c}{2a + c}$

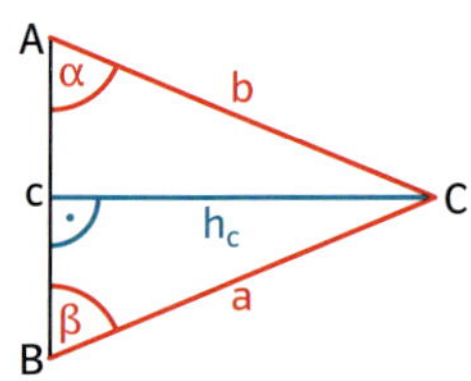

Gleichseitiges Dreieck

$a = b = c$ und $\alpha = \beta = \gamma = 60°$

Alle Höhen sind gleich lang: $h = \frac{a}{2}\sqrt{3}$.

Flächeninhalt: $A = \frac{a^2}{4}\sqrt{3}$

Umkreisradius: $R = \frac{a}{3}\sqrt{3}$

Inkreisradius: $r = \frac{a}{6}\sqrt{3}$

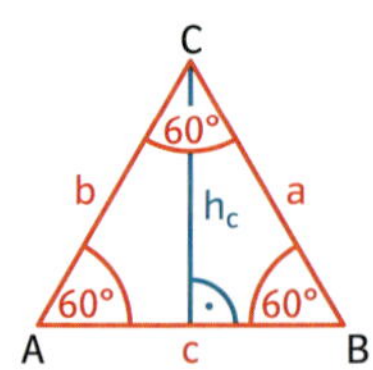

Ebene Geometrie (Planimetrie)

Rechtwinkliges Dreieck

Die dem rechten Winkel gegenüberliegende Seite heißt **Hypotenuse.**
Die beiden anderen Seiten heißen **Katheten.**

Jede Kathete ist die Höhe zur anderen Kathete.
Die Höhe h zur Hypotenuse teilt diese in die beiden **Hypotenusenabschnitte** p und q.
Für $\gamma = 90°$ gilt
Flächeninhalt: $A = \frac{1}{2}a \cdot b = \frac{1}{2}c \cdot h$,

Umkreisradius: $R = \frac{c}{2} = \frac{1}{2}\sqrt{a^2 + b^2}$,

Inkreisradius: $r = \frac{ab}{a+b+c} = \frac{1}{2}(a + b - c)$.

a, b: Katheten
c: Hypotenuse
p, q: Hypotenusenabschnitte

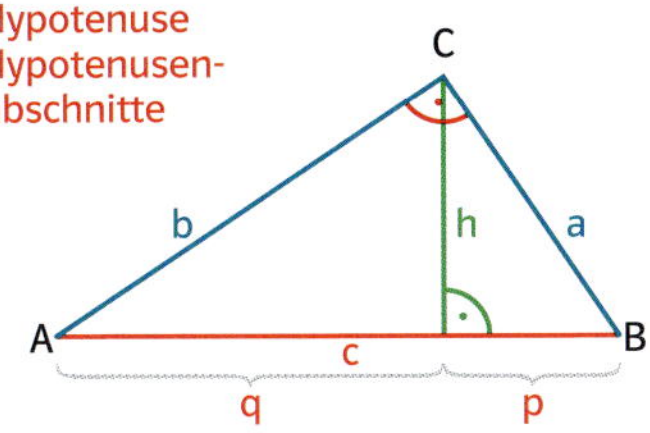

Sätze im rechtwinkligen Dreieck

Satz des Pythagoras
In jedem rechtwinkligen Dreieck ABC mit den Katheten a und b sowie der Hypotenuse c gilt $a^2 + b^2 = c^2$.

Umkehrung des Satzes von Pythagoras
Wenn in einem Dreieck ABC die Gleichung $a^2 + b^2 = c^2$ gilt, dann ist das Dreieck rechtwinklig bei C.

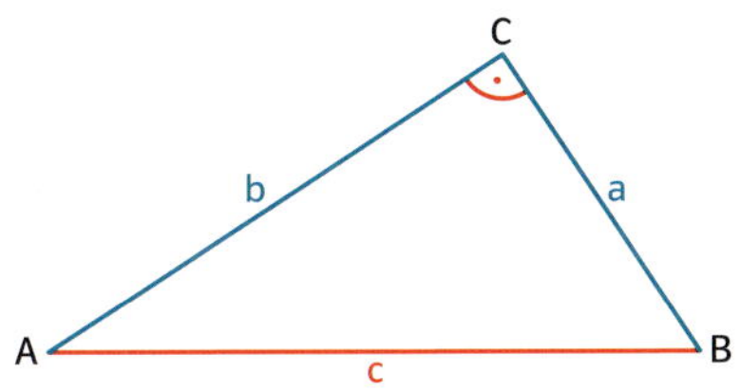

Kathetensatz
In jedem rechtwinkligen Dreieck ABC mit den Katheten a und b, den Hypotenusenabschnitten p und q sowie der Hypotenuse c gilt $a^2 = c \cdot p$ und $b^2 = c \cdot q$.

Höhensatz
In jedem rechtwinkligen Dreieck ABC mit der Höhe h zur Hypotenuse sowie den Hypotenusenabschnitten p und q gilt $h^2 = p \cdot q$.

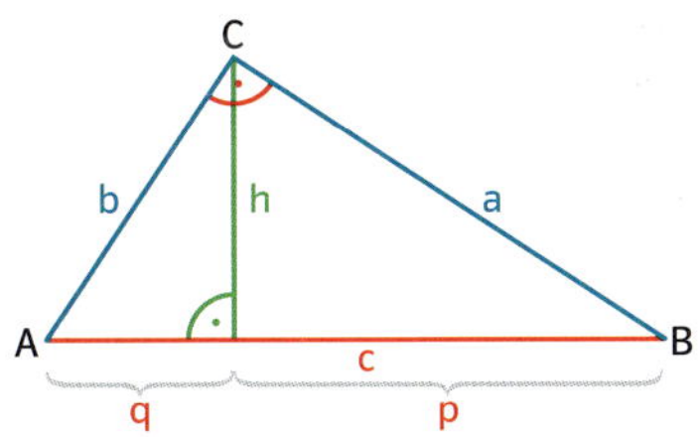

Satz des Thales
$\overline{AB}$ sei der Durchmesser eines Kreises k mit dem Mittelpunkt M. Wenn der Punkt C (≠ A und ≠ B) auf k liegt, dann ist das Dreieck ABC bei C rechtwinklig. Der Kreis k heißt **Thales-Kreis.**

Umkehrung des Satzes von Thales
Wenn ein Dreieck ABC bei C rechtwinklig ist, dann liegt C auf dem Thales-Kreis.

Alternative Formulierung → S. 47

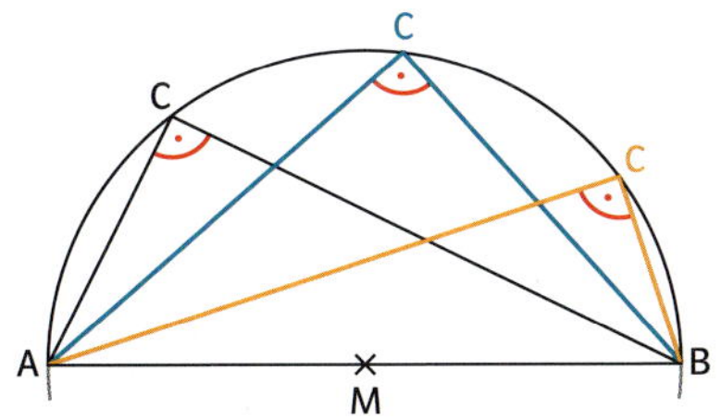

Ebene Geometrie (Planimetrie)

Dreiecke

Trigonometrische Beziehungen in Dreiecken

Definitionen am rechtwinkligen Dreieck

Definitionen am Einheitskreis → S. 56

Für spitze Winkel α in einem rechtwinkligen Dreieck gilt:

$$\sin(\alpha) = \frac{\text{Gegenkathete von }\alpha}{\text{Hypotenuse}}, \quad \cos(\alpha) = \frac{\text{Ankathete von }\alpha}{\text{Hypotenuse}},$$

$$\tan(\alpha) = \frac{\text{Gegenkathete von }\alpha}{\text{Ankathete von }\alpha}, \quad \cot(\alpha) = \frac{\text{Ankathete von }\alpha}{\text{Gegenkathete von }\alpha}.$$

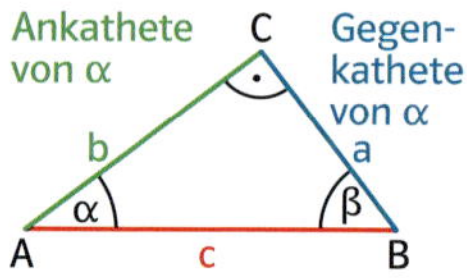

Trigonometrische Beziehungen im allgemeinen Dreieck

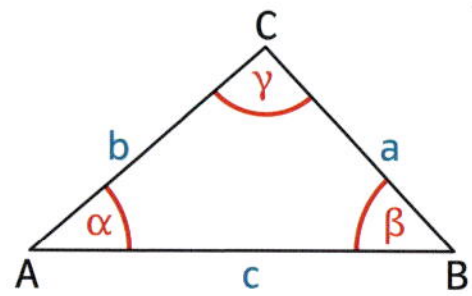

Umkreis → S. 39

Sinussatz:

$$\frac{a}{\sin(\alpha)} = \frac{b}{\sin(\beta)} = \frac{c}{\sin(\gamma)} = 2R$$

R: Umkreisradius

Kosinussatz:

$$a^2 = b^2 + c^2 - 2bc \cdot \cos(\alpha)$$
$$b^2 = a^2 + c^2 - 2ac \cdot \cos(\beta)$$
$$c^2 = a^2 + b^2 - 2ab \cdot \cos(\gamma)$$

Tangenssatz:

$$\frac{a+b}{a-b} = \frac{\tan\left(\frac{\alpha+\beta}{2}\right)}{\tan\left(\frac{\alpha-\beta}{2}\right)} \qquad \frac{b+c}{b-c} = \frac{\tan\left(\frac{\beta+\gamma}{2}\right)}{\tan\left(\frac{\beta-\gamma}{2}\right)} \qquad \frac{a+c}{a-c} = \frac{\tan\left(\frac{\alpha+\gamma}{2}\right)}{\tan\left(\frac{\alpha-\gamma}{2}\right)}$$

Halbwinkelsatz:

$$\tan\left(\frac{\alpha}{2}\right) = \sqrt{\frac{(s-b)(s-c)}{s(s-a)}} = \frac{r}{s-a} \qquad \tan\left(\frac{\beta}{2}\right) = \sqrt{\frac{(s-a)(s-c)}{s(s-b)}} = \frac{r}{s-b}$$

$$\tan\left(\frac{\gamma}{2}\right) = \sqrt{\frac{(s-a)(s-b)}{s(s-c)}} = \frac{r}{s-c}$$

Inkreis → S. 39

r: Inkreisradius und $s = \frac{a+b+c}{2} = \frac{U}{2}$

Flächeninhalt:

$$A = \frac{1}{2}ab \cdot \sin(\gamma) = \frac{1}{2}bc \cdot \sin(\alpha) = \frac{1}{2}ac \cdot \sin(\beta)$$
$$= 2R^2 \cdot \sin(\alpha)\sin(\beta)\sin(\gamma)$$

R: Umkreisradius

Höhen:

$$h_a = b \cdot \sin(\gamma) = c \cdot \sin(\beta) \qquad h_b = a \cdot \sin(\gamma) = c \cdot \sin(\alpha)$$
$$h_c = a \cdot \sin(\beta) = b \cdot \sin(\alpha)$$

Seitenhalbierende:

$$s_a = \frac{1}{2}\sqrt{b^2 + c^2 + 2bc \cdot \cos(\alpha)} \qquad s_b = \frac{1}{2}\sqrt{a^2 + c^2 + 2ac \cdot \cos(\beta)}$$
$$s_c = \frac{1}{2}\sqrt{a^2 + b^2 + 2ab \cdot \cos(\gamma)}$$

Winkelhalbierende:

$$w_\alpha = \frac{2bc \cdot \cos\left(\frac{\alpha}{2}\right)}{b+c} \qquad w_\beta = \frac{2ac \cdot \cos\left(\frac{\beta}{2}\right)}{a+c} \qquad w_\gamma = \frac{2ab \cdot \cos\left(\frac{\gamma}{2}\right)}{a+b}$$

Inkreisradius:

$$r = (s-a)\tan\left(\frac{\alpha}{2}\right) = (s-b)\tan\left(\frac{\beta}{2}\right) = (s-c)\tan\left(\frac{\gamma}{2}\right)$$

mit $s = \frac{a+b+c}{2} = \frac{U}{2}$

Umkreisradius:

$$R = \frac{a}{2}\sin(\alpha) = \frac{b}{2}\sin(\beta) = \frac{c}{2}\sin(\gamma)$$

Projektionssatz:

$$a = b \cdot \cos(\gamma) + c \cdot \cos(\beta) \qquad b = c \cdot \cos(\alpha) + a \cdot \cos(\gamma)$$
$$c = a \cdot \cos(\beta) + b \cdot \cos(\alpha)$$

Bezeichnungen

Eckpunkte: A, B, C und D
Seiten: a, b, c und d
Winkel: α, β, γ und δ
Diagonalen: e und f

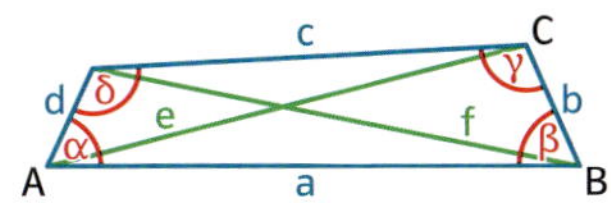

Innenwinkelsatz im Viereck

In jedem Viereck beträgt die Summe der Innenwinkel 360°: $\alpha + \beta + \gamma + \delta = 360°$.

Besondere Viereckarten (A: Flächeninhalt; U: Umfang; e, f: Diagonalen)

Blau: Definitionen; rot: Symmetrieachsen und -zentren

Name	Darstellung	Zusammenhänge
Quadrat	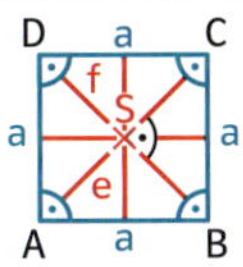	$a = b = c = d$; $\alpha = \beta = \gamma = \delta = 90°$ $A = a^2$; $U = 4a$ $e = f = a\sqrt{2}$ e und f stehen senkrecht aufeinander und halbieren einander. 4 Symmetrieachsen. Punktsymmetrie zu S.
Rechteck	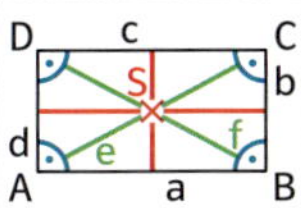	$\alpha = \beta = \gamma = \delta = 90°$; $a = c$ und $b = d$ $A = ab$; $U = 2(a + b)$ $e = f$. e und f halbieren einander. 2 Symmetrieachsen.
Raute (Rhombus)	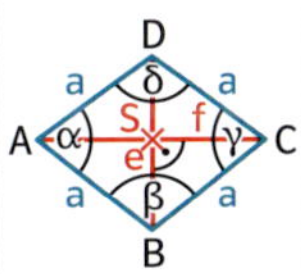	$a = b = c = d$ $\alpha = \gamma$ und $\beta = \delta$; $\alpha + \beta = \gamma + \delta = 180°$ $A = \frac{1}{2}ef = a^2 \sin(\alpha) = a^2 \sin(\beta)$; $U = 4a$ e und f stehen senkrecht aufeinander und halbieren einander. 2 Symmetrieachsen. Punktsymmetrie zu S.
Parallelogramm	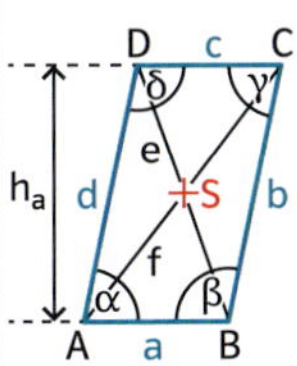	$a \parallel c$ und $b \parallel d$ $\alpha = \gamma$ und $\beta = \delta$; $\alpha + \beta = 180°$ $a = c$ und $b = d$ $A = a h_a = b h_b = ab \cdot \sin(\alpha) = ab \cdot \sin(\beta)$ $U = 2(a + b)$ e und f halbieren einander. Punktsymmetrie zu S.
Symmetrisches Drachenviereck	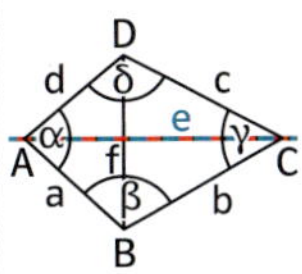	Eine Diagonale ist Symmetrieachse. $a = d$ und $b = c$ $A = \frac{1}{2}ef$ $U = 2(a + b)$ e und f stehen senkrecht aufeinander. Eine Diagonale wird halbiert. 1 Symmetrieachse.
Trapez	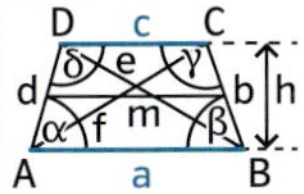	Mindestens zwei Seiten sind zueinander parallel. $\alpha + \delta = \beta + \gamma = 180°$ $A = \frac{1}{2}(a + c)h = mh$ $U = a + b + c + d$ $m = \frac{1}{2}(a + c)$ (Mittelparallele)

Ebene Geometrie (Planimetrie)

Vierecke

Haus der Vierecke

Wenn zwei Vierecke durch eine oder mehrere Verbindungslinien in gleicher Richtung miteinander verbunden sind, dann „erbt" das „untere" Viereck die Eigenschaften des „oberen" Vierecks.

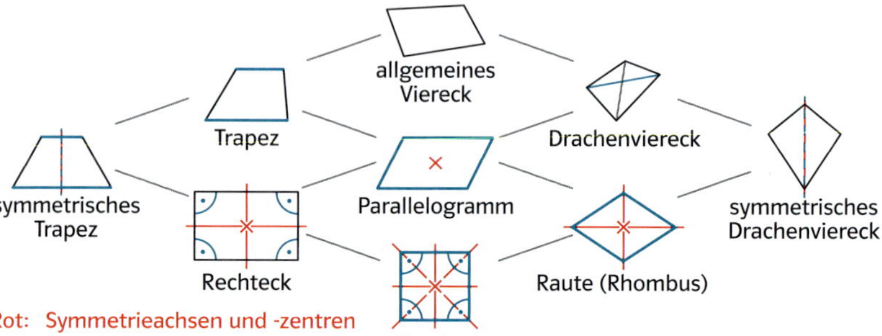

Rot: Symmetrieachsen und -zentren
Blau: Definitionen

Sehnenviereck (A: Flächeninhalt; U: Umfang)

Bei einem **Sehnenviereck** liegen alle vier Eckpunkte auf einem Kreis, dem Umkreis des Vierecks. Alle vier Seiten sind also Sehnen des Umkreises.

Die Summe gegenüberliegender Winkel beträgt 180°: $\alpha + \gamma = \beta + \delta = 180°$.

$A = \sqrt{(s-a)(s-b)(s-c)(s-d)}$ mit $s = \frac{U}{2}$
$U = a + b + c + d$

Satz von Ptolemäus: $ac + bd = ef$

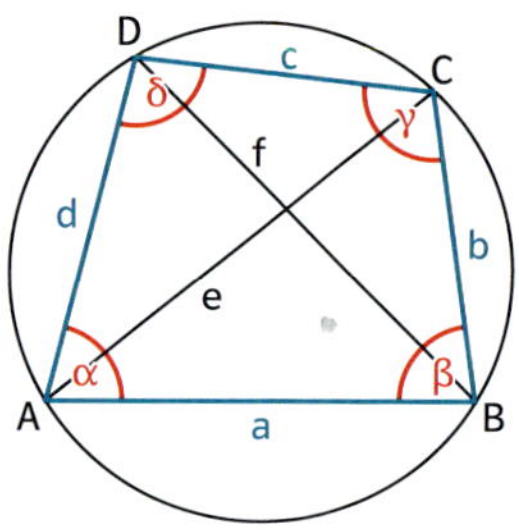

Tangentenviereck (A: Flächeninhalt; U: Umfang)

Bei einem **Tangentenviereck** sind alle vier Seiten Tangenten an einen Kreis, den Inkreis des Vierecks.

Die Summe gegenüberliegender Seitenlängen ist gleich: $a + c = b + d$.

$A = r(a + c) = r(b + d)$ mit r: Inkreisradius
$U = a + b + c + d$

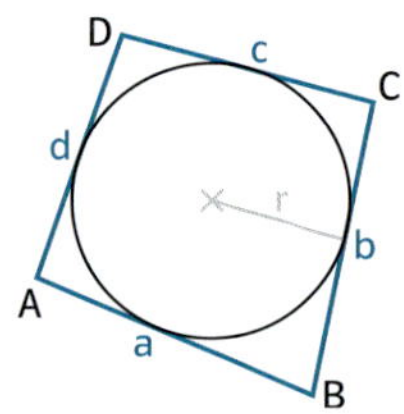

Sehnentangentenviereck (A: Flächeninhalt; U: Umfang)

Ein Viereck, das sowohl einen Umkreis als auch einen Inkreis besitzt, heißt **Sehnentangentenviereck**.

Die Summe gegenüberliegender Seitenlängen ist gleich: $a + c = b + d$.
Die Summe gegenüberliegender Winkel beträgt 180°: $\alpha + \gamma = \beta + \delta = 180°$.

$A = \sqrt{abcd}$ $U = a + b + c + d$

Ebene Geometrie (Planimetrie)

Regelmäßige Vielecke (n-Ecke)

Kreisausschnitt → S. 46

Ein **Vieleck** (auch n-Eck oder Polygon) heißt **regelmäßig**, wenn alle Seiten gleich lang und alle Innenwinkel gleich groß sind.

Den Winkel α eines der gleich großen Kreisausschnitte nennt man **Mittelpunktswinkel**. Alle Mittelpunktswinkel sind gleich groß.

R: Umkreisradius   r: Inkreisradius

$\alpha = \frac{360°}{n}$ $\beta = \frac{n-2}{n} \cdot 180°$

$r^2 = R^2 - \left(\frac{a_n}{2}\right)^2$

$a_n = 2R \cdot \sin\left(\frac{180°}{n}\right) = 2R \cdot \sin\left(\frac{\alpha}{2}\right) = 2r \cdot \tan\left(\frac{\alpha}{2}\right)$

$A_n = \frac{n}{2} a_n r = \frac{n}{2} R^2 \cdot \sin\left(\frac{360°}{n}\right) = \frac{n}{2} R^2 \cdot \sin(\alpha)$

$U_n = n a_n = 2nR \cdot \sin\left(\frac{\alpha}{2}\right) = 2nr \cdot \tan\left(\frac{\alpha}{2}\right)$

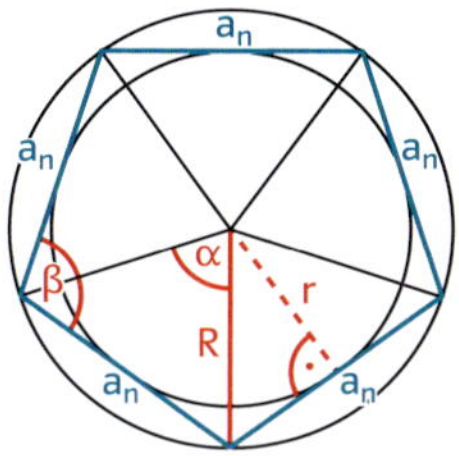

Regelmäßige n-Ecke

n	Seitenlänge a_n	Umfang U_n	Flächeninhalt A_n	Umkreisradius R	Inkreisradius r
3	$R\sqrt{3} = 2r\sqrt{3}$	$3a_n = 3R\sqrt{3}$ $= 6r\sqrt{3}$	$\frac{a_n^2}{4}\sqrt{3} = \frac{3}{4}R^2\sqrt{3}$ $= 3r^2\sqrt{3}$	$\frac{a_n}{3}\sqrt{3} = 2r$	$\frac{a_n}{6}\sqrt{3} = \frac{R}{2}$
4	$R\sqrt{2} = 2r$	$4a_n = 4R\sqrt{2}$ $= 8r$	$a_n^2 = 2R^2 = 4r^2$	$\frac{a_n}{2}\sqrt{2} = r\sqrt{2}$	$\frac{a_n}{2} = \frac{R}{2}\sqrt{2}$
5	$R\sqrt{\frac{1}{2}(5-\sqrt{5})}$ $= 2r\sqrt{5-2\sqrt{5}}$	$5a_n$ $= 5R\sqrt{\frac{1}{2}(5-\sqrt{5})}$ $= 10r\sqrt{5-2\sqrt{5}}$	$\frac{a_n^2}{4}\sqrt{5(5+2\sqrt{5})}$ $= \frac{5}{4}R^2\sqrt{\frac{1}{2}(5+\sqrt{5})}$ $= 5r^2\sqrt{5-2\sqrt{5}}$	$a_n\sqrt{\frac{1}{10}(5+\sqrt{5})}$ $= r(\sqrt{5}-1)$	$\frac{a_n}{2}\sqrt{\frac{1}{5}(5+2\sqrt{5})}$ $= \frac{R}{4}(1+\sqrt{5})$
6	$R = \frac{2}{3}r\sqrt{3}$	$6a_n = 6R$ $= 4r\sqrt{3}$	$\frac{3}{2}a_n^2\sqrt{3} = \frac{3}{2}R^2\sqrt{3}$ $= 2r^2\sqrt{3}$	$a_n = \frac{2}{3}r\sqrt{3}$	$\frac{a_n}{2}\sqrt{3} = \frac{R}{2}\sqrt{3}$
8	$R\sqrt{2-\sqrt{2}}$ $= 2r(\sqrt{2}-1)$	$8a_n$ $= 8R\sqrt{2-\sqrt{2}}$ $= 16r(\sqrt{2}-1)$	$2a_n^2(1+\sqrt{2})$ $= 2R^2\sqrt{2}$ $= 8r^2(\sqrt{2}-1)$	$a_n\sqrt{\frac{1}{2}(2+\sqrt{2})}$ $= r\sqrt{2(2-\sqrt{2})}$	$\frac{a_n}{2}(1+\sqrt{2})$ $= \frac{R}{2}\sqrt{2+\sqrt{2}}$
10	$\frac{R}{2}(\sqrt{5}-1)$ $= 2r\sqrt{\frac{1}{5}(5-2\sqrt{5})}$	$10a_n$ $= 5R(\sqrt{5}-1)$ $= 4r\sqrt{5(5-2\sqrt{5})}$	$\frac{5}{2}a_n^2\sqrt{5+2\sqrt{5}}$ $= \frac{5}{2}R^2\sqrt{\frac{1}{2}(5-\sqrt{5})}$ $= 2r^2\sqrt{5(5-2\sqrt{5})}$	$\frac{a_n}{2}(1+\sqrt{5})$ $= r\sqrt{\frac{2}{5}(5-\sqrt{5})}$	$\frac{a_n}{2}\sqrt{5+2\sqrt{5}}$ $= \frac{R}{2}\sqrt{\frac{1}{2}(5+\sqrt{5})}$
12	$R\sqrt{2-\sqrt{3}}$ $= 2r(2-\sqrt{3})$	$12a_n$ $= 12R\sqrt{2-\sqrt{3}}$ $= 24r(2-\sqrt{3})$	$3a_n^2(2+\sqrt{3})$ $= 3R^2$ $= 12r^2(2-\sqrt{3})$	$a_n\sqrt{2+\sqrt{3}}$ $= 2r\sqrt{2-\sqrt{3}}$	$\frac{a_n}{2}(2+\sqrt{3})$ $= \frac{R}{2}\sqrt{2+\sqrt{3}}$

Innenwinkelsatz im regelmäßigen Vieleck

In jedem regelmäßigen Vieleck beträgt die Summe der Innenwinkel $(n-2) \cdot 180°$:
$\alpha_1 + \alpha_2 + \ldots + \alpha_n = (n-2) \cdot 180°$.

Ebene Geometrie (Planimetrie)

Kreis und Kreisteile

Bezeichnungen

Ein **Kreis** ist die Menge aller Punkte der Ebene, die von einem gegebenen Punkt, dem **Mittelpunkt**, denselben Abstand haben. Dieser Abstand heißt **Radius** r des Kreises.
Eine Verbindungsstrecke von zwei Kreispunkten heißt **Sehne**.
Eine Sehne durch den Mittelpunkt heißt **Durchmesser** d. Es gilt $d = 2r$.
Die Verlängerung einer Sehne über beide Endpunkte hinaus zu einer Geraden heißt **Sekante.**
Eine Gerade, die mit dem Kreis genau einen (Berührungs-)Punkt B gemeinsam hat, heißt **Tangente.** Sie steht senkrecht auf dem Berührungsradius $\overline{MB}$.
Eine Gerade, die den Kreis nicht schneidet oder berührt, heißt **Passante.**

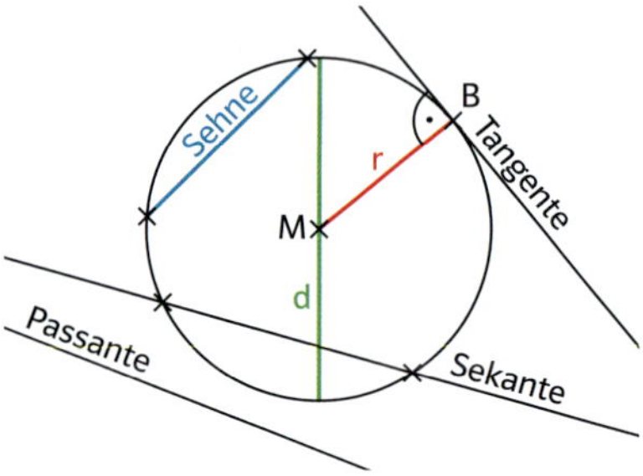

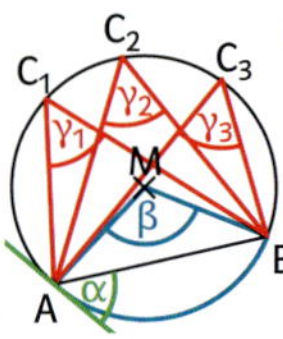

α: Sehnen-Tangenten-Winkel
β: Mittelpunktswinkel (Zentriwinkel)
$\gamma_1, \gamma_2, \gamma_3$: Umfangswinkel (Peripheriewinkel)

Kreis, Kreisring, Kreisausschnitt (Sektor) und Kreisabschnitt (Segment)

(A: Flächeninhalt; U: Umfang; b: Bogenlänge)

Bogenmaß und Bogenlänge → S. 37, 56

Kreis

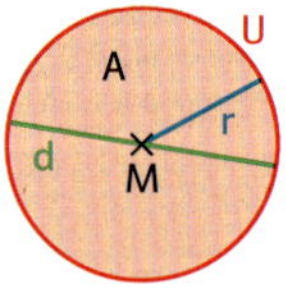

$U = 2\pi r = 2\pi \frac{d}{2}$

$A = \pi r^2 = \pi \frac{d^2}{4}$

Kreisring

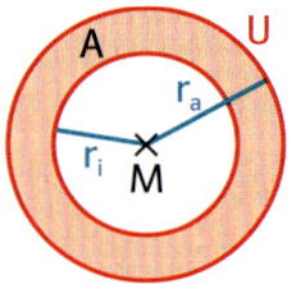

$U = 2\pi (r_a + r_i)$

$A = \pi \left(r_a^2 - r_i^2\right)$

$\quad = \frac{\pi}{4}\left(d_a^2 - d_i^2\right)$

Kreisausschnitt (Sektor)

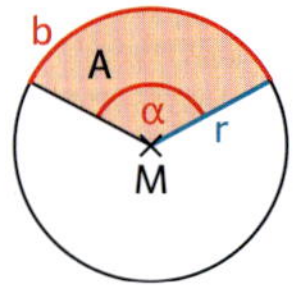

$U = 2r + b$

$b = 2\pi r \frac{\alpha}{360°}$

$\quad = r \cdot \text{arc}(\alpha)$

$A = \pi r^2 \frac{\alpha}{360°}$

$\quad = \frac{1}{2} b r$

$\quad = \frac{1}{2} r^2 \text{arc}(\alpha)$

Kreisabschnitt (Segment)

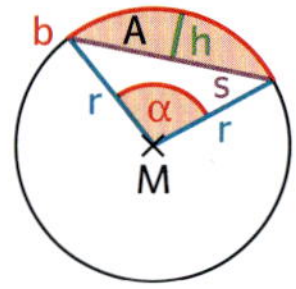

$U = s + b$

$b = 2\pi r \frac{\alpha}{360°}$

$\quad = r \cdot \text{arc}(\alpha)$

$s = 2r\sin\left(\frac{\alpha}{2}\right)$

$\quad = 2\sqrt{2hr - h^2}$

$h = r - \frac{1}{2}\sqrt{4r^2 - s^2}$

$A = \frac{r^2}{2}\left(\frac{\pi\alpha}{180°} - \sin(\alpha)\right)$

$\quad = \frac{1}{2}(br - s(r - h))$

Kreiswinkelsatz (Zentriwinkelsatz)

Der Mittelpunktswinkel (Zentriwinkel) β über einer Sehne ist doppelt so groß wie jeder der zugehörigen Umfangswinkel (Peripheriewinkel) γ: $\beta = 2\gamma$.

Für $\beta = 180°$ ergibt sich der Satz des Thales.

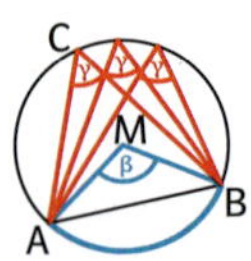

Ebene Geometrie (Planimetrie)

Umfangswinkelsatz (Peripheriewinkelsatz)

Kreis und Kreisteile

Alle Umfangswinkel (Peripheriewinkel) γ über derselben Sehne sind gleich groß.

Es gilt $\gamma = \frac{\beta}{2}$.

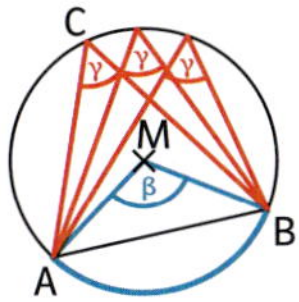

Satz des Thales

Alternative Formulierung → S. 41

Peripheriewinkel über einem Halbkreis bzw. über jedem Durchmesser eines Kreises sind rechte Winkel.

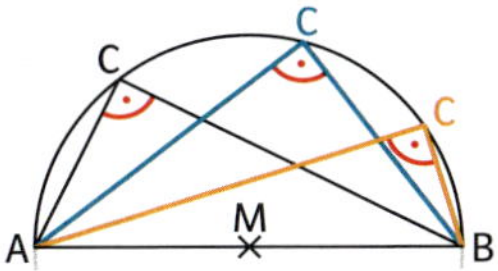

Sehnen-Tangenten-Winkelsatz

Sehnen-Tangenten-Winkel α sind gleich groß wie die zugehörigen Umfangswinkel (Peripheriewinkel) γ und halb so groß wie der zugehörige Mittelpunktswinkel (Zentriwinkel) β auf der anderen Seite der Sehne.

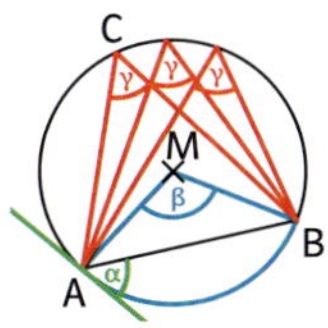

Sehnensatz, Sekantensatz und Sekanten-Tangenten-Satz

Sehnensatz
Schneiden sich zwei Sehnen eines Kreises in einem Punkt P innerhalb des Kreises, dann gilt $|\overline{AP}| \cdot |\overline{PB}| = |\overline{A'P}| \cdot |\overline{PB'}|$.

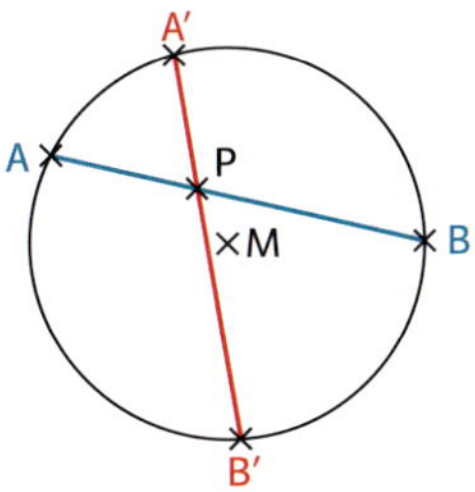

Sekantensatz
Schneiden sich zwei Sekanten eines Kreises in einem Punkt P außerhalb des Kreises, dann gilt $|\overline{PA}| \cdot |\overline{PB}| = |\overline{PA'}| \cdot |\overline{PB'}|$.

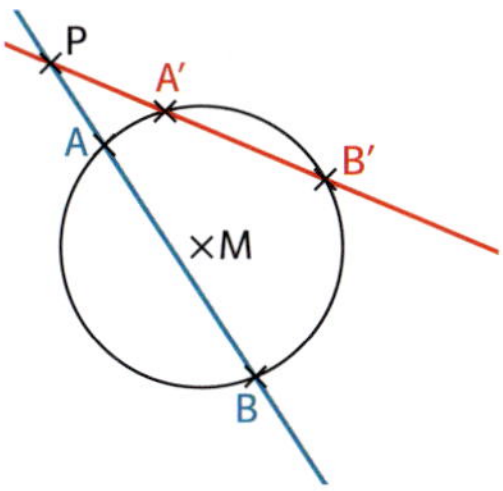

Sekanten-Tangenten-Satz
Schneiden sich eine Tangente und eine Sekante eines Kreises in einem Punkt P außerhalb des Kreises, dann gilt $|\overline{PT}|^2 = |\overline{PA}| \cdot |\overline{PB}|$.

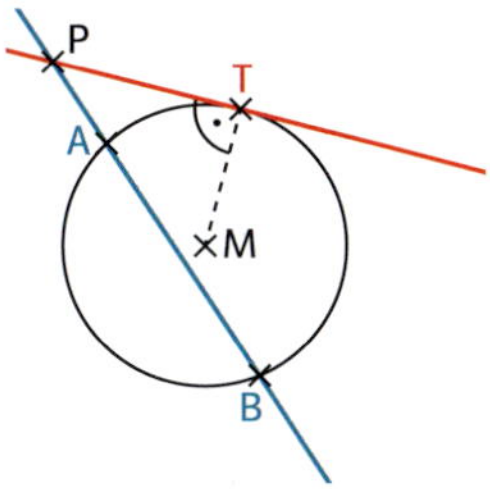

Zueinander kongruente Figuren

Kongruenz

Kongruenzabbildungen → S. 48

Zwei Figuren heißen zueinander **kongruent** (deckungsgleich), wenn man sie durch geeignete Abbildungen (Kongruenzabbildungen) aufeinander abbilden kann, d. h., wenn sie in Form und Größe übereinstimmen.

Ebene Geometrie (Planimetrie)

Kongruenz

Zueinander kongruente Figuren
→ S. 47

Kongruenzabbildungen

Eine **Kongruenzabbildung** ist eine Abbildung, bei der jede Figur auf eine zu ihr kongruente Figur abgebildet wird.

Achsenspiegelung (Geradenspiegelung), Punktspiegelung, Parallelverschiebung und Drehung sowie die Hintereinanderausführung dieser Abbildungen sind Kongruenzabbildungen.

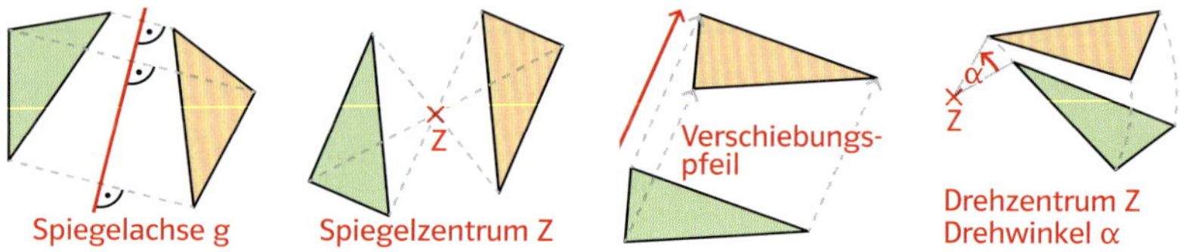

Eigenschaften von Kongruenzabbildungen

Bei zwei zueinander kongruenten Figuren sind alle einander entsprechenden Strecken gleich lang und alle einander entsprechenden Winkel gleich groß. Der Flächeninhalt zueinander kongruenter Figuren ist gleich groß.

Kongruenzsätze für Dreiecke

Zwei Dreiecke sind zueinander kongruent, wenn sie
- in den drei Seiten übereinstimmen **(Kongruenzsatz sss)**,
- in einer Seite und den dieser Seite anliegenden Winkeln übereinstimmen **(Kongruenzsatz wsw)**,
- in zwei Seiten und dem eingeschlossenen Winkel übereinstimmen **(Kongruenzsatz sws)**,
- in zwei Seiten und dem der längeren Seite (S) gegenüberliegenden Winkel übereinstimmen **(Kongruenzsatz Ssw)**.

Zentrische Streckungen

Eine **zentrische Streckung** ist durch das **Streckzentrum** Z und den **Streckfaktor** k festgelegt. Jeder Punkt $P \neq Z$ wird auf einen Punkt P′ abgebildet, sodass P′ auf der Geraden ZP liegt und $|\overline{ZP'}| = |k| \cdot |\overline{ZP}|$ gilt. Es gilt $Z = Z'$.
Für $k > 0$ liegen P und P′ auf derselben Seite von Z, für $k < 0$ auf verschiedenen.

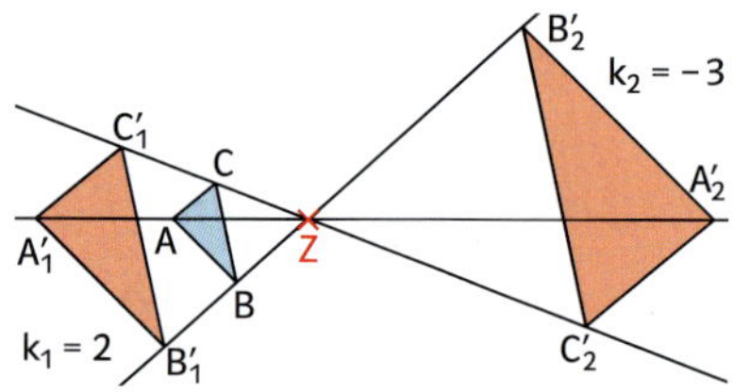

Eigenschaften zentrischer Streckungen

Das Bild einer Geraden ist wieder eine Gerade.
Winkelgrößen bleiben erhalten.
Jede Bildstrecke verläuft parallel zur zugehörigen Originalstrecke.
Jede Bildstrecke ist $|k|$-mal so lang wie die zugehörige Originalstrecke.
Bildfigur und Originalfigur sind zueinander ähnlich.
Der Flächeninhalt der Bildfigur ist k^2-mal so groß wie der der Originalfigur.
Das Volumen des Bildkörpers ist k^3-mal so groß wie das des Originalkörpers.

Zueinander ähnliche Figuren
→ S. 49

Strahlensätze

Werden zwei Strahlen mit gemeinsamem Anfangspunkt bzw. zwei sich schneidende Geraden von zwei zueinander parallelen Geraden geschnitten, so entsteht eine **Strahlensatzfigur**.

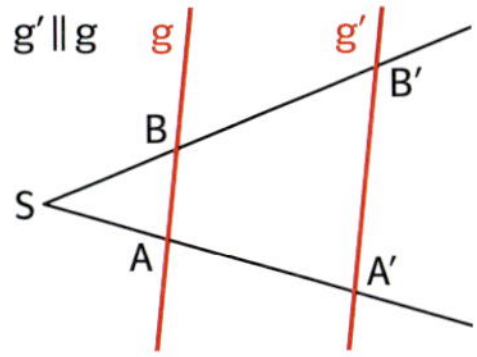

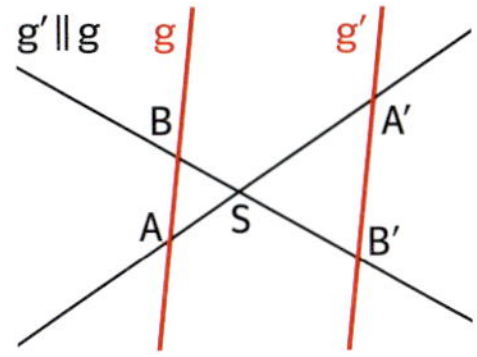

In jeder Strahlensatzfigur gelten folgende Verhältnisgleichungen:

$\frac{|\overline{SA}|}{|\overline{SA'}|} = \frac{|\overline{SB}|}{|\overline{SB'}|}$ **1. Strahlensatz,** $\frac{|\overline{SA}|}{|\overline{SA'}|} = \frac{|\overline{AB}|}{|\overline{A'B'}|}$ und $\frac{|\overline{SB}|}{|\overline{SB'}|} = \frac{|\overline{AB}|}{|\overline{A'B'}|}$ **2. Strahlensatz.**

Der 1. Strahlensatz ist umkehrbar, der 2. Strahlensatz ist nicht umkehrbar.

Folgerung aus dem 1. Strahlensatz: $\frac{|\overline{AA'}|}{|\overline{SA}|} = \frac{|\overline{BB'}|}{|\overline{SB}|}$

Satz von Menelaos

Gegeben ist ein Dreieck ABC. Schneidet eine Gerade g die Gerade AB im Punkt X, die Gerade AC im Punkt Y und die Gerade BC im Punkt Z, dann gilt $\frac{|\overline{BX}|}{|\overline{CX}|} \cdot \frac{|\overline{CY}|}{|\overline{AY}|} \cdot \frac{|\overline{AZ}|}{|\overline{BZ}|} = 1.$

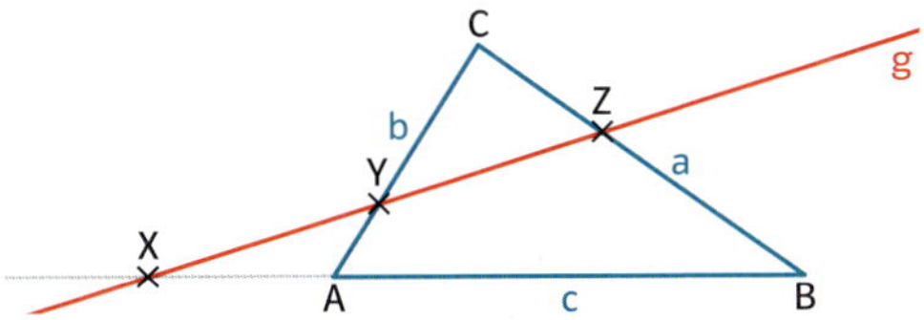

Gilt umgekehrt die Beziehung $\frac{|\overline{BX}|}{|\overline{CX}|} \cdot \frac{|\overline{CY}|}{|\overline{AY}|} \cdot \frac{|\overline{AZ}|}{|\overline{BZ}|} = 1$, so liegen die drei Punkte X, Y und Z auf einer Geraden.

Satz von Ceva

Gegeben ist ein Dreieck ABC. Schneiden sich die drei Ecktransversalen $\overline{AX}$, $\overline{BY}$ und $\overline{CZ}$ eines Dreiecks ABC, d. h. die Verbindungsstrecken zwischen je einem Eckpunkt und einem Punkt auf der gegenüberliegenen Seite beziehungsweise ihrer Verlängerung, in einem Punkt innerhalb oder außerhalb des Dreiecks, dann gilt $\frac{|\overline{BX}|}{|\overline{XC}|} \cdot \frac{|\overline{CY}|}{|\overline{YA}|} \cdot \frac{|\overline{AZ}|}{|\overline{ZB}|} = 1.$

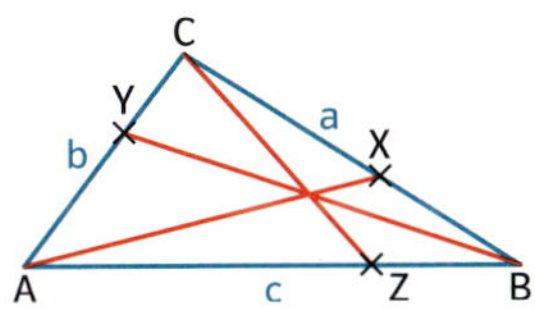

Gilt umgekehrt die Beziehung $\frac{|\overline{BX}|}{|\overline{XC}|} \cdot \frac{|\overline{CY}|}{|\overline{YA}|} \cdot \frac{|\overline{AZ}|}{|\overline{ZB}|} = 1$, so schneiden sich die drei Geraden AX, BY und CZ in einem Punkt.

Ähnlichkeit

Zueinander ähnliche Figuren

Zwei Figuren heißen **zueinander ähnlich**, wenn die Längenverhältnisse einander entsprechender Strecken übereinstimmen und einander entsprechende Winkel gleich groß sind.

Ähnlichkeitsabbildungen

Eine **Ähnlichkeitsabbildung** ist eine Abbildung, bei der jede Figur auf eine zu ihr ähnliche Figur abgebildet wird.

Zentrische Streckungen, Kongruenzabbildungen und die Hintereinanderausführung dieser Abbildungen sind Ähnlichkeitsabbildungen.

Zentrische Streckung und Kongruenzabbildungen → S. 48

Ähnlichkeit

Eigenschaften von Ähnlichkeitsabbildungen

Das Bild einer Geraden ist wieder eine Gerade.
Winkelgrößen bleiben erhalten.
Jede Bildstrecke verläuft parallel zur zugehörigen Originalstrecke.
Jede Bildstrecke ist $|k|$-mal so lang wie die zugehörige Originalstrecke.
Der Flächeninhalt der Bildfigur ist k^2-mal so groß wie der der Originalfigur.
Das Volumen des Bildkörpers ist k^3-mal so groß wie das des Originalkörpers.
In Bildfigur und Originalfigur sind entsprechende Teilverhältnisse gleich groß.

Teilverhältnis → vgl. unten

Ähnlichkeitssätze für Dreiecke

Zwei Dreiecke sind zueinander ähnlich, wenn sie
- in zwei (und damit in allen) Winkelgrößen übereinstimmen **(Hauptähnlichkeitssatz)**,
- in allen entsprechenden Längenverhältnissen der Seiten übereinstimmen,
- in je zwei entsprechenden Längenverhältnissen von Seiten und der Größe des von diesen Seiten eingeschlossenen Winkels übereinstimmen,
- in je zwei entsprechenden Längenverhältnissen von Seiten und in der Größe des der jeweils größeren Seite gegenüberliegenden Winkels übereinstimmen.

Teilung einer Strecke

Vektoren → S. 86

Teilverhältnis

Wird eine Strecke $\overline{AB}$ durch einen Punkt $T \neq B$ in die beiden Teilstrecken $\overline{AT}$ und $\overline{TB}$ geteilt, dann heißt λ mit $\overrightarrow{AT} = \lambda \cdot \overrightarrow{TB}$ das zugehörige **Teilverhältnis** $(\lambda \in \mathbb{R};\ \lambda \neq -1)$.

Eigenschaften des Teilverhältnisses

Für $\lambda > 0$ liegt T innerhalb von $\overline{AB}$ (innerer Teilpunkt).
Für $\lambda < 0$ liegt T außerhalb von $\overline{AB}$ (äußerer Teilpunkt).
Liegt T bei äußerer Teilung auf der Seite von B, so gilt $\lambda < -1$.
Liegt T bei äußerer Teilung auf der Seite von A, so gilt $-1 < \lambda < 0$.
Für $\lambda = 1$ ist T der Mittelpunkt der Strecke $\overline{AB}$. Für $\lambda = 0$ gilt $A = T$.

Harmonische Teilung

Teilt man eine Strecke $\overline{AB}$ durch einen inneren Teilpunkt T_i und einen äußeren Teilpunkt T_a so, dass $|\lambda_i| = |\lambda_a|$, d.h. $\frac{|\overline{AT_i}|}{|\overline{T_iB}|} = \frac{|\overline{AT_a}|}{|\overline{T_aB}|}$ gilt, dann spricht man von einer harmonischen Teilung.

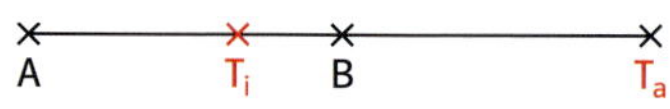

Goldener Schnitt (stetige Teilung)

Innerer Teilpunkt → vgl. oben

Eine Strecke $\overline{AB}$ wird durch einen inneren Teilpunkt T im Goldenen Schnitt geteilt, wenn $\frac{|\overline{AB}|}{|\overline{AT}|} = \frac{|\overline{AT}|}{|\overline{TB}|}$ gilt, d.h. $\frac{a+b}{a} = \frac{a}{b}$. Dann gilt $\Phi = \frac{a+b}{a} = \frac{a}{b} = \frac{1+\sqrt{5}}{2} = 1{,}618\,033\,988\ldots$
Die Gesamtstrecke steht zur größeren Teilstrecke im gleichen Verhältnis wie die größere Teilstrecke zur kleineren.

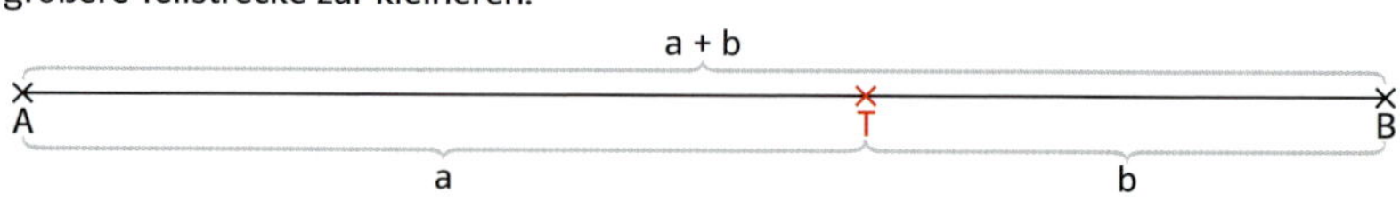

Räumliche Geometrie (Stereometrie)

Prismen (G: Grundflächeninhalt; M: Mantelflächeninhalt; O: Oberflächeninhalt; V: Volumen)

Für jedes Prisma gilt $V = G h$ (h: Höhe des Prismas) und $O = 2G + M$.

Name	Darstellung	Netz	Zusammenhänge
Gerades Prisma	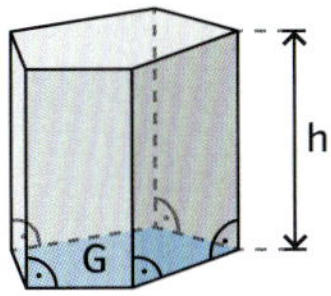	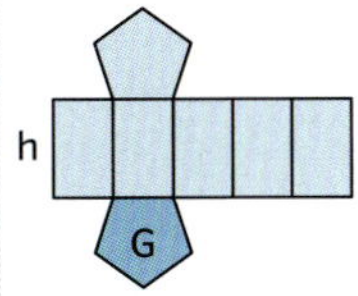	$O = 2G + M$ $V = G h$
Würfel	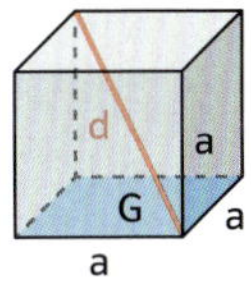	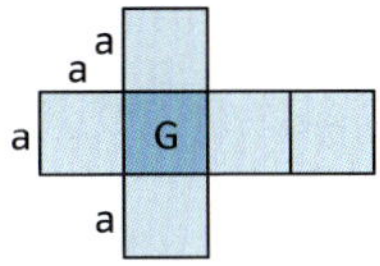	$G = a^2$ $M = 4a^2$ $O = 6a^2$ $V = a^3$ $d = a\sqrt{3}$
Quader	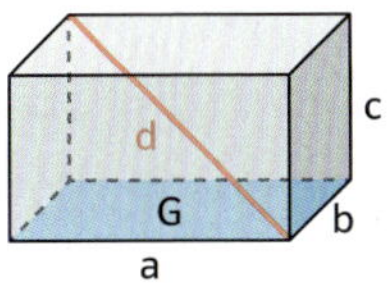	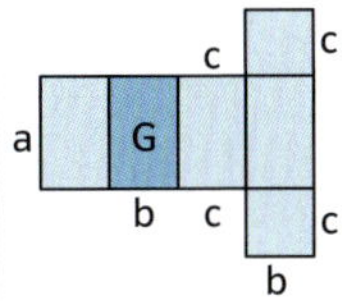	$G = a b$ $M = 2(a c + b c)$ $O = 2(a c + b c + a b)$ $V = a b c$ $d = \sqrt{a^2 + b^2 + c^2}$

Pyramiden und Pyramidenstümpfe (G: Grundflächeninhalt; M: Mantelflächeninhalt; O: Oberflächeninhalt; V: Volumen)

Für jede Pyramide gilt $V = \frac{1}{3} G h$ (h: Höhe der Pyramide) und $O = G + M$.
Für jeden Pyramidenstumpf gilt $V = \frac{1}{3} h (G_1 + \sqrt{G_1 G_2} + G_2)$ und $O = G_1 + G_2 + M$.

Name	Darstellung	Netz	Zusammenhänge
Quadratische Pyramide	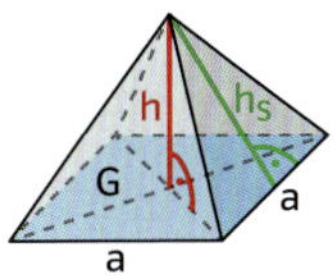	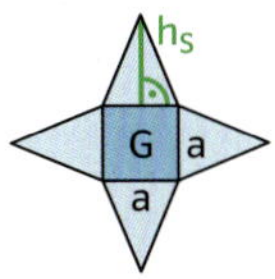	$G = a^2$ $M = 2 a h_S$ $O = a(a + 2h_S)$ $V = \frac{1}{3} a^2 h$
Tetraeder	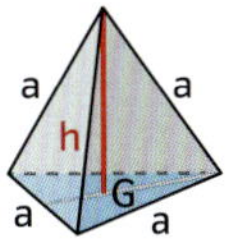	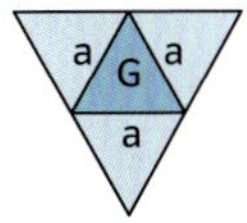	$G = \frac{a^2}{4}\sqrt{3}$ $M = \frac{3a^2}{4}\sqrt{3}$ $O = a^2\sqrt{3}$ $V = \frac{a^3}{12}\sqrt{2}$ $h = \frac{a}{3}\sqrt{6}$ (Höhe)
Quadratischer Pyramidenstumpf	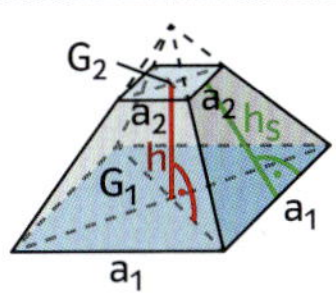	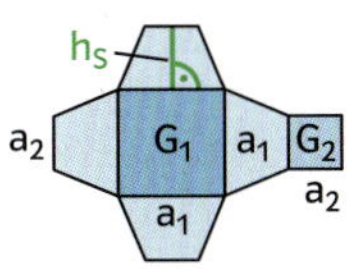	$G_1 = a_1^2$ $G_2 = a_2^2$ $M = 2(a_1 + a_2) h_S$ $O = a_1^2 + 2(a_1 + a_2) h_S + a_2^2$ $V = \frac{1}{3} h \left(a_1^2 + a_1 a_2 + a_2^2\right)$

Tetraeder (platonische Körper) → S. 54

Räumliche Geometrie (Stereometrie)

Körper mit gekrümmten Begrenzungsflächen

Kreiszylinder, Kreiskegel und Kegelstümpfe (G: Grundflächeninhalt; M: Mantelflächeninhalt; O: Oberflächeninhalt; V: Volumen)

Name	Darstellung	Netz	Zusammenhänge
Gerader Kreiszylinder	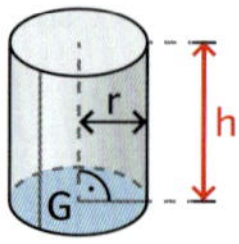	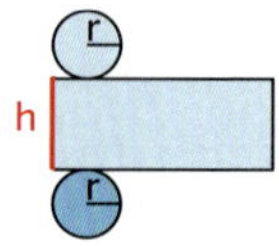	$G = \pi r^2$ $M = 2\pi r h$ $O = 2\pi r(h + r)$ $V = \pi r^2 h$
Gerader Kreiskegel	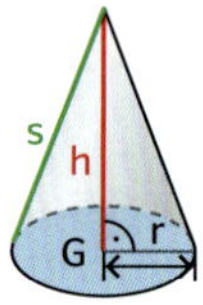	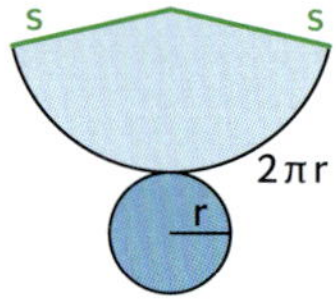	$G = \pi r^2$ $M = \pi r s$ $O = \pi r^2 + \pi r s$ $V = \frac{1}{3}\pi r^2 h$ $s = \sqrt{r^2 + h^2}$
Gerader Kegelstumpf	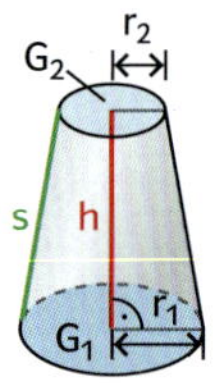	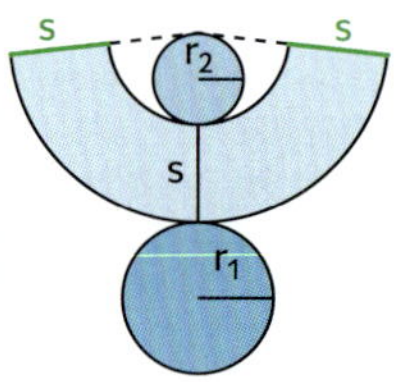	$G_1 = \pi r_1^2$ $G_2 = \pi r_2^2$ $M = \pi s(r_1 + r_2)$ $O = \pi(r_1^2 + r_1^2) + \pi s(r_1 + r_2)$ $V = \frac{1}{3} h \pi(r_1^2 + r_1 r_2 + r_2^2)$ $s = \sqrt{(r_1 - r_2)^2 + h^2}$

Kugel und Kugelteile (M: Mantelflächeninhalt; O: Oberflächeninhalt; V: Volumen)

Name	Darstellung	Zusammenhänge
Kugel	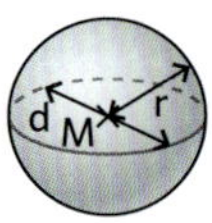	$d = 2r$ $O = 4\pi r^2 = \pi d^2$ $V = \frac{4}{3}\pi r^3 = \frac{1}{6}\pi d^3$
Kugelabschnitt (Kugelsegment, Kugelkappe)	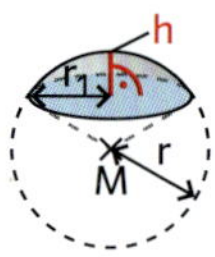	$r_1 = \sqrt{h(2r - h)}$ $M = 2\pi r h = \pi(r_1^2 + h^2)$ (Kugelkappe) $O = \pi(h^2 + 2r_1^2)$ $V = \frac{1}{3}\pi h^2(3r - h) = \frac{1}{6}\pi h(3r_1^2 + h^2)$
Kugelausschnitt (Kugelsektor)	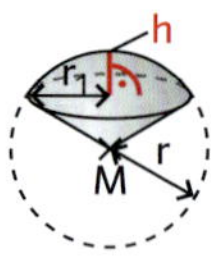	$r_1 = \sqrt{h(2r - h)}$ $M = \pi r r_1$ (Kegelmantel) $O = 2\pi r h + \pi r r_1$ $V = \frac{2}{3}\pi r^2 h$
Kugelschicht (Kugelzone)	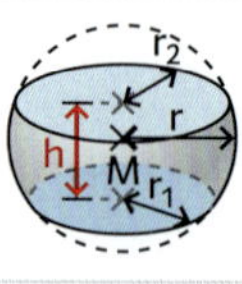	$M = 2\pi r h$ $O = \pi(r_1^2 + r_2^2 + 2rh)$ $V = \frac{1}{6}\pi h(3r_1^2 + 3r_2^2 + h^2)$

Rotationskörper

Rotationskörper
→ S. 76

Guldin'sche Regeln

Der Rotationskörper entsteht durch Rotation einer erzeugenden Fläche um eine Rotationsachse. Dabei liegen die erzeugende Fläche und die Rotationsachse in einer gemeinsamen Ebene und die Rotationsachse darf die erzeugende Fläche nicht schneiden. Die Oberfläche des Rotationskörpers wird durch Rotation einer erzeugenden Linie um eine Rotationsachse gebildet.

1. Guldin'sche Regel
Das Volumen V eines Rotationskörpers ergibt sich als Produkt aus dem Flächeninhalt A der erzeugenden Fläche und dem Weg des Flächenschwerpunktes bei einer vollen Drehung um die Rotationsachse.
Der Weg des Flächenschwerpunktes ist gleich dem Umfang des Kreises mit dem Radius r_S, den der Flächenschwerpunkt bei einer vollen Drehung um die Rotationsachse zurücklegt.
$V = 2\pi r_S A$

2. Guldin'sche Regel
Der Mantelflächeninhalt M eines Rotationskörpers ergibt sich als Produkt aus der Länge der erzeugenden Linie und dem Weg des Schwerpunktes dieser Linie bei einer vollen Drehung um die Rotationsachse.
Der Weg des Schwerpunktes der erzeugenden Linie ist der Umfang r_S des Kreises, der durch die Rotation des Schwerpunktes dieser Linie erzeugt wird.
$M = 2\pi r_S L$

Torus

Guldin'sche Regeln
→ vgl. oben

Erzeugende Fläche: Kreis mit dem Radius r
Flächeninhalt der erzeugenden Fläche: $A = \pi r^2$
Erzeugende Linie: Kreis mit dem Umfang $2\pi r$
Länge der erzeugenden Linie: $L = 2\pi r$
$r_S = R$
Mantelflächeninhalt: $M = 4\pi^2 r R$
Volumen: $V = 2\pi^2 r^2 R$

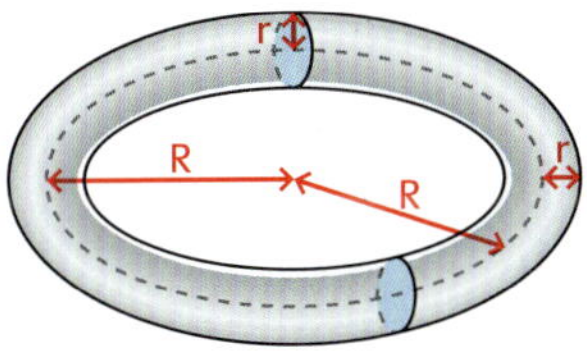

Prinzip von Cavalieri

Zwei Körper haben das gleiche Volumen, wenn sie gleiche Höhen haben, die Grundflächen in derselben Ebene liegen und gleiche Flächeninhalte haben und die Schnittflächen im gleichen Abstand parallel zu den Grundflächen den gleichen Flächeninhalt haben.

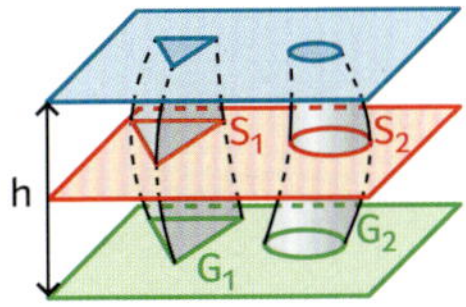

Schiefe Körper

Wenn die Deckfläche eines Würfels, Quaders, Zylinders oder Prismas parallel zu dessen Grundfläche verschoben wird, dann ändert sich das Volumen nicht: $V = G h$.

Wenn die Spitze einer Pyramide oder eines Kegels parallel zur Grundfläche verschoben wird, dann ändert sich das Volumen nicht: $V = \frac{1}{3} G h$

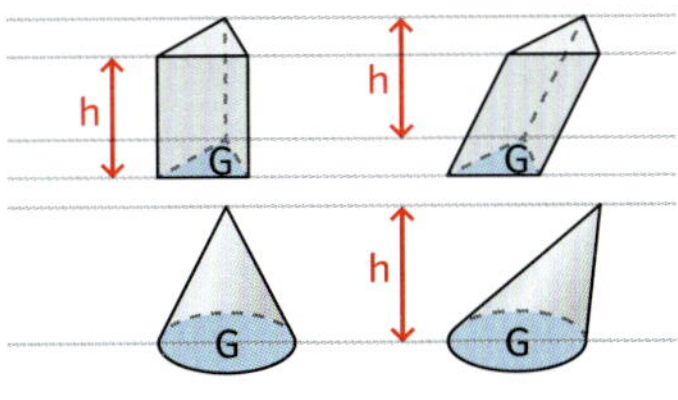

Räumliche Geometrie (Stereometrie)

Polyeder und regelmäßige Polyeder (platonische Körper)

Polyeder

Ein Körper, der ausschließlich von ebenen Vielecken begrenzt wird, heißt **Polyeder (Vielflach bzw. Vielflächner)**. Ein Polyeder heißt **konvex**, wenn für je zwei seiner Punkte die Strecke zwischen diesen beiden Punkten im Polyeder liegt.

Euler'scher Polyedersatz

Für alle konvexen Polyeder mit e Ecken, f Flächen und k Kanten gilt $e + f - k = 2$.

Regelmäßige (reguläre) Polyeder (platonische Körper)

(a: Kantenlänge; R: Umkugelradius; r: Inkugelradius; O: Oberflächeninhalt; V: Volumen; e: Eckenanzahl; f: Flächenanzahl; k: Kantenanzahl)

Regelmäßige Vielecke → S. 45

Ein konvexes Polyeder, das ausschließlich von regelmäßigen, zueinander kongruenten Vielecken begrenzt wird, von denen an jeder Ecke gleich viele zusammentreffen, heißt **regelmäßiges (reguläres) Polyeder bzw. platonischer Körper**.
Es gibt genau fünf reguläre Polyeder.

Tetraeder (Pyramide) → S. 51

Name	Darstellung	Zusammenhänge
Tetraeder (Vierflächner)	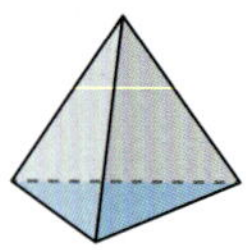	$O = a^2\sqrt{3}$ $V = \frac{a^3}{12}\sqrt{2}$ $R = \frac{a}{4}\sqrt{6}$ $r = \frac{a}{12}\sqrt{6}$ $e = 4;\ f = 4;\ k = 6$
Hexaeder (Würfel) (Sechsflächner)	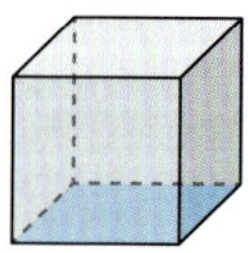	$O = 6a^2$ $V = a^3$ $R = \frac{a}{2}\sqrt{3}$ $r = \frac{a}{2}$ $e = 8;\ f = 6;\ k = 12$
Oktaeder (Achtflächner)	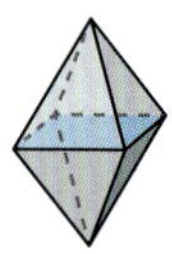	$O = 2a^2\sqrt{3}$ $V = \frac{a^3}{3}\sqrt{2}$ $R = \frac{a}{2}\sqrt{2}$ $r = \frac{a}{6}\sqrt{6}$ $e = 6;\ f = 8;\ k = 12$
Dodekaeder (Zwölfflächner)	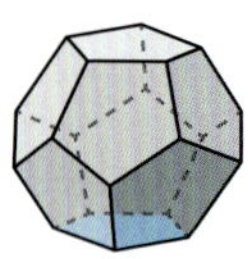	$O = 3a^2\sqrt{5(5 + 2\sqrt{5})}$ $V = \frac{a^3}{4}(15 + 7\sqrt{5})$ $R = \frac{a}{4}\sqrt{3}(1 + \sqrt{5})$ $r = \frac{a}{4}\sqrt{10 + \frac{22}{5}\sqrt{5}}$ $e = 20;\ f = 12;\ k = 30$
Ikosaeder (Zwanzigflächner)	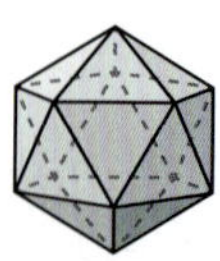	$O = 5a^2\sqrt{3}$ $V = \frac{5a^3}{12}(3 + \sqrt{5})$ $R = \frac{a}{4}\sqrt{2(5 + \sqrt{5})}$ $r = \frac{a}{12}\sqrt{3}(3 + \sqrt{5})$ $e = 12;\ f = 20;\ k = 30$

Darstellung von Körpern (Darstellende Geometrie)

Parallelprojektion

Eine Abbildung des Raumes auf die Ebene, bei der die Projektionsstrahlen (Lichtstrahlen) zueinander parallel verlaufen, heißt **Parallelprojektion**. Sie ist durch die **Projektionsrichtung** (Richtung der Lichtstrahlen) und die **Projektionsebene** festgelegt.

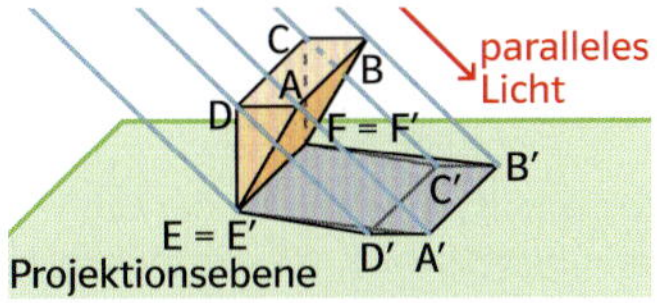

Für Geraden und Strecken, die nicht parallel zur Projektionsrichtung verlaufen, gilt:
- Geraden (Strecken) werden auf Geraden (Strecken) abgebildet.
- Zueinander parallele Geraden (Strecken) werden auf zueinander parallele Geraden (Strecken) abgebildet.
- Zur Projektionsebene parallele Figuren werden auf kongruente Figuren abgebildet.

Verlaufen Geraden (Strecken) parallel zur Projektionsrichtung, so werden sie jeweils auf einen Punkt abgebildet.

Verläuft die Projektionsrichtung senkrecht zur Projektionsebene, so spricht man von einer **senkrechten Parallelprojektion**, ansonsten von einer **schrägen Parallelprojektion**.

Schrägbilder

Bei einer schrägen Parallelprojektion entsteht in der Aufrissebene ein **Schrägbild** des Körpers.

Aufriss
→ vgl. unten

Strecken parallel zur Bildebene werden auf Strecken gleicher Länge und gleicher Richtung abgebildet. Die Bilder von Figuren, die parallel zur Bildebene liegen, sind kongruent zu diesen. Strecken, die senkrecht zur Bildebene verlaufen, werden mit dem **Verzerrungswinkel** α gegen die Waagerechte geneigt und verkürzt dargestellt (**Verzerrungsfaktor** k mit $k < 1$). Für $\alpha = 45°$ und $k = \frac{1}{2}$ spricht man von der **Kavaliersperspektive**.

Würfel in Kavaliersperspektive

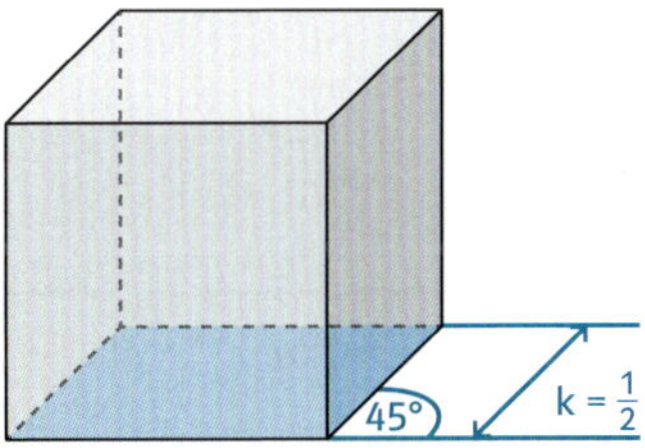

Dreitafelprojektion

Bei einer **Dreitafelprojektion** wird ein Körper mithilfe einer senkrechten Parallelprojektion senkrecht auf drei Ebenen abgebildet, die senkrecht aufeinander stehen. Dabei entstehen Grundriss (von oben), Aufriss (von vorn) und Seitenriss (von der Seite).

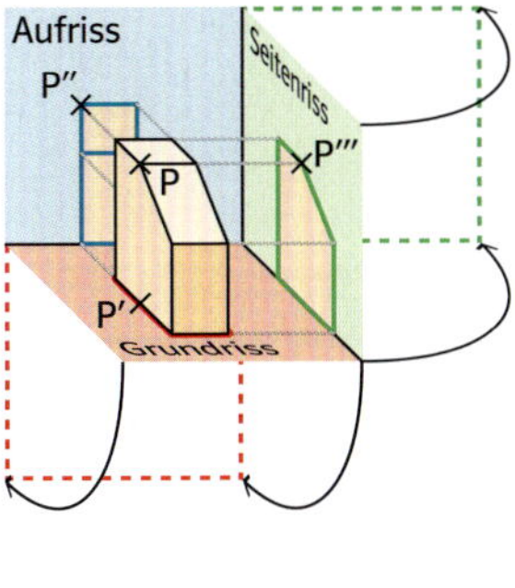

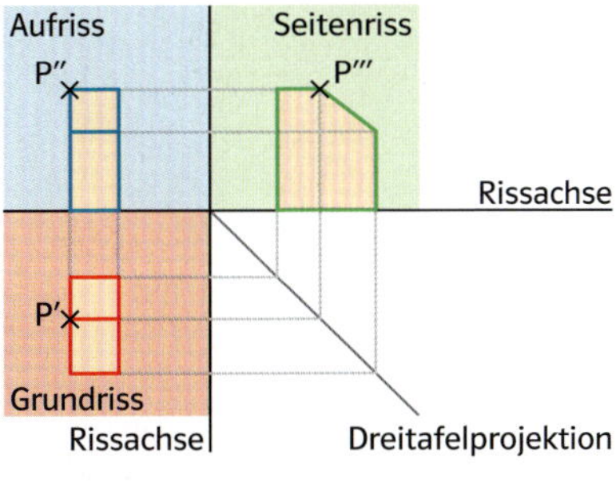

Dreitafelprojektion

Ebene Trigonometrie

Grad- und Bogenmaß

Gradmaß

Ein Winkel mit der Größe ein **Grad** (1°) ist der 360. Teil des Vollwinkels.

Es gilt: 1° = 60′ (Minuten),
1′ = 60″ (Sekunden) und
1° = 3600″.

Man erhält einen Winkel der Größe 1°, indem man einen Kreis durch Radien in 360 deckungsgleiche Kreisausschnitte unterteilt.

Bogenmaß

Zentriwinkel → S. 46

Das zum (Zentri-)Winkel α gehörende Verhältnis von **Bogenlänge** b zu Radius r heißt **Bogenmaß** des Winkels α: $\text{arc}(\alpha) = \frac{b}{r}$.
Im **Einheitskreis**, dem Kreis mit Radius 1 und Mittelpunkt im Koordinatenursprung, ist das Bogenmaß eines Winkels gleich der Maßzahl der zugehörigen Bogenlänge.
Ein Winkel hat die Größe 1 **Radiant** (1 rad), wenn b = r gilt bzw. für b = 1 im Einheitskreis.

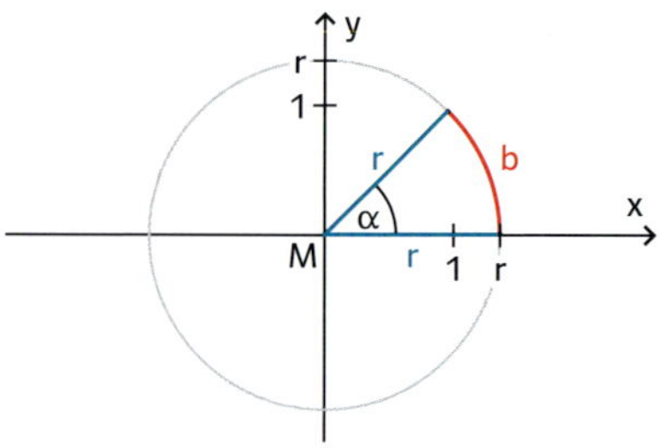

Umrechnungen

Wenn α die Winkelgröße im Gradmaß und x die Winkelgröße im Bogenmaß ist, dann gilt:

$\frac{\alpha}{360°} = \frac{x}{2\pi}$ bzw. $\frac{\alpha}{180°} = \frac{x}{\pi}$ $\qquad x = \frac{\alpha}{180°} \cdot \pi$ $\qquad \alpha = \frac{x}{\pi} \cdot 180°$

$\alpha = \frac{x}{\pi} \cdot 180°$ $\qquad$ 1 rad ≈ 57,296°

Gradmaß	0°	15°	30°	45°	60°	90°	120°	135°	180°	270°	360°
Bogenmaß	0	$\frac{\pi}{12}$	$\frac{\pi}{6}$	$\frac{\pi}{4}$	$\frac{\pi}{3}$	$\frac{\pi}{2}$	$\frac{2\pi}{3}$	$\frac{3\pi}{4}$	π	$\frac{3\pi}{2}$	2π

Sinus, Kosinus, Tangens und Kotangens

Definitionen am rechtwinkligen Dreieck → S. 42

Definitionen am Kreis

Definitionen am Kreis mit Radius r

Trägt man einen beliebigen Winkel der Größe α wie abgebildet in ein rechtwinkliges Koordinatensystem ein und schneidet seinen freien Schenkel mit einem Kreis um den Ursprung mit Radius r, dann wird festgelegt:

$\sin(\alpha) = \frac{v}{r}$ $\qquad \cos(\alpha) = \frac{u}{r}$

$\tan(\alpha) = \frac{v}{u}\ (u \neq 0)$ $\qquad \cot(\alpha) = \frac{u}{v}\ (v \neq 0)$

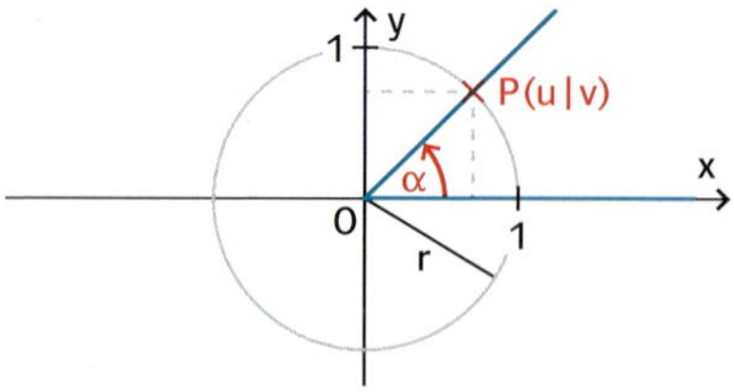

Definitionen am Einheitskreis

Liegt der Punkt P(u | v) auf dem Einheitskreis (r = 1) um den Ursprung, dann wird festgelegt:

$\sin(\alpha) = v$ $\qquad \cos(\alpha) = u$

$\tan(\alpha) = \frac{v}{u}\ (u \neq 0)$ $\qquad \cot(\alpha) = \frac{u}{v}\ (v \neq 0)$

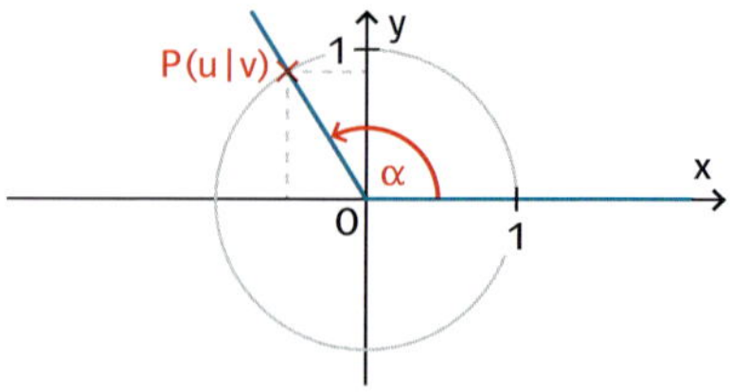

Ebene Trigonometrie

Sinus, Kosinus, Tangens und Kotangens

Veranschaulichungen am Einheitskreis

1\. Quadrant

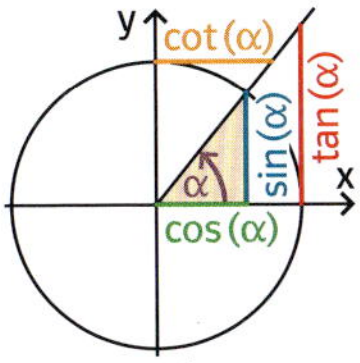

r = 1

$\sin(\alpha) > 0$
$\cos(\alpha) > 0$
$\tan(\alpha) > 0$
$\cot(\alpha) > 0$

2\. Quadrant

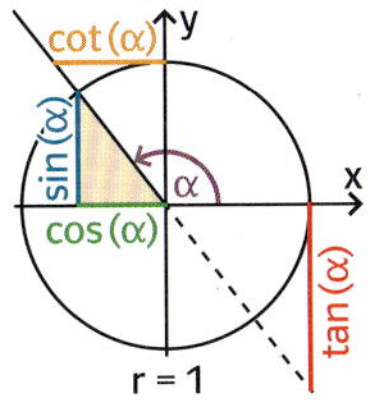

r = 1

$\sin(\alpha) > 0$
$\cos(\alpha) < 0$
$\tan(\alpha) < 0$
$\cot(\alpha) < 0$

3\. Quadrant

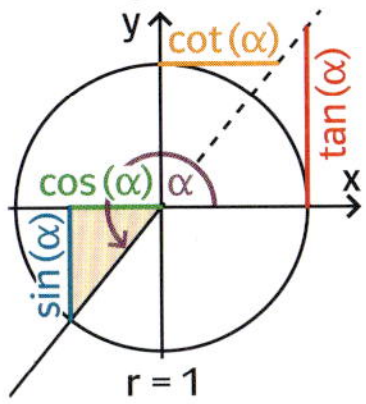

r = 1

$\sin(\alpha) < 0$
$\cos(\alpha) < 0$
$\tan(\alpha) > 0$
$\cot(\alpha) > 0$

4\. Quadrant

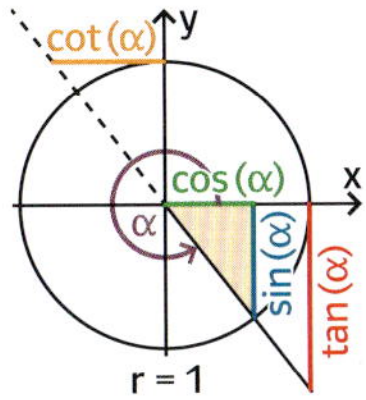

r = 1

$\sin(\alpha) < 0$
$\cos(\alpha) > 0$
$\tan(\alpha) < 0$
$\cot(\alpha) < 0$

Werte für spezielle Winkelgrößen und Vorzeichen in den Quadranten

α	0°	30°	45°	60°	90°
x	0	$\frac{\pi}{6}$	$\frac{\pi}{4}$	$\frac{\pi}{3}$	$\frac{\pi}{2}$
sin	0	$\frac{1}{2}$	$\frac{1}{2}\sqrt{2}$	$\frac{1}{2}\sqrt{3}$	1
cos	1	$\frac{1}{2}\sqrt{3}$	$\frac{1}{2}\sqrt{2}$	$\frac{1}{2}$	0
tan	0	$\frac{1}{3}\sqrt{3}$	1	$\sqrt{3}$	–
cot	–	$\sqrt{3}$	1	$\frac{1}{3}\sqrt{3}$	0

Quadrant	I	II	III	IV
sin	+	+	–	–
cos	+	–	–	+
tan	+	–	+	–
cot	+	–	+	–

Reduktionsformeln

	90° ± α	**180° ± α**	**270° ± α**	**360° ± α**	**–α**
sin	$\cos(\alpha)$	$\mp\sin(\alpha)$	$-\cos(\alpha)$	$\pm\sin(\alpha)$	$-\sin(\alpha)$
cos	$\mp\sin(\alpha)$	$-\cos(\alpha)$	$\pm\sin(\alpha)$	$\cos(\alpha)$	$\cos(\alpha)$
tan	$\mp\cot(\alpha)$	$\pm\tan(\alpha)$	$\mp\cot(\alpha)$	$\pm\tan(\alpha)$	$-\tan(\alpha)$
cot	$\mp\tan(\alpha)$	$\pm\cot(\alpha)$	$\mp\tan(\alpha)$	$\pm\cot(\alpha)$	$-\cot(\alpha)$

Beziehungen zwischen Sinus, Kosinus, Tangens und Kotangens zum gleichen Argument

Argument → S. 24

$\sin^2(\alpha) + \cos^2(\alpha) = 1$ $\quad$ $\tan(\alpha) = \frac{\sin(\alpha)}{\cos(\alpha)}$ $\quad$ $\cot(\alpha) = \frac{\cos(\alpha)}{\sin(\alpha)}$ $\quad$ $\tan(\alpha)\cot(\alpha) = 1$

$$\sin^2(\alpha) = 1 - \cos^2(\alpha) = \frac{\tan^2(\alpha)}{1 + \tan^2(\alpha)} = \frac{1}{1 + \cot^2(\alpha)}$$

$$\cos^2(\alpha) = 1 - \sin^2(\alpha) = \frac{1}{1 + \tan^2(\alpha)} = \frac{\cot^2(\alpha)}{1 + \cot^2(\alpha)}$$

$$\tan^2(\alpha) = \frac{\sin^2(\alpha)}{1 - \sin^2(\alpha)} = \frac{1 - \cos^2(\alpha)}{\cos^2(\alpha)} = \frac{1}{\cot^2(\alpha)}$$

$$\cot^2(\alpha) = \frac{1 - \sin^2(\alpha)}{\sin^2(\alpha)} = \frac{\cos^2(\alpha)}{1 - \cos^2(\alpha)} = \frac{1}{\tan^2(\alpha)}$$

Ebene Trigonometrie

Sinus, Kosinus, Tangens und Kotangens

Additionstheoreme

$$\sin(\alpha \pm \beta) = \sin(\alpha)\cos(\beta) \pm \cos(\alpha)\sin(\beta)$$

$$\cos(\alpha \mp \beta) = \cos(\alpha)\cos(\beta) \pm \sin(\alpha)\sin(\beta)$$

$$\tan(\alpha \pm \beta) = \frac{\tan(\alpha) \pm \tan(\beta)}{1 \mp \tan(\alpha)\tan(\beta)}$$

$$\cot(\alpha \pm \beta) = \frac{\cot(\alpha)\cot(\beta) \mp 1}{\cot(\beta) \pm \cot(\alpha)}$$

$$\sin(\alpha + \beta + \gamma) = \sin(\alpha)\cos(\beta)\cos(\gamma) + \cos(\alpha)\sin(\beta)\cos(\gamma) + \cos(\alpha)\cos(\beta)\sin(\gamma) - \sin(\alpha)\sin(\beta)\sin(\gamma)$$

$$\cos(\alpha + \beta + \gamma) = \cos(\alpha)\cos(\beta)\cos(\gamma) - \sin(\alpha)\sin(\beta)\cos(\gamma) - \sin(\alpha)\cos(\beta)\sin(\gamma) - \cos(\alpha)\sin(\beta)\sin(\gamma)$$

Argument → S. 24

Vielfache und Teile im Argument

$$\sin(2\alpha) = 2\sin(\alpha)\cos(\alpha)$$

$$\cos(2\alpha) = \cos^2(\alpha) - \sin^2(\alpha) = 2\cos^2(\alpha) - 1 = 1 - 2\sin^2(\alpha)$$

$$\tan(2\alpha) = \frac{2\tan(\alpha)}{1 - \tan^2(\alpha)}$$

$$\cot(2\alpha) = \frac{\cot^2(\alpha) - 1}{2\cot(\alpha)}$$

$$\sin(3\alpha) = 3\sin(\alpha) - 4\sin^3(\alpha)$$

$$\cos(3\alpha) = 4\cos^3(\alpha) - 3\cos(\alpha)$$

$$\sin(4\alpha) = 8\cos^3(\alpha)\sin(\alpha) - 4\cos(\alpha)\sin(\alpha)$$

$$\cos(4\alpha) = 8\cos^4(\alpha) - 8\cos^2(\alpha) + 1$$

Binomialkoeffizient → S. 126

$$\sin(n\alpha) = n\cos^{n-1}(\alpha)\sin(\alpha) - \binom{n}{3}\cos^{n-3}(\alpha)\sin^3(\alpha) + \binom{n}{5}\cos^{n-5}(\alpha)\sin^5(\alpha) \mp \ldots$$

$$\cos(n\alpha) = \cos^n(\alpha) - \binom{n}{2}\cos^{n-2}(\alpha)\sin^2(\alpha) + \binom{n}{4}\cos^{n-4}(\alpha)\sin^4(\alpha) \mp \ldots$$

$$\sin\left(\frac{\alpha}{2}\right) = \pm\sqrt{\frac{1 - \cos(\alpha)}{2}}$$

$$\cos\left(\frac{\alpha}{2}\right) = \pm\sqrt{\frac{1 + \cos(\alpha)}{2}}$$

$$\tan\left(\frac{\alpha}{2}\right) = \frac{\sin(\alpha)}{1 + \cos(\alpha)}$$

Summen und Differenzen trigonometrischer Funktionen

$$\sin(\alpha) + \sin(\beta) = 2\sin\left(\frac{\alpha + \beta}{2}\right)\cos\left(\frac{\alpha - \beta}{2}\right)$$

$$\sin(\alpha) - \sin(\beta) = 2\cos\left(\frac{\alpha + \beta}{2}\right)\sin\left(\frac{\alpha - \beta}{2}\right)$$

$$\cos(\alpha) + \cos(\beta) = 2\cos\left(\frac{\alpha + \beta}{2}\right)\cos\left(\frac{\alpha - \beta}{2}\right)$$

$$\cos(\alpha) - \cos(\beta) = -2\sin\left(\frac{\alpha + \beta}{2}\right)\sin\left(\frac{\alpha - \beta}{2}\right)$$

$$\cos(\alpha) \pm \sin(\alpha) = \sqrt{2}\sin(45° \pm \alpha) = \sqrt{2}\cos(45° \mp \alpha)$$

$$\tan(\alpha) \pm \tan(\beta) = \frac{\sin(\alpha \pm \beta)}{\cos(\alpha)\cos(\beta)}$$

$$\tan(\alpha) + \cot(\beta) = \frac{\cos(\alpha - \beta)}{\cos(\alpha)\sin(\beta)}$$

$$\cot(\alpha) \pm \cot(\beta) = \pm\frac{\sin(\alpha \pm \beta)}{\sin(\alpha)\sin(\beta)}$$

$$\cot(\alpha) - \tan(\beta) = \frac{\cos(\alpha + \beta)}{\sin(\alpha)\cos(\beta)}$$

Sinus, Kosinus, Tangens und Kotangens

Produkte trigonometrischer Funktionen

$$\sin(\alpha)\sin(\beta) = \frac{\cos(\alpha-\beta)-\cos(\alpha+\beta)}{2}$$

$$\cos(\alpha)\cos(\beta) = \frac{\cos(\alpha-\beta)+\cos(\alpha+\beta)}{2}$$

$$\sin(\alpha)\cos(\beta) = \frac{\sin(\alpha-\beta)+\sin(\alpha+\beta)}{2}$$

$$\cos(\alpha)\sin(\beta) = \frac{\sin(\alpha+\beta)-\sin(\alpha-\beta)}{2}$$

$$\sin(\alpha+\beta)\sin(\alpha-\beta) = \cos^2(\beta)-\cos^2(\alpha)$$

$$\cos(\alpha+\beta)\cos(\alpha-\beta) = \cos^2(\beta)-\sin^2(\alpha)$$

$$\tan(\alpha)\tan(\beta) = \frac{\tan(\alpha)+\tan(\beta)}{\cot(\alpha)+\cot(\beta)} = -\frac{\tan(\alpha)-\tan(\beta)}{\cot(\alpha)-\cot(\beta)}$$

$$\cot(\alpha)\cot(\beta) = \frac{\cot(\alpha)+\cot(\beta)}{\tan(\alpha)+\tan(\beta)} = -\frac{\cot(\alpha)-\cot(\beta)}{\tan(\alpha)-\tan(\beta)}$$

$$\tan(\alpha)\cot(\beta) = \frac{\tan(\alpha)+\cot(\beta)}{\cot(\alpha)+\tan(\beta)} = -\frac{\tan(\alpha)-\cot(\beta)}{\cot(\alpha)-\tan(\beta)}$$

$$\sin(\alpha)\sin(\beta)\sin(\gamma) = \frac{\sin(\alpha+\beta-\gamma)+\sin(\beta+\gamma-\alpha)+\sin(\gamma+\alpha-\beta)-\sin(\alpha+\beta-\gamma)}{4}$$

$$\sin(\alpha)\sin(\beta)\cos(\gamma) = \frac{-\cos(\alpha+\beta-\gamma)+\cos(\beta+\gamma-\alpha)+\cos(\gamma+\alpha-\beta)-\cos(\alpha+\beta-\gamma)}{4}$$

$$\sin(\alpha)\cos(\beta)\cos(\gamma) = \frac{\sin(\alpha+\beta-\gamma)-\sin(\beta+\gamma-\alpha)+\sin(\gamma+\alpha-\beta)+\sin(\alpha+\beta-\gamma)}{4}$$

$$\cos(\alpha)\cos(\beta)\cos(\gamma) = \frac{\cos(\alpha+\beta-\gamma)+\cos(\beta+\gamma-\alpha)+\cos(\gamma+\alpha-\beta)-\cos(\alpha+\beta-\gamma)}{4}$$

Potenzen trigonometrischer Funktionen

$$\sin^2(\alpha) = \frac{1-\cos(2\alpha)}{2}$$

$$\cos^2(\alpha) = \frac{1+\cos(2\alpha)}{2}$$

$$\sin^3(\alpha) = \frac{3\sin(\alpha)-\sin(3\alpha)}{4}$$

$$\cos^3(\alpha) = \frac{3\cos(\alpha)+\cos(3\alpha)}{4}$$

$$\sin^4(\alpha) = \frac{\cos(4\alpha)-4\cos(2\alpha)+3}{8}$$

$$\cos^4(\alpha) = \frac{\cos(4\alpha)+4\cos(2\alpha)+3}{8}$$

Folgen und Reihen

Zahlenfolgen

Eine Funktion mit $\mathbb{N}$ oder $\mathbb{N}^*$ oder einer unendlichen Teilmenge von $\mathbb{N}$ oder $\mathbb{N}^*$ als Definitionsmenge heißt **unendliche Zahlenfolge.** Ist die Definitionsmenge eine endliche Menge aus $\mathbb{N}$, so spricht man von einer **endlichen Zahlenfolge.**
Die Wertemenge ist meist $\mathbb{R}$. Dann spricht man von einer **reellen Zahlenfolge.**
Schreibweise: (a_n). Dabei heißt a_n das n-te Glied der Zahlenfolge (a_n).

Monotonie

Eine Zahlenfolge (a_n) heißt **streng monoton wachsend** bzw. **streng monoton fallend,** wenn für alle $n \in \mathbb{N}$ gilt: $a_n < a_{n+1}$ bzw. $a_n > a_{n+1}$.
Gilt für alle $n \in \mathbb{N}$ nur $a_n \le a_{n+1}$ bzw. $a_n \ge a_{n+1}$, so heißt (a_n) **monoton wachsend** bzw. **monoton fallend.**

Beschränktheit

Eine Zahlenfolge (a_n) heißt **nach oben beschränkt,** wenn es eine Zahl $S \in \mathbb{R}$ **(obere Schranke)** gibt, sodass $a_n \le S$ für alle $n \in \mathbb{N}$ gilt.
Eine Zahlenfolge (a_n) heißt **nach unten beschränkt,** wenn es eine Zahl $s \in \mathbb{R}$ **(untere Schranke)** gibt, sodass $a_n \ge s$ für alle $n \in \mathbb{N}$ gilt.
Eine untere Schranke kann man verkleinern, eine obere Schranke vergrößern.
Die kleinste obere Schranke heißt **Supremum**, die größte untere Schranke **Infimum** der Zahlenfolge.
Eine Zahlenfolge (a_n) heißt **beschränkt,** wenn es eine Zahl $K \in \mathbb{R}^+$ gibt, sodass $|a_n| \le K$ für alle $n \in \mathbb{N}$ gilt.

Grenzwert

Eine Zahl g heißt **Grenzwert** einer Zahlenfolge (a_n), wenn es zu jeder Zahl $\varepsilon > 0$ eine natürliche Zahl n_0 gibt, sodass für alle $n \ge n_0$ gilt: $|a_n - g| < \varepsilon$. Die Zahlenfolge heißt dann **konvergent.** Man sagt, sie **konvergiert gegen den Grenzwert g.**
Schreibweise: $\lim\limits_{n \to \infty} a_n = g$.

Besitzt eine Zahlenfolge keinen Grenzwert, so heißt sie **divergent.**
Eine Zahlenfolge, die gegen null konvergiert (Grenzwert null), heißt **Nullfolge.**

Sätze über Zahlenfolgen

(1) Eine Zahlenfolge hat höchstens einen Grenzwert.
(2) Eine Zahlenfolge (a_n) konvergiert genau dann gegen den Grenzwert g, wenn die Folge $(a_n - g)$ eine Nullfolge ist.
(3) Jede konvergente Zahlenfolge ist beschränkt. (Die Umkehrung gilt im Allgemeinen nicht.)
(4) Jede monotone und beschränkte Zahlenfolge ist konvergent.
(5) **Cauchy'sches Konvergenzkriterium:**
Eine Zahlenfolge (a_n) ist genau dann konvergent, wenn es zu jeder Zahl $\varepsilon > 0$ eine natürliche Zahl n_0 gibt, sodass für $n, m \ge n_0$ gilt: $|a_n - a_m| < \varepsilon$.
(6) Ist eine Zahlenfolge (a_n) beschränkt und (b_n) eine Nullfolge, dann ist die Zahlenfolge $(a_n \cdot b_n)$ eine Nullfolge.

Grenzwertsätze ($a_i, b_j \in \mathbb{R};\ n \in \mathbb{N}$)

Sind (a_n) und (b_n) konvergente Zahlenfolgen mit $\lim\limits_{n\to\infty} a_n = a$ und $\lim\limits_{n\to\infty} b_n = b$, so gilt:

(1) $\lim\limits_{n\to\infty} (r a_n \pm s b_n) = ra \pm sb \quad (r, s \in \mathbb{R})$

(2) $\lim\limits_{n\to\infty} (a_n \cdot b_n) = a \cdot b$

(3) $\lim\limits_{n\to\infty} (|a_n|) = |a|$

(4) Ist $b \neq 0$, sind ab einem bestimmten n alle $b_n \neq 0$ und es gilt $\lim\limits_{n\to\infty} \left(\frac{a_n}{b_n}\right) = \frac{a}{b}$.

(5) Ist $a > 0$, sind ab einem bestimmten n alle $a_n > 0$ und es gilt $\lim\limits_{n\to\infty} \sqrt[k]{a_n} = \sqrt[k]{a} \quad (k \in \mathbb{N})$.

Folgen und Reihen
Konvergente Zahlenfolge
→ S. 60

Grenzwerte spezieller Zahlenfolgen

$\lim\limits_{n\to\infty} \left(1 + \frac{1}{n}\right)^n = e$ $\quad \lim\limits_{n\to\infty} \left(1 - \frac{1}{n}\right)^n = \frac{1}{e}$ $\quad \lim\limits_{n\to\infty} \left(1 + \frac{x}{n}\right)^n = e^x$ $\quad \lim\limits_{n\to\infty} \left(1 - \frac{x}{n}\right)^n = e^{-x} = \frac{1}{e^x}$

$\lim\limits_{n\to\infty} \frac{a^n}{n!} = 0$ $\quad \lim\limits_{n\to\infty} \frac{n^n}{n!} = \infty$ $\quad \lim\limits_{n\to\infty} \sqrt[n]{n!} = \infty$ $\quad \lim\limits_{n\to\infty} \frac{1}{n}\sqrt[n]{n!} = \frac{1}{e}$

$\lim\limits_{n\to\infty} \sqrt[n]{n} = 1$ $\quad \lim\limits_{n\to\infty} \sqrt[n]{a} = 1 \ (a > 0)$ $\quad \lim\limits_{n\to\infty} a^n = 0 \ (|a| < 1)$

Euler'sche Zahl
→ S. 6

n-te Partialsumme

Die **n-te Partialsumme** einer Zahlenfolge (a_n) mit $n \in \mathbb{N}^*$ ist die Summe s_n der ersten n Summanden der Folge: $s_n = a_1 + a_2 + \ldots + a_n = \sum\limits_{i=1}^{n} a_i$.
Die Nummerierung kann auch mit 0 oder einer anderen natürlichen Zahl beginnen.

Spezielle Partialsummen

$$1 + 2 + 3 + \ldots + n = \sum_{i=1}^{n} i = \frac{n(n+1)}{2}$$

$$2 + 4 + 6 + \ldots + 2n = \sum_{i=1}^{n} 2i = n(n+1)$$

$$1 + 3 + 5 + \ldots + (2n-1) = \sum_{i=1}^{n} (2i-1) = n^2$$

$$1^2 + 2^2 + 3^2 + \ldots + n^2 = \sum_{i=1}^{n} i^2 = \frac{n(n+1)(n+2)}{6}$$

$$1^2 + 3^2 + 5^2 + \ldots + (2n-1)^2 = \sum_{i=1}^{n} (2i-1)^2 = \frac{n(4n^2-1)}{3}$$

$$1^3 + 2^3 + 3^3 + \ldots + n^3 = \sum_{i=1}^{n} i^3 = \frac{n^2(n+1)^2}{4}$$

$$1^3 + 3^3 + 5^3 + \ldots + (2n-1)^3 = \sum_{i=1}^{n} (2i-1)^3 = n^2(2n^2-1)$$

$$1^4 + 2^4 + 3^4 + \ldots + n^4 = \sum_{i=1}^{n} i^4 = \frac{n(n+1)(2n+1)(3n^2+3n-1)}{30}$$

Unendliche Reihen

Die **unendliche Reihe** zur Zahlenfolge (a_n) ist die Partialsummenfolge (s_n), deren Glieder die Partialsummen s_n der Zahlenfolge (a_n) sind: $a_1 + a_2 + \ldots = \sum\limits_{i=1}^{\infty} a_i$.

Partialsumme
→ vgl. oben

Konvergenz einer Reihe

Wenn die Partialsummenfolge (s_n) einen Grenzwert hat $\left(\lim\limits_{n\to\infty} s_n = s\right)$, dann heißt die unendliche Reihe $\sum\limits_{i=1}^{\infty} a_i$ **konvergent** und es gilt $\sum\limits_{i=1}^{\infty} a_i = s$. Wenn die Partialsummenfolge (s_n) keinen Grenzwert hat, dann heißt die unendliche Reihe $\sum\limits_{i=1}^{\infty} a_i$ **divergent**.

Grenzwert → S. 60

Analysis

Folgen und Reihen

Unendliche Reihe → S. 61

Konvergenzkriterien einer Reihe

Notwendige Bedingung für die Konvergenz der unendlichen Reihe $\sum_{i=1}^{\infty} a_i$: $\lim_{i \to \infty} a_i = 0$.

Hinreichende Bedingungen für die Konvergenz der unendlichen Reihe $\sum_{i=1}^{\infty} a_i$:

(1) **Majorantenkriterium**
Wenn die beiden unendlichen Reihen $\sum_{i=1}^{\infty} a_i$ und $\sum_{i=1}^{\infty} b_i$ nur nichtnegative Glieder haben, es eine natürliche Zahl n gibt, für die $a_i \leq b_i$ für alle $i \geq n$ gilt, und die unendliche Reihe $\sum_{i=1}^{\infty} b_i$ konvergent ist, so ist auch die Reihe $\sum_{i=1}^{\infty} a_i$ konvergent.

(2) **Quotientenkriterium (D'Alembert'sches Kriterium)**
Die unendliche Reihe $\sum_{i=1}^{\infty} a_i$ mit nur nichtnegativen Gliedern ist konvergent, wenn es eine natürliche Zahl n gibt, sodass $\frac{a_{i+1}}{a_i} \leq q < 1$ für alle $i \geq n$ gilt $(0 < q < 1)$.

(3) **Wurzelkriterium**
Die unendliche Reihe $\sum_{i=1}^{\infty} a_i$ mit nur nichtnegativen Gliedern ist konvergent, wenn es eine natürliche Zahl n gibt, sodass $\sqrt[i]{a_i} \leq q < 1$ für alle $i \geq n$ gilt $(0 < q < 1)$.

Euler'sche Zahl und π → S. 6
Natürlicher Logarithmus → S. 14

Summenwerte spezieller unendlicher Reihen

$1 + \frac{1}{1!} + \frac{1}{2!} + \frac{1}{3!} + \ldots = e$

$1 - \frac{1}{2} + \frac{1}{3} - \frac{1}{4} \pm \ldots = \ln(2)$

$1 + \frac{1}{2} + \frac{1}{4} + \frac{1}{8} + \ldots = 2$

$1 - \frac{1}{3} + \frac{1}{5} - \frac{1}{7} \pm \ldots = \frac{\pi}{4}$

$1 + \frac{1}{2^2} + \frac{1}{3^2} + \frac{1}{4^2} + \ldots = \frac{\pi^2}{6}$

$1 - \frac{1}{2^2} + \frac{1}{3^2} - \frac{1}{4^2} \pm \ldots = \frac{\pi^2}{12}$

Arithmetische Zahlenfolge und ihre Partialsummen

Eine Zahlenfolge (a_n) mit $n \in \mathbb{N}^*$ heißt **arithmetische Zahlenfolge**, wenn die Differenz zweier aufeinanderfolgender Glieder jeweils konstant ist: $a_{n+1} - a_n = d$ $(d \in \mathbb{R})$. Es gilt $a_n = a_1 + (n-1)d$.

Für $d < 0$ ist die Zahlenfolge streng monoton fallend, für $d = 0$ konstant und für $d > 0$ streng monoton wachsend.

n-te Partialsumme → S. 61

Für die n-te Partialsumme der arithmetischen Zahlenfolge gilt:

$$s_n = a_1 + a_2 + \ldots + a_n = \sum_{i=1}^{n} a_i = \frac{n}{2}(a_1 + a_n) = n a_1 + \frac{(n-1)n}{2} d.$$

Geometrische Zahlenfolge und ihre Partialsummen

Eine Zahlenfolge (a_n) mit $n \in \mathbb{N}^*$ heißt **geometrische Zahlenfolge**, wenn der Quotient zweier aufeinanderfolgender Glieder jeweils konstant ist: $\frac{a_{n+1}}{a_n} = q$ $(a_1, q \in \mathbb{R};\ a_1, q \neq 0)$. Es gilt $a_n = a_1 q^{n-1}$.

Für $|q| < 1$ ist die Zahlenfolge eine Nullfolge.

Ist $a_1 > 0$ und $0 < q < 1$, so ist die Zahlenfolge streng monoton fallend, für $q = 1$ konstant, für $q > 1$ streng monoton wachsend und für $q < 0$ alternierend.

Für die n-te Partialsumme der geometrischen Zahlenfolge gilt:

$$s_n = a_1 + a_2 + \ldots + a_n = \sum_{i=1}^{n} a_i = a_1 \frac{q^n - 1}{q - 1} \quad (q \neq 1).$$

Unendliche geometrische Reihe

$$s = \sum_{i=1}^{\infty} a_1 q^{i-1} = \frac{a_1}{1-q} \quad (a_1 \neq 0;\ |q| < 1)$$

Grenzwerte von Funktionen

Eine Funktion f sei in einer Umgebung der Stelle x_0 definiert. An der Stelle x_0 muss sie nicht definiert sein.

Grenzwert für $x \to x_0$ – Formulierung über Folgen

Eine Funktion $f: x \mapsto f(x)$ hat an der Stelle x_0 den **Grenzwert** g, wenn für jede Zahlenfolge (x_n) mit $x_n \in D_f$ und $x_n \neq x_0$, die gegen x_0 konvergiert $\left(\lim\limits_{n \to \infty} x_n = x_0\right)$, die Folge $(f(x_n))$ gegen g konvergiert $\left(\lim\limits_{n \to \infty} f(x_n) = g\right)$. Man schreibt $\lim\limits_{x \to x_0} \mathbf{f(x) = g}$.

Rechtsseitiger und linksseitiger Grenzwert für $x \to x_0$ – Formulierung über Folgen

Eine Funktion $f: x \mapsto f(x)$ hat an der Stelle x_0 den **rechtsseitigen (linksseitigen) Grenzwert** g_r (g_l), wenn für jede Zahlenfolge (x_n) mit $x_n \in D_f$ und $x_n \geq x_{n+1} > x_0$ ($x_n \leq x_{n+1} < x_0$), die gegen x_0 konvergiert, die Folge $(f(x_n))$ gegen g konvergiert. Man schreibt $\lim\limits_{x \to x_0 + 0} \mathbf{f(x) = g_r}$ $\left(\lim\limits_{x \to x_0 - 0} \mathbf{f(x) = g_l}\right)$.

Eine Funktion f besitzt an der Stelle x_0 genau dann einen Grenzwert g, wenn sowohl der rechtsseitige Grenzwert g_r als auch der linksseitige Grenzwert g_l der Funktion f an der Stelle x_0 existieren und übereinstimmen. Es gilt $g = g_r = g_l$.

Grenzwert für $x \to \pm\infty$ – Formulierung über Folgen

Eine Funktion $f: x \mapsto f(x)$ hat für $x \to \pm\infty$ den **Grenzwert** g, wenn für jede Zahlenfolge (x_n) mit $x_n \in D_f$ und $x_n \to \pm\infty$ die Folge $(f(x_n))$ gegen g konvergiert. Man schreibt $\lim\limits_{x \to \pm\infty} \mathbf{f(x) = g}$.

Grenzwert für $x \to x_0$ – Formulierung mit ε

Eine Funktion $f: x \mapsto f(x)$ hat an der Stelle x_0 den **Grenzwert** g, wenn es zu jeder vorgegebenen (noch so kleinen) Zahl $\varepsilon > 0$ eine (i. A. von ε abhängige) Zahl $\delta > 0$ gibt, sodass für alle x mit $0 < |x - x_0| < \delta$ gilt: $|f(x) - g| < \varepsilon$. Man schreibt $\lim\limits_{x \to x_0} \mathbf{f(x) = g}$.

Rechtsseitiger und linksseitiger Grenzwert für $x \to x_0$ – Formulierung mit ε

Eine Funktion $f: x \mapsto f(x)$ hat an der Stelle x_0 den **rechtsseitigen (linksseitigen) Grenzwert** g_r (g_l), wenn es zu jeder vorgegebenen (noch so kleinen) Zahl $\varepsilon > 0$ eine (i. A. von ε abhängige) Zahl $\delta > 0$ gibt, sodass für alle x mit $0 < x - x_0 < \delta$ $(-\delta < x - x_0 < 0)$ gilt: $|f(x) - g| < \varepsilon$. Man schreibt $\lim\limits_{x \to x_0 + 0} \mathbf{f(x) = g_r}$ $\left(\lim\limits_{x \to x_0 - 0} \mathbf{f(x) = g_l}\right)$.

Grenzwert für $x \to \pm\infty$ – Formulierung mit ε

Eine Funktion $f: x \mapsto f(x)$ hat für $x \to \pm\infty$ den **Grenzwert** g, wenn es zu jeder vorgegebenen (noch so kleinen) Zahl $\varepsilon > 0$ eine Stelle x_δ gibt, sodass $|f(x) - g| < \varepsilon$ ist für alle $x > x_\delta$ ($x < x_\delta$). Man schreibt $\lim\limits_{x \to \pm\infty} \mathbf{f(x) = g}$.

Grenzwertsätze für Funktionen

Wenn $\lim\limits_{x \to x_0} f(x) = u$ und $\lim\limits_{x \to x_0} g(x) = v$ ist, dann gilt:

(1) $\lim\limits_{x \to x_0} (r f(x) \pm s g(x)) = ru \pm sv$ $(r, s \in \mathbb{R})$,

(2) $\lim\limits_{x \to x_0} (f(x) \cdot g(x)) = u \cdot v$,

(3) $\lim\limits_{x \to x_0} \left(\frac{f(x)}{g(x)}\right) = \frac{u}{v}$ (falls $v \neq 0$).

Die angegebenen Grenzwertsätze gelten auch für $x \to x_0 \pm 0$ und $x \to \pm\infty$ statt $x \to x_0$.

Analysis

Grenzwerte und Stetigkeit von Funktionen

Differenzierbarkeit → S. 65

Regel von de l'Hospital

Zwei Funktionen f und g seien in einer Umgebung $U(x_0)$ von x_0 differenzierbar, es sei $f(x_0) = g(x_0) = 0$ sowie $g'(x) \neq 0$ für $x \in U(x_0)\setminus\{x_0\}$ und $\lim\limits_{x\to x_0} \frac{f'(x)}{g'(x)}$ existiere. Dann gilt $\lim\limits_{x\to x_0} \frac{f(x)}{g(x)} = \lim\limits_{x\to x_0} \frac{f'(x)}{g'(x)}$.

An der Stelle x_0 müssen f und g nicht differenzierbar sein.
Die Regel gilt auch dann, wenn man $f(x_0) = g(x_0) = 0$ durch $\lim\limits_{x\to x_0} f(x) = \lim\limits_{x\to x_0} g(x) = 0$ ersetzt und für $x \to x_0 \pm 0$ statt $x \to x_0$.

Die Regel gilt auch für

$\lim\limits_{x\to\pm\infty} \frac{f(x)}{g(x)}$, falls sowohl Zähler als auch Nenner gegen 0 streben,

$\lim\limits_{x\to x_0} \frac{f(x)}{g(x)}$ und $\lim\limits_{x\to\pm\infty} \frac{f(x)}{g(x)}$, falls sowohl Zähler als auch Nenner gegen ∞ streben.

Spezielle Grenzwerte von Funktionen

Natürlicher Logarithmus → S. 14
Euler'sche Zahl → S. 6

$\lim\limits_{x\to 0} \frac{\sin(x)}{x} = 1$	$\lim\limits_{x\to 0} \frac{\tan(x)}{x} = 1$	$\lim\limits_{x\to 0} \frac{a^x - 1}{x} = \ln(a)\ (a > 0)$
$\lim\limits_{x\to 0} \frac{e^x - 1}{x} = 1$	$\lim\limits_{x\to 1} \frac{\ln(x)}{x - 1} = 1$	$\lim\limits_{x\to\infty} \frac{\ln(x)}{x^n} = 0\ (n > 0)$
$\lim\limits_{x\to 0} \frac{\ln(1 + x)}{x} = 1$	$\lim\limits_{x\to 0} (x^n \cdot \ln(x)) = 0\ (n > 0)$	$\lim\limits_{x\to\infty} \left(\frac{x + 1}{x}\right)^x = e$
$\lim\limits_{x\to\infty} \frac{a^x}{x!} = 0$	$\lim\limits_{x\to\infty} \frac{a^x}{x^n} = 0\ (0 < a < 1;\ n \text{ fest})$	$\lim\limits_{x\to\infty} \frac{x^n}{e^x} = 0\ (n > 0)$

Stetigkeit von Funktionen

Grenzwert einer Funktion → S. 63

Stetigkeit an einer Stelle – Formulierung mit Grenzwert

Eine Funktion f, die in x_0 und einer Umgebung von x_0 definiert ist, heißt genau dann **stetig an der Stelle x_0**, wenn der Grenzwert von f für $x \to x_0$ existiert und mit dem Funktionswert $f(x_0)$ übereinstimmt, wenn also $\lim\limits_{x\to x_0} f(x) = f(x_0)$ gilt.

Stetigkeit an einer Stelle – Formulierung mit ε

Eine Funktion f heißt **stetig an der Stelle $x_0 \in D_f$**, wenn es zu jeder vorgegebenen (noch so kleinen) Zahl $\varepsilon > 0$ eine (i. A. von ε abhängige) Zahl $\delta > 0$ gibt, sodass für alle x mit $|x - x_0| < \delta$ und $x \in D_f$ gilt:
$|f(x) - f(x_0)| < \varepsilon$.

Stetigkeit in einem Intervall

Eine Funktion f heißt **in einem Intervall $I \subseteq D_f$ stetig**, wenn f für alle $x_0 \in I$ stetig ist.

Stetige Funktionen

Eine Funktion f, die an jeder Stelle ihrer Defintionsmenge D_f stetig ist, nennt man eine auf D_f **stetige Funktion**.

Sätze über stetige Funktionen

- Eine an der Stelle x_0 differenzierbare Funktion ist an der Stelle x_0 auch stetig.
- Sind die Funktionen f und g an der Stelle x_0 stetig, so sind auch die Funktionen $f + g$, $f - g$ und $f \cdot g$ sowie die Funktion $\frac{f}{g}$, falls $g(x_0) \neq 0$ ist, an der Stelle x_0 stetig.
- Ist die Funktion g an der Stelle x_0 stetig und die Funktion f an der Stelle $g(x_0)$ stetig, so ist die Funktion $f \circ g$ an der Stelle x_0 stetig.

Verketten von Funktionen → S. 24

Sätze über stetige Funktionen

- **Zwischenwertsatz**
  Ist eine Funktion $f: x \mapsto f(x)$ in einem Intervall $I = [a; b]$ stetig und ist $f(a) \neq f(b)$, dann nimmt f in I alle Werte zwischen f(a) und f(b) mindestens einmal an.
- **Nullstellensatz von Bolzano**
  Ist eine Funktion $f: x \mapsto f(x)$ in einem Intervall [a; b] stetig und haben f(a) und f(b) verschiedene Vorzeichen, so hat f im Intervall (a; b) mindestens eine Nullstelle.
- **Satz von Weierstraß (Satz vom Minimum und Maximum)**
  Ist eine Funktion $f: x \mapsto f(x)$ in einem Intervall $I = [a; b]$ stetig, dann gibt es mindestens eine Stelle $x_1 \in I$ $(x_2 \in I)$, an der f(x) ein Maximum (Minimum) annimmt.
- **Satz von der Beschränktheit**
  Ist eine Funktion $f: x \mapsto f(x)$ in einem Intervall $I = [a; b]$ stetig, dann ist f auf I beschränkt, d.h., es gibt Schranken s und S mit $s \leq f(x) \leq S$ für alle $x \in I$.

Nullstelle einer Funktion → S. 25

Differenzialrechnung

Grundbegriffe

Differenzenquotient

Ist die Funktion f in einem Intervall $[x_0; x_0 + h]$ definiert $(h \neq 0)$, dann heißt $\frac{f(x_0 + h) - f(x_0)}{h} = \frac{\Delta y}{\Delta x}$ **Differenzenquotient** oder **mittleren Änderungsrate** von f im Intervall $[x_0; x_0 + h]$.
Der Differenzenquotient entspricht der Steigung der Sekante s durch die Punkte $P(x_0 | f(x_0))$ und $Q(x_0 + h | f(x_0 + h))$ des Graphen von f.

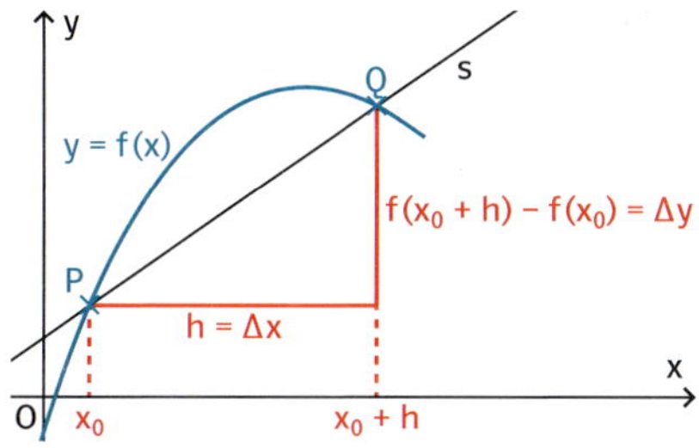

Differenzierbarkeit, Differenzialquotient (Ableitung), Tangente und Normale

Eine Funktion f heißt **differenzierbar an der Stelle x_0** $(x_0 \in (a; b) \subseteq D_f)$ wenn der Grenzwert $\lim\limits_{h \to 0} \frac{f(x_0 + h) - f(x_0)}{h}$ existiert. Dieser Grenzwert heißt **Differenzialquotient** oder **Ableitung von f an der Stelle x_0** oder **momentane Änderungsrate** an der Stelle x_0.

Schreibweisen: $f'(x_0) = \lim\limits_{h \to 0} \frac{f(x_0 + h) - f(x_0)}{h} = \frac{df(x_0)}{dx} = \frac{df}{dx}(x_0) = \frac{df}{dx}\Big|_{x = x_0} = \frac{dy}{dx}(x_0) = \frac{dy}{dx}\Big|_{x = x_0}$

Funktionen, die an jeder Stelle ihrer Definitionsmenge differenzierbar sind, heißen **differenzierbar**.
Funktionen, die differenzierbar sind und deren Ableitungsfunktion stetig ist, heißen **stetig differenzierbar**.

$f'(x_0)$ sei die **Steigung des Graphen** von f im Punkt $P(x_0 | f(x_0))$.
Die Gerade durch den Punkt $P(x_0 | f(x_0))$ mit der Steigung $f'(x_0)$ heißt **Tangente** des Graphen von f im Punkt $P(x_0 | f(x_0))$.
Steigungswinkel: $\tan(\alpha) = f'(x_0)$
Gleichung der Tangente in $P(x_0 | f(x_0))$:
$y = f'(x_0)(x - x_0) + f(x_0)$
Gleichung der Normalen $P(x_0 | f(x_0))$:
$y = -\frac{1}{f'(x_0)}(x - x_0) + f(x_0)$

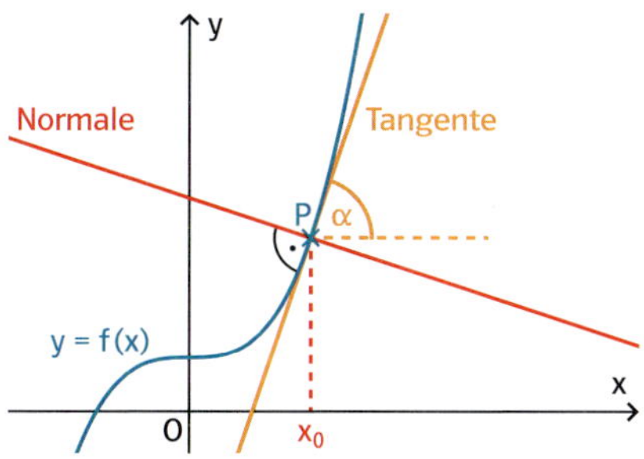

Analysis

Differenzialrechnung – Grundbegriffe

Ableitungsfunktion und höhere Ableitungen

Ist eine Funktion f differenzierbar, so heißt die Funktion $f'\colon x \mapsto f'(x)$, die jeder Stelle $x \in D_f$ eindeutig die Ableitung $f'(x)$ an dieser Stelle zuordnet, **Ableitungsfunktion** von f. Ist auch die Ableitungsfunktion f′ einer Funktion f differenzierbar, so erhält man aus f′ durch Ableiten die Funktion f″ usw. Man spricht von **höheren Ableitungen**.

2. Ableitung: $f''(x) = \frac{d^2f(x)}{dx^2} = (f'(x))'$. 3. Ableitung: $f'''(x) = \frac{d^3f(x)}{dx^3} = (f''(x))'$.

Vollständige Induktion → S. 18

Mithilfe der vollständigen Induktion erhält man die **n-te Ableitung (Ableitung n-ter Ordnung)**: $f^{(n)}(x) = \frac{d^nf(x)}{dx^n} = (f^{(n-1)}(x))'$ $(n \in \mathbb{N}^*)$.

Stetigkeit und Differenzierbarkeit

- Eine in x_0 differenzierbare Funktion ist an der Stelle x_0 stetig. Eine in x_0 stetige Funktion muss an der Stelle x_0 aber nicht differenzierbar sein.
- Wenn eine Funktion f in einem Intervall (a; b) differenzierbar ist, dann ist sie in diesem Intervall auch stetig.
- Die Differenzierbarkeit einer Funktion ist eine hinreichende Bedingung für ihre Stetigkeit, sie ist aber nicht notwendig.
- Die Stetigkeit einer Funktion ist eine notwendige Bedingung für ihre Differenzierbarkeit, sie ist aber nicht hinreichend.
- Es gibt Funktionen, die in einem Intervall stetig, aber an keiner Stelle des Intervalls differenzierbar sind.

Ableitungen spezieller Funktionen ($a, b \in \mathbb{R}^+$ mit $a, b \neq 1$; $r \in \mathbb{R}$ mit $r \neq 0$)

f	f′	f	f′
$f(x) = c = \text{const.}$	$f'(x) = 0$	$f(x) = \sin(x)$	$f'(x) = \cos(x)$
$f(x) = x^n$	$f'(x) = n x^{n-1}$	$f(x) = \cos(x)$	$f'(x) = -\sin(x)$
$f(x) = x^{\frac{1}{2}} = \sqrt{x}$	$f'(x) = \frac{1}{2\sqrt{x}}$	$f(x) = \tan(x)$	$f'(x) = \frac{1}{\cos^2(x)} = \tan^2(x) + 1$
$f(x) = x^{-1} = \frac{1}{x}$	$f'(x) = -\frac{1}{x^2}$	$f(x) = \cot(x)$	$f'(x) = -\frac{1}{\sin^2(x)}$
$f(x) = a^x$	$f'(x) = a^x \ln(a)$	$f(x) = \arcsin(x)$	$f'(x) = \frac{1}{\sqrt{1-x^2}}$
$f(x) = e^x$	$f'(x) = e^x$	$f(x) = \arccos(x)$	$f'(x) = -\frac{1}{\sqrt{1-x^2}}$
$f(x) = \ln(x)$	$f'(x) = \frac{1}{x}$	$f(x) = \arctan(x)$	$f'(x) = \frac{1}{1+x^2}$
$f(x) = \log_b(x)$	$f'(x) = \frac{1}{x\ln(b)}$	$f(x) = \text{arccot}(x)$	$f'(x) = -\frac{1}{1+x^2}$

n-te Ableitungen spezieller Funktionen

f	$f^{(n)}$	f	$f^{(n)}$
$f(x) = x^r$ $(r \in \mathbb{N})$	$f^{(n)}(x) = \frac{r!}{(r-n)!} x^{r-n}$ $(r \geq n)$	$f(x) = \ln(x)$	$f^{(n)}(x) = (-1)^{n-1}(n-1)!\,\frac{1}{x^n}$
$f(x) = a^{rx}$	$f^{(n)}(x) = (r\ln(a))^n a^{rx}$	$f(x) = \sin(rx)$	$f^{(n)}(x) = r^n \sin\left(rx + \frac{n\pi}{2}\right)$
$f(x) = e^{rx}$	$f^{(n)}(x) = r^n e^{rx}$	$f(x) = \cos(rx)$	$f^{(n)}(x) = r^n \cos\left(rx + \frac{n\pi}{2}\right)$

Ableitungsregeln (Differenziationsregeln)

Im Folgenden seien alle Funktionen hinreichend oft differenzierbar.

Konstante Funktion:	$f(x) = c$	$f'(x) = 0$ ($c = \text{const.}$)
Potenzregel:	$f(x) = x^r$	$f'(x) = r\,x^{r-1}$ ($r \in \mathbb{R};\ r \neq 0$)
Faktorregel:	$f(x) = c \cdot g(x)$	$f'(x) = c \cdot g'(x)$ ($c = \text{const.}$)
Summenregel:	$f(x) = g(x) + h(x)$	$f'(x) = g'(x) + h'(x)$
Produktregel:	$f(x) = g(x) \cdot h(x)$	$f'(x) = g'(x) \cdot h(x) + g(x) \cdot h'(x)$
Quotientenregel:	$f(x) = \frac{g(x)}{h(x)}$	$f'(x) = \frac{g'(x) \cdot h(x) - g(x) \cdot h'(x)}{(h(x))^2}$ ($h(x) \neq 0$)
Kettenregel:	$f(x) = h(g(x))$	$f'(x) = h'(g(x)) \cdot g'(x)$
Ableiten der Umkehrfunktion:		$x = f^{-1}(y)$ ist die Umkehrfunktion von $y = f(x)$. Dann gilt $(f^{-1})'(y) = \frac{1}{f'(x)}$ ($f'(x) \neq 0$).
Leibniz-Regel:	$f(x) = g(x) \cdot h(x)$	$f^{(n)}(x) = \sum_{k=0}^{n} \binom{n}{k} g^{(k)}(x) \cdot h^{(n-k)}(x)$

Differenzialrechnung

Differenzierbarkeit → S. 65

Umkehrfunktion → S. 24
Höhere Ableitung → S. 66
Binomialkoeffizient → S. 126

Monotoniesatz

Eine Funktion f mit der Definitionsmenge D_f, die in einem Intervall $I \subseteq D_f$ differenzierbar ist, heißt im Intervall I **streng monoton wachsend (streng monoton fallend)**, wenn für alle $x \in I$ gilt: $f'(x) > 0$ ($f'(x) < 0$).
Die Umkehrung des Monotoniesatzes gilt nicht.

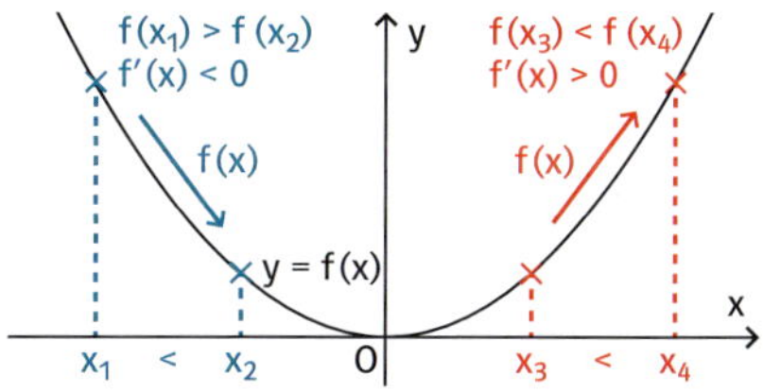

Anwendungen der Differenzialrechnung

Monotonie → S. 26

Krümmungsverhalten des Graphen einer Funktion

Wenn eine Funktion f mit der Definitionsmenge D_f in einem Intervall $I \subseteq D_f$ differenzierbar und f' streng monoton wachsend (streng monoton fallend) ist, dann ist der Teil des Graphen, der zu I gehört, eine **Linkskurve (Rechtskurve)** und die Funktion f heißt **streng konvex (streng konkav)**.

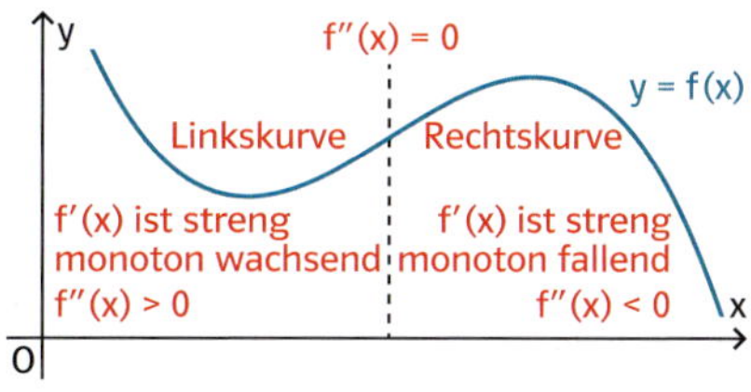

Hinreichende Bedingung für eine Links- bzw. Rechtskurve
Wenn eine Funktion f mit der Definitionsmenge D_f in einem Intervall $I \subseteq D_f$ mindestens zweimal differenzierbar ist und $f''(x) > 0$ ($f''(x) < 0$) für alle $x \in I$ gilt, dann ist der Teil des Graphen, der zu I gehört, eine **Linkskurve (Rechtskurve)**.

Anwendungen der Differenzialrechnung

Spezielle Stellen einer Funktion und spezielle Punkte des zugehörigen Graphen

Extremstelle einer Funktion und Extrempunkt eines Graphen

Eine Funktion f sei in einem Intervall $I = [a; b]$ definiert und es gelte $x_0 \in I$.
Der Funktionswert $f(x_0)$ heißt genau dann

lokales bzw. relatives Maximum von f | **lokales bzw. relatives Minimum von f**

in I, wenn es eine Umgebung $U(x_0)$ von x_0 gibt, sodass für alle $x \in U(x_0) \cap I$ gilt:

$\mathbf{f(x) \le f(x_0)}$ | $\mathbf{f(x) \ge f(x_0)}$.

Die Stelle x_0 heißt dann **lokale Maximumstelle** bzw. **lokale Minimumstelle** von f in I. Allgemein heißt x_0 **lokale Extremstelle** und $f(x_0)$ **lokaler Extremwert** bzw. **lokales Extremum** von f in I.
Der Punkt $(x_0 \mid f(x_0))$ des Graphen von f heißt dann **Hochpunkt** bzw. **Tiefpunkt**, allgemein **Extrempunkt.**

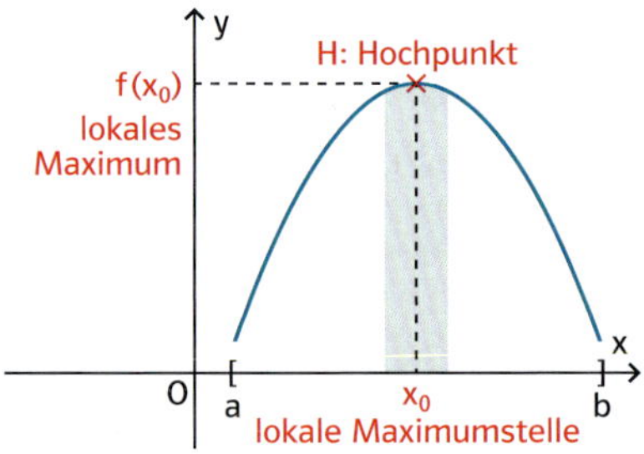

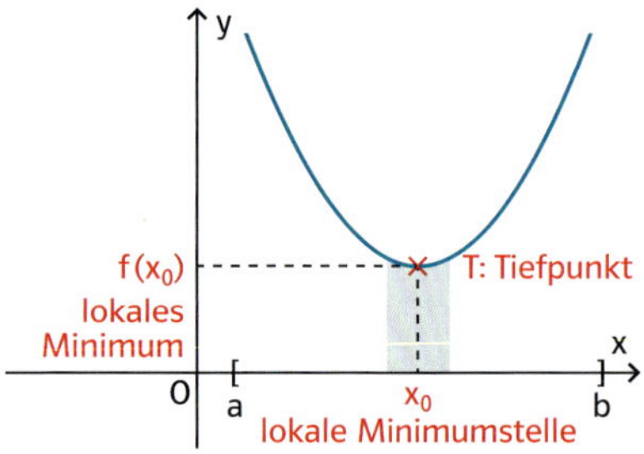

Gilt $f(x) \le f(x_0)$ für alle $x \in I$, dann ist x_0 eine lokale Maximumstelle und $f(x_0)$ ein **globales bzw. absolutes Maximum** von f in I.
Gilt $f(x) \ge f(x_0)$ für alle $x \in I$, dann ist x_0 eine lokale Minimumstelle und $f(x_0)$ ein **globales bzw. absolutes Minimum** in I.

Extremwerte, die am Rand des Intervalls I liegen, heißen **Randextrema**.

Man erhält die globalen Extremwerte einer Funktion f im Intervall $I = [a; b]$, indem man die lokalen Extremwerte in I mit den Funktionswerten $f(a)$ und $f(b)$ an den Rändern von I vergleicht.

Wendestelle einer Funktion und Wendepunkt eines Graphen

Wenn eine Funktion f in einer Umgebung von x_0 differenzierbar ist, dann heißt x_0 genau dann **Wendestelle** von f, wenn die Funktion f′ an der Stelle x_0 eine lokale Extremstelle hat. Der Punkt $(x_0 \mid f(x_0))$ des Graphen von f heißt dann **Wendepunkt**.

Sattelpunkt (Terrassenpunkt) eines Graphen

Ein **Sattelpunkt** (auch **Terrassenpunkt**) ist ein Wendepunkt mit waagerechter Tangente. Ist $S(x_0 \mid f(x_0))$ ein Sattelpunkt einer Funktion f, so gilt $f'(x_0) = 0$; f′ wechselt aber an der Stelle x_0 nicht das Vorzeichen.

Anwendungen der Differenzialrechnung

Stetig differenzierbar → S. 65

Notwendige und hinreichende Bedingungen und grafische Übersichten

f ist hinreichend oft stetig differenzierbar im Intervall $(a;\,b)$. Es ist $x_0 \in (a;\,b)$.

Begriff		Notwendige Bedingung	Hinreichende Bedingung
x_0: $f(x_0)$: $H(x_0 \mid f(x_0))$:	innere lokale Maximumstelle von f lokales Maximum von f Hochpunkt des Graphen von f	$f'(x_0) = 0$	$f'(x_0) = 0$ und $f''(x_0) < 0$ bzw. $f'(x_0) = 0$ und f' wechselt an der Stelle x_0 das Vorzeichen (VZW) von + nach − (VZW-Kriterium) bzw. $f'(x_0) = f''(x_0) = \ldots = f^{(n-1)}(x_0) = 0$, n gerade und $f^{(n)}(x_0) < 0$
x_0: $f(x_0)$: $T(x_0 \mid f(x_0))$:	innere lokale Minimumstelle von f lokales Minimum von f Tiefpunkt des Graphen von f	$f'(x_0) = 0$	$f'(x_0) = 0$ und $f''(x_0) > 0$ bzw. $f'(x_0) = 0$ und f' wechselt an der Stelle x_0 das Vorzeichen von − nach + (VZW-Kriterium) bzw. $f'(x_0) = f''(x_0) = \ldots = f^{(n-1)}(x_0) = 0$, n gerade und $f^{(n)}(x_0) > 0$
x_0: $W(x_0 \mid f(x_0))$:	innere Wendestelle von f Wendepunkt des Graphen von f	$f''(x_0) = 0$	$f''(x_0) = 0$ und $f'''(x_0) \neq 0$ bzw. $f''(x_0) = 0$ und f'' wechselt an der Stelle x_0 das Vorzeichen (VZW-Kriterium) bzw. $f'(x_0) = f''(x_0) = \ldots = f^{(n-1)}(x_0) = 0$, n ungerade und $f^{(n)}(x_0) \neq 0$
$S(x_0 \mid f(x_0))$:	Sattelpunkt des Graphen von f	$f'(x_0) = 0$ und $f''(x_0) = 0$	$f'(x_0) = 0$ und $f''(x_0) = 0$ und $f'''(x_0) \neq 0$ bzw. $f'(x_0) = 0$ und $f''(x_0) = 0$ und f'' wechselt an der Stelle x_0 das Vorzeichen (VZW-Kriterium)

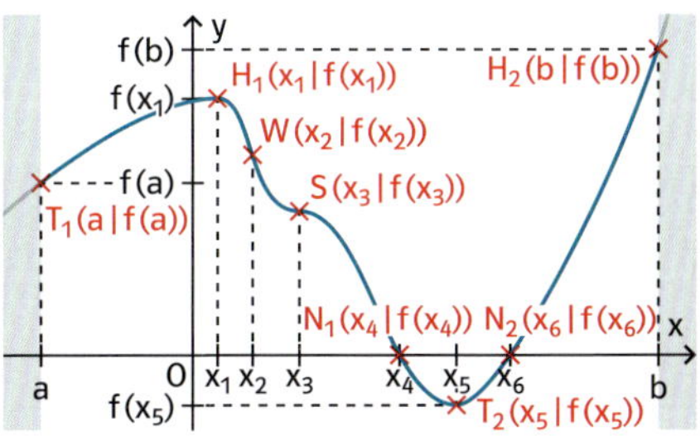

$f(x_1)$, $f(b)$	lokale Maxima
$f(a)$, $f(x_5)$	lokale Minima
a, x_1, x_5, b	lokale Extremstellen
H_1, H_2	Hochpunkte
T_1, T_2	Tiefpunkte
$f(b)$	globales Maximum
$f(x_5)$	globales Minimum
$f(a)$, $f(b)$	Randextrema
W	Wendepunkt
S	Sattelpunkt
N_1, N_2	Schnittpunkte mit der x-Achse
x_4, x_6	Nullstellen

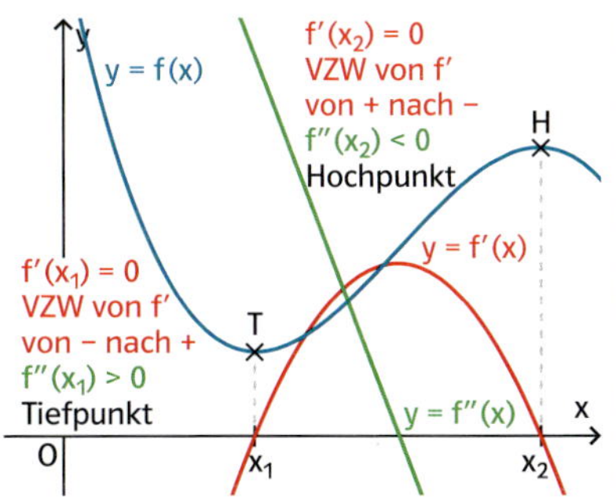

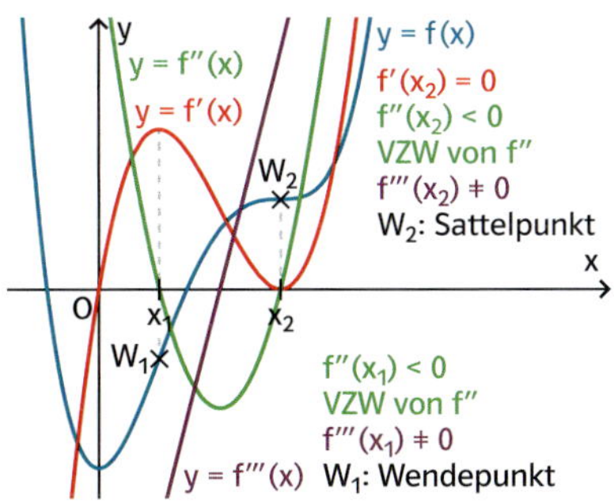

Satz von Rolle

Wenn eine Funktion f in einem Intervall [a; b] stetig und im Intervall (a; b) differenzierbar ist und $f(a) = f(b)$ gilt, dann gibt es mindestens eine Stelle $x_0 \in (a; b)$ mit $f'(x_0) = 0$.

Die Tangente an den Graphen von f im Punkt $P_0(x_0 \mid f(x_0))$ hat dann also die Steigung null.

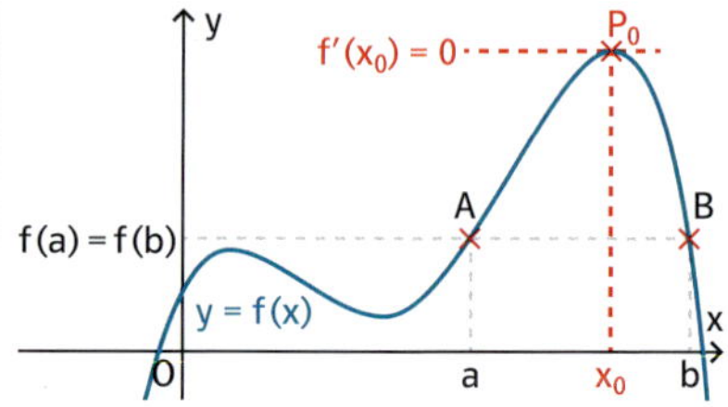

Mittelwertsatz der Differenzialrechnung

Wenn eine Funktion f in einem Intervall [a; b] stetig und im Intervall (a; b) differenzierbar ist, dann gibt es mindestens eine Stelle $x_0 \in (a; b)$ mit

$f'(x_0) = \frac{f(b) - f(a)}{b - a}$.

Es gibt dann also mindestens eine Tangente an den Graphen von f, die parallel zur Sekante durch die Punkte $A(a \mid f(a))$ und $B(b \mid f(b))$ mit der Steigung $\frac{f(b) - f(a)}{b - a}$ ist.

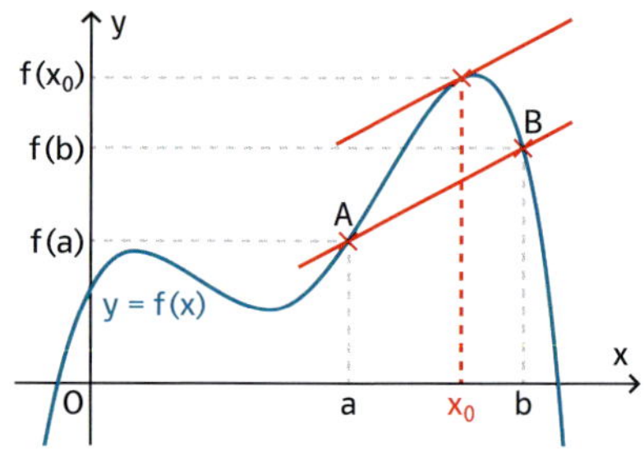

Näherungsweise Berechnung von Nullstellen

Newton-Verfahren (Tangenten-Näherungsverfahren)

Stetig differenzierbar → S. 65
Nullstellensatz → S. 65

Eine in einem Intervall $I = [a; b]$ stetig differenzierbare Funktion f besitze in I eine Nullstelle x*. Ausgehend von einem geeigneten Startwert x_0 (möglichst nahe bei x*) erhält man durch wiederholtes Anwenden der Rekursionsvorschrift

$x_{n+1} = x_n - \frac{f(x_n)}{f'(x_n)}$, $f'(x_n) \neq 0$, $n \in \mathbb{N}$

eine Folge (x_n) von Näherungswerten für die Nullstelle x*.

Für $|f''(x) \cdot f(x)| < (f'(x))^2$ in einer Umgebung von x* konvergiert die Folge (x_n) gegen die Nullstelle x*.

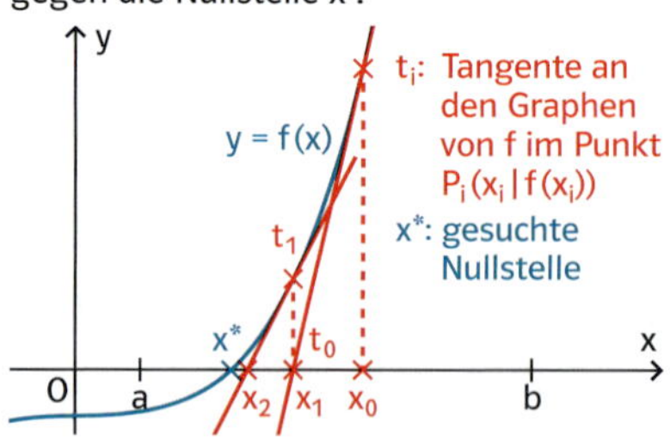

Regula falsi

Für eine in einem Intervall $[x_0; x_1]$ stetige Funktion f gelte $f(x_0) \cdot f(x_1) < 0$. Im Intervall $(x_0; x_1)$ besitzt f nach dem Nullstellensatz also eine Nullstelle x*. Ausgehend von den beiden Startwerten x_0 und x_1 erhält man durch wiederholtes Anwenden der Rekursionsvorschrift

$x_{n+1} = x_{n-1} - \frac{x_n - x_{n-1}}{f(x_n) - f(x_{n-1})} \cdot f(x_{n-1})$,

$f(x_n) \neq f(x_{n-1})$, $n \in \mathbb{N}^*$ eine Folge (x_n) von Näherungswerten für die Nullstelle x*.

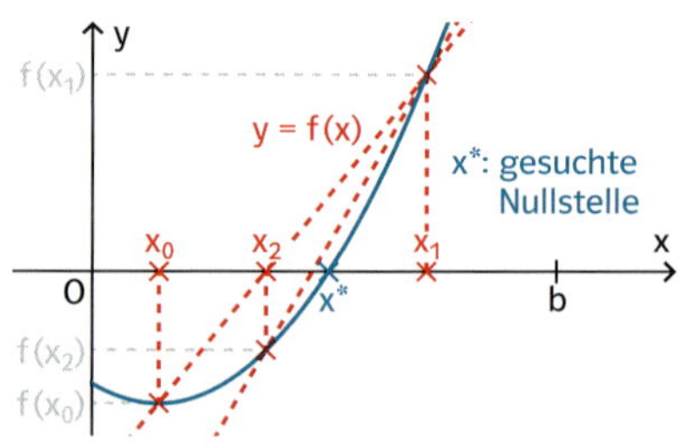

Taylor-Reihen

Taylor-Polynom

Ist eine Funktion f in einer Umgebung $U(x_0)$ von x_0 mindestens (n + 1)-mal stetig differenzierbar, dann heißt

$$T_n(x; x_0) = f(x_0) + \frac{f'(x_0)}{1!}(x - x_0) + \frac{f''(x_0)}{2!}(x - x_0)^2 + \ldots + \frac{f^{(n)}(x_0)}{n!}(x - x_0)^n = \sum_{k=0}^{n} \frac{f^{(k)}(x_0)}{k!}(x - x_0)^k$$

n-tes Taylor-Polynom bei x_0.

Satz von Taylor

Ist eine Funktion f in einer Umgebung $U(x_0)$ von x_0 mindestens (n + 1)-mal stetig differenzierbar, dann gilt für alle $x \in U(x_0)$:

$$f(x) = f(x_0) + \frac{f'(x_0)}{1!}(x - x_0) + \frac{f''(x_0)}{2!}(x - x_0)^2 + \ldots + \frac{f^{(n)}(x_0)}{n!}(x - x_0)^n + R_n(x)$$

$$= \sum_{k=0}^{n} \frac{f^{(k)}(x_0)}{k!}(x - x_0)^k + R_n(x) = T_n(x; x_0) + R_n(x)$$

mit dem Lagrange'schen Restglied $R_n(x) = \frac{f^{(n+1)}(x_0 + \delta(x - x_0))}{(n+1)!}(x - x_0)^{n+1} \quad (0 < \delta < 1)$.

Maclaurin'sche Formel

Aus dem Satz von Taylor ergibt sich für den Spezialfall $x_0 = 0$ die Maclaurin'sche Formel:

$$f(x) = f(0) + \frac{f'(0)}{1!}x + \frac{f''(0)}{2!}x^2 + \ldots + \frac{f^{(n)}(0)}{n!}x^n + R_n(x) = \sum_{k=0}^{n} \frac{f^{(k)}(0)}{k!}x^k + R_n(x) = T_n(x; 0) + R_n(x)$$

mit $R_n(x) = \frac{f^{(n+1)}(\delta x)}{(n+1)!}x^{n+1} \quad (0 < \delta < 1)$.

Taylor-Reihe (Taylor-Entwicklung)

Ist eine Funktion f in einer Umgebung $U(x_0)$ von x_0 unendlich oft stetig differenzierbar, dann heißt die unendliche Reihe $T_f(x; x_0) = \sum_{k=0}^{\infty} \frac{f^{(k)}(x_0)}{k!}(x - x_0)^k$ **Taylor-Reihe von f bei x_0.**

Für den Spezialfall $x_0 = 0$ heißt die Reihe **Maclaurin'sche Reihe.**

Gilt $\lim_{n \to \infty} R_n(x) = 0$ für alle $x \in U(x_0)$, dann kann f durch die Taylor-Reihe dargestellt werden: $f(x) = \sum_{k=0}^{\infty} \frac{f^{(k)}(x_0)}{k!}(x - x_0)^k$.

Taylor-Entwicklung einiger Funktionen ($x_0 = 0$)

$$e^x = 1 + \frac{x}{1!} + \frac{x^2}{2!} + \frac{x^3}{3!} + \ldots + \frac{x^n}{n!} + \ldots \quad (x \in \mathbb{R})$$

$$a^x = 1 + \frac{x\ln(a)}{1!} + \frac{(x\ln(a))^2}{2!} + \frac{(x\ln(a))^3}{3!} + \ldots + \frac{(x\ln(a))^n}{n!} + \ldots \quad (x \in \mathbb{R})$$

$$(1 \pm x)^k = 1 \pm kx + \frac{k(k-1)}{2!}x^2 \pm \frac{k(k-1)(k-2)}{3!}x^3 \pm \ldots + (\pm 1)^n \frac{k(k-1)\ldots(k-n+1)}{n!}x^n \pm \ldots$$
$$(|x| \le 1;\ k > 0)$$

$$(1 \pm x)^{-k} = 1 \mp kx + \frac{k(k+1)}{2!}x^2 \mp \frac{k(k+1)(k+2)}{3!}x^3 \mp \ldots + (\mp 1)^n \frac{k(k+1)\ldots(k+n-1)}{n!}x^n \mp \ldots$$
$$(|x| < 1;\ k > 0)$$

$$\sin(x) = x - \frac{1}{3!}x^3 + \frac{1}{5!}x^5 - \frac{1}{7!}x^7 \pm \ldots + \frac{(-1)^n}{(2n+1)!}x^{2n+1} \pm \ldots \quad (x \in \mathbb{R})$$

$$\cos(x) = 1 - \frac{1}{2!}x^2 + \frac{1}{4!}x^4 - \frac{1}{6!}x^6 \pm \ldots + \frac{(-1)^n}{(2n)!}x^{2n} \pm \ldots \quad (x \in \mathbb{R})$$

$$\arctan(x) = x - \frac{x^3}{3} + \frac{x^5}{5} - \frac{x^7}{7} \pm \ldots + (-1)^n \frac{x^{2n+1}}{2n+1} \pm \ldots \quad (|x| < 1)$$

$$\ln(1 + x) = x - \frac{1}{2}x^2 + \frac{1}{3}x^3 - \frac{1}{4}x^4 \pm \ldots + \frac{(-1)^{n+1}}{n}x^n \pm \ldots \quad (-1 < x \le 1)$$

Anwendungen der Differenzialrechnung

Stetig differenzierbar → S. 65

Stammfunktion

Eine Funktion F heißt genau dann **Stammfunktion** einer in einem Intervall $I = [a; b]$ definierten Funktion f, wenn F in I definiert sowie differenzierbar ist und wenn $F'(x) = f(x)$ für alle $x \in I$ gilt.
Ist F eine Stammfunktion von f in I, so ist auch $F(x) + C,\ C \in \mathbb{R}$ für alle $x \in I$ eine Stammfunktion von f in I.

Unbestimmtes Integral

Das **unbestimmte Integral** $\int f(x)\,dx = F(x) + C$ ist die **Menge alle Stammfunktionen** der Funktion f. Dabei heiß f(x) **Integrand**, x **Integrationsvariable**, dx **Differenzial** und C **Integrationskonstante**.

Grundintegrale und weitere spezielle unbestimmte Integrale

Im Folgenden wird die Integrationskonstante C weggelassen.

$\int c\,dx = cx \quad (c \in \mathbb{R})$	$\int x^n\,dx = \frac{x^{n+1}}{n+1} \quad (n \neq -1)$
$\int \frac{1}{x}\,dx = \ln(\lvert x\rvert) \quad (x \neq 0)$	$\int \frac{1}{x+a}\,dx = \ln(\lvert x+a\rvert) \quad (x \neq -a)$
$\int \frac{1}{x-a}\,dx = \ln(\lvert x-a\rvert) \quad (x \neq a)$	$\int \sqrt{x}\,dx = \frac{2}{3}\sqrt{x^3}$
$\int \sin(x)\,dx = -\cos(x)$	$\int \cos(x)\,dx = \sin(x)$
$\int \tan\,dx = -\ln(\lvert\cos(x)\rvert)$	$\int \cot(x)\,dx = \ln(\lvert\sin(x)\rvert)$
$\int e^x\,dx = e^x$	$\int a^x\,dx = \frac{a^x}{\ln(a)} \quad (a > 0;\ a \neq 1)$
$\int e^{ax}\,dx = \frac{1}{a}e^{ax} \quad (a \neq 0)$	$\int \ln(x)\,dx = x\ln(x) - x \quad (x > 0)$
$\int (ax+b)^n\,dx = \frac{1}{a(n+1)}(ax+b)^{n+1}$ $(a \neq 0;\ n \neq -1)$	$\int \frac{1}{ax+b}\,dx = \frac{1}{a}\ln(\lvert ax+b\rvert) \quad (a \neq 0)$
$\int \frac{ax+b}{cx+d}\,dx = \frac{a}{c}x + \frac{bc-ad}{c^2}\ln(\lvert cx+d\rvert) \quad (c \neq 0)$	$\int \frac{1}{(x-a)(x-b)}\,dx = \frac{1}{a-b}\ln\left(\left\lvert\frac{x-a}{x-b}\right\rvert\right) \quad (a \neq b)$
$\int \frac{1}{(x+a)^2}\,dx = -\frac{1}{x+a} \quad (x \neq -a)$	$\int \frac{1}{(x-a)^2}\,dx = -\frac{1}{x-a} \quad (x \neq a)$
$\int \frac{1}{x^2-a^2}\,dx = \frac{1}{2a}\ln\left(\left\lvert\frac{x-a}{x+a}\right\rvert\right) \quad (a > 0;\ \lvert x\rvert > a)$	$\int \frac{1}{a^2-x^2}\,dx = \frac{1}{2a}\ln\left(\frac{a+x}{a-x}\right) \quad (a > 0;\ \lvert x\rvert < a)$
$\int \frac{1}{a^2+x^2}\,dx = \frac{1}{a}\arctan\left(\frac{x}{a}\right) \quad (a \neq 0)$	$\int \frac{x}{a^2+x^2}\,dx = \frac{1}{2}\ln(a^2+x^2)$
$\int \frac{1}{(ax+b)(cx+d)}\,dx = \frac{1}{bc-ad}\ln\left(\left\lvert\frac{cx+d}{ax+b}\right\rvert\right)$ $(bc \neq ad)$	$\int \frac{x}{(ax+b)(cx+d)}\,dx$ $= \frac{1}{bc-ad}\left(\frac{b}{a}\ln(\lvert ax+b\rvert) - \frac{d}{c}\ln(\lvert cx+d\rvert)\right)$ $(bc \neq ad;\ a \neq 0;\ c \neq 0)$
$\int \frac{1}{\sqrt{x}}\,dx = 2\sqrt{x}$	$\int \frac{1}{\sqrt[3]{x}}\,dx = \frac{3}{2}\sqrt[3]{x^2}$
$\int \sqrt{ax+b}\,dx = \frac{2}{3a}\sqrt{(ax+b)^3} \quad (a \neq 0)$	$\int \frac{1}{\sqrt{ax+b}}\,dx = \frac{2}{a}\sqrt{ax+b} \quad (a \neq 0)$

Grundintegrale und weitere spezielle unbestimmte Integrale

$\int \frac{1}{\sqrt{x^2 - a^2}}\,dx = \ln\left(\lvert x + \sqrt{x^2 - a^2}\rvert\right)$ $(a > 0;\ \lvert x\rvert > a)$	$\int \frac{1}{\sqrt{a^2 - x^2}}\,dx = \arcsin\left(\frac{x}{a}\right)$ $(a > 0;\ \lvert x\rvert < a)$
$\int x\sqrt{x^2 + a^2}\,dx = \frac{1}{3}\sqrt{(x^2 + a^2)^3}$	$\int \frac{x}{\sqrt{x^2 + a^2}}\,dx = \sqrt{x^2 + a^2}$
$\int \sin^2(x)\,dx = \frac{1}{2}(x - \sin(x)\cos(x))$	$\int \cos^2(x)\,dx = \frac{1}{2}(x + \sin(x)\cos(x))$
$\int \tan^2(x)\,dx = \tan(x) - x$	$\int \cot^2(x)\,dx = -\cot(x) - x$
$\int \frac{1}{\sin^2(x)}\,dx = -\cot(x)$	$\int \frac{1}{\cos^2(x)}\,dx = \tan(x)$
$\int \sin(ax)\cos(ax)\,dx = \frac{1}{2a}\sin^2(ax)$ $(a \neq 0)$	$\int \frac{1}{\sin(ax)\cos(ax)}\,dx = \frac{1}{a}\ln\left(\lvert\tan(ax)\rvert\right)$ $(a \neq 0)$
$\int x e^{ax}\,dx = \frac{ax - 1}{a^2}e^{ax}$ $(a \neq 0)$	$\int x\ln(x)\,dx = x^2\left(\frac{\ln(x)}{2} - \frac{1}{4}\right)$
$\int \ln^2(x)\,dx = x\ln^2(x) - 2x\ln(x) + 2x$	$\int \frac{1}{x\ln(b)}\,dx = \log_b(x)$ $(b > 0;\ b \neq 1)$

Untersumme, Obersumme und bestimmtes Integral

Die Funktion f sei in einem Intervall [a; b] definiert und stetig.
Das Intervall [a; b] wird in n Teilintervalle $[x_{k-1}; x_k]$ zerlegt **(Zerlegung Z)**:
$x_0 = a < x_1 < x_2 < \ldots < x_{n-1} < x_n = b$.
Der kleinste Funktionswert im Teilintervall $[x_{k-1}; x_k]$ ist $f(x_{k,\min})$, der größte $f(x_{k,\max})$.

Untersumme zur Zerlegung Z:
$s(Z)_n = \sum_{k=1}^{n} f(x_{k,\min}) \cdot (x_k - x_{k-1})$.

Obersumme zur Zerlegung Z:
$S(Z)_n = \sum_{k=1}^{n} f(x_{k,\max}) \cdot (x_k - x_{k-1})$.

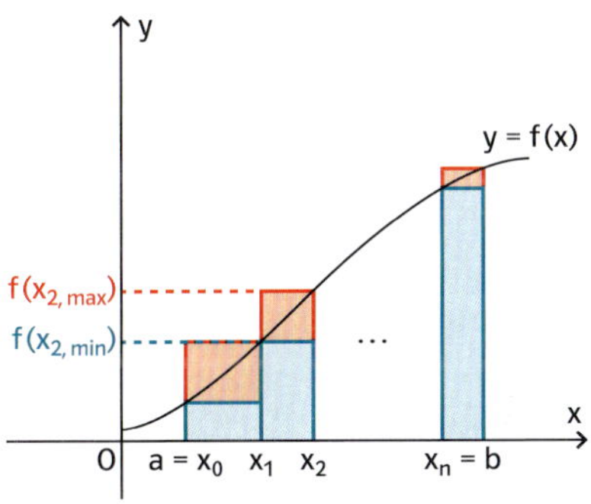

Verfeinert man die Zerlegung schrittweise, erhält man eine Folge $(s(Z)_n)$ von Untersummen und eine Folge $(S(Z)_n)$ von Obersummen. Wenn die Funktion f stetig ist, dann konvergieren beide Folgen und haben denselben Grenzwert.
Dieser Grenzwert ist für alle Zerlegungsfolgen gleich und heißt **bestimmtes Integral** der Funktion f zwischen der **unteren Grenze** a und der **oberen Grenze** b:
$\lim_{n\to\infty} s(Z)_n = \lim_{n\to\infty} S(Z)_n = \int_a^b f(x)\,dx$.

Existenz des bestimmten Integrals und Integrierbarkeit

Das bestimmte Integral einer Funktion f, die in einem Intervall [a; b] stetig ist, existiert immer. Dies gilt auch, wenn f beschränkt ist und in [a; b] endlich viele Unstetigkeitsstellen hat. Eine solche Funktion heißt in diesem Intervall **integrierbar**.

Beschränkte Funktion → S. 65

Wenn eine Funktion differenzierbar ist, dann ist sie auch integrierbar.
Eine integrierbare Funktion muss weder differenzierbar noch stetig sein.
Es gibt integrierbare Funktionen, die keine Stammfunktion haben.
Es gibt Funktionen, die eine Stammfunktion haben, aber nicht integrierbar sind.

Differenzierbarkeit → S. 65
Stammfunktion → S. 72

Analysis

Integralrechnung

Integralfunktion

Die Funktion f sei in einem Intervall $I = [a; b]$ integrierbar und es sei $u \in I$. Dann heißt die Funktion $J_u\colon x \mapsto \int_u^x f(t)\,dt$ für $x \in I$ **Integralfunktion** von f zur unteren Grenze u.

Hauptsatz der Differenzial- und Integralrechnung (Fundamentalsatz der Analysis)

Ist die Funktion f in einem Intervall $I = [a; b]$ stetig, dann gilt für alle $u \in I$ und $v \in I$:

(1) Die Integralfunktion J_u ist in I differenzierbar und eine Stammfunktion von f:
$J_u'(x) = f(x)$ für alle $x \in I$.

(2) Ist F eine beliebige Stammfunktion von f in I, dann gilt
$\int_u^v f(x)\,dx = F(v) - F(u) = [F(x)]_u^v = F(x)|_u^v$.

Der Hauptsatz gilt nur für Funktionen, die sowohl integrierbar sind als auch eine Stammfunktion besitzen.

Integrationsregeln

Regel	Unbestimmtes Integral	Bestimmtes Integral
Faktorregel	$\int k f(x)\,dx = k \int f(x)\,dx$ $(k \in \mathbb{R})$	$\int_a^b k f(x)\,dx = k \int_a^b f(x)\,dx$ $(k \in \mathbb{R})$
Summenregel	$\int [f(x) \pm g(x)]\,dx$ $= \int f(x)\,dx \pm \int g(x)\,dx$	$\int_a^b [f(x) \pm g(x)]\,dx$ $= \int_a^b f(x)\,dx \pm \int_a^b g(x)\,dx$
Lineare Substitution	$\int f(mx + c)\,dx = \frac{1}{m} F(mx + c) + C$ F: Stammfunktion von f	$\int_a^b f(mx + c)\,dx = \frac{1}{m} [F(mx + c)]_a^b$ F: Stammfunktion von f
Integration durch Substitution	$\int f(g(x)) \cdot g'(x)\,dx = \int f(z)\,dz$ mit $z = g(x)$ und $g'(x)\,dx = dz$ Nach erfolgter Integration muss man auf der rechten Seite $z = g(x)$ setzen (Rücksubstitution). Man kann die Formel auch von rechts nach links verwenden: Um $\int f(z)\,dz$ zu berechnen, setzt man $z = g(x)$ und $dz = g'(x)\,dx$. Nach erfolgter Integration muss man $x = g^{-1}(z)$ setzen ($g'(x) \neq 0$ in $[a; b]$).	$\int_a^b f(g(x)) \cdot g'(x)\,dx = \int_{g(a)}^{g(b)} f(z)\,dz$ mit $z = g(x)$ und $g'(x) = \frac{dz}{dx}$ $\int_a^b f(x)\,dx = \int_{g^{-1}(a)}^{g^{-1}(b)} f(g(z))\,g'(z)\,dz$ $z = g^{-1}(x)$: Umkehrfunktion von $x = g(z)$; $g'(z) = \frac{dx}{dz}$
Logarithmische Integration	$\int \frac{f'(x)}{f(x)}\,dx = (\ln\lvert f(x)\rvert) + C$ $(f(x) \neq 0)$	$\int_a^b \frac{f'(x)}{f(x)}\,dx = \left[\ln(\lvert f(x)\rvert)\right]_a^b$ $(f(x) \neq 0)$
Produktintegration (partielle Substitution)	$\int f(x) \cdot g'(x)\,dx$ $= f(x) \cdot g(x) - \int f'(x) \cdot g(x)\,dx$	$\int_a^b f(x) \cdot g'(x)\,dx$ $= [f(x) \cdot g(x)]_a^b - \int_a^b f'(x) \cdot g(x)\,dx$

Umkehrfunktion → S. 24

Integralrechnung

Eigenschaften des bestimmten Integrals (Existenz der Integrale vorausgesetzt)

(1) **Gleiche Integrationsgrenzen:** $\int_a^a f(x)\,dx = 0$

(2) **Vertauschung der Integrationsgrenzen:** $\int_a^b f(x)\,dx = -\int_b^a f(x)\,dx$

(3) **Intervalladditivität:** $\int_a^c f(x)\,dx + \int_c^b f(x)\,dx = \int_a^b f(x)\,dx$

(4) **Linearität:** $\int_a^b [m\,f(x) \pm n\,g(x)]\,dx = \int_a^b m\,f(x)\,dx \pm \int_a^b n\,g(x)\,dx = m\int_a^b f(x)\,dx \pm n\int_a^b g(x)\,dx$

(5) **Monotonie:** Ist $f(x) \leq g(x)$ für alle $x \in [a;\, b]$, gilt $\int_a^b f(x)\,dx \leq \int_a^b g(x)\,dx$.

(6) **Abschätzbarkeit:** Ist $m \leq f(x) \leq M$ und $f(x) \geq 0$ für alle $x \in [a;\, b]$, gilt

$$m(b-a) \leq \int_a^b f(x)\,dx \leq M(b-a).$$

Flächeninhaltsberechnungen

(1) $f(x) \geq 0$ im Intervall $[a;\, b]$

$A = \int_a^b f(x)\,dx$

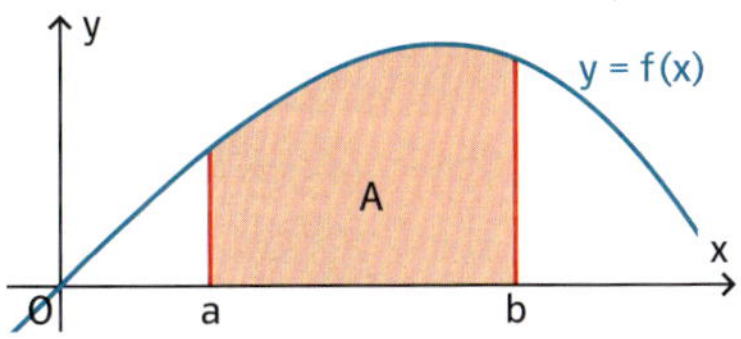

(2) $f(x) \leq 0$ im Intervall $[a;\, b]$

$A = -\int_a^b f(x)\,dx = \left|\int_a^b f(x)\,dx\right|$

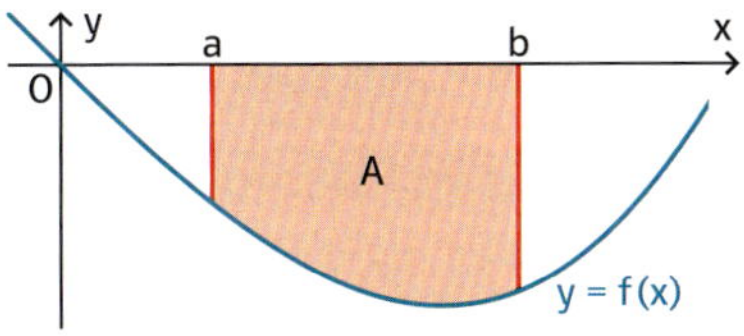

(3) x_0: Nullstelle der Funktion f

$f(x) \geq 0$ im Intervall $[a;\, x_0]$ und

$f(x) \leq 0$ im Intervall $[x_0;\, b]$

$A = A_1 + A_2 = \int_a^{x_0} f(x)\,dx - \int_{x_0}^b f(x)\,dx$

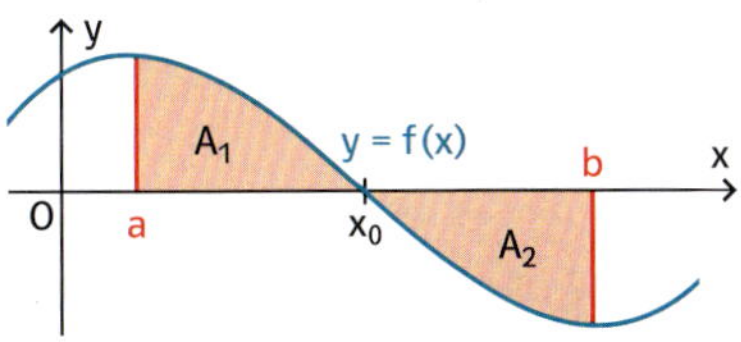

(4) $f^{-1}(y) = x$

$f^{-1}(y) \geq 0$ im Intervall $[a;\, b]$

$A = \int_a^b f^{-1}(y)\,dy$

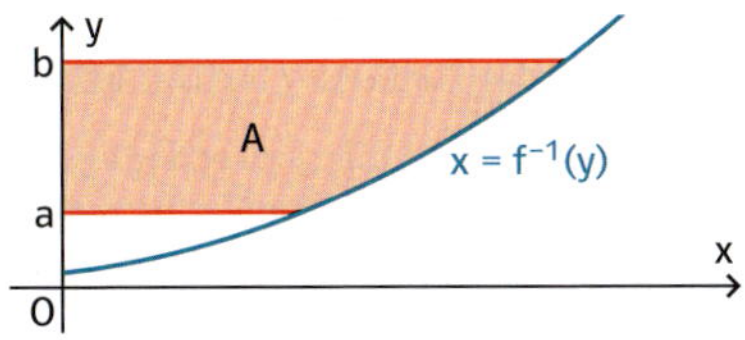

Umkehrfunktion
→ S. 24

(5) Die Graphen von f und g schneiden sich nicht im Intervall $(a;\, b)$.

$f(x) \geq g(x)$ im Intervall $[a;\, b]$

$A = \int_a^b (f(x) - g(x))\,dx$

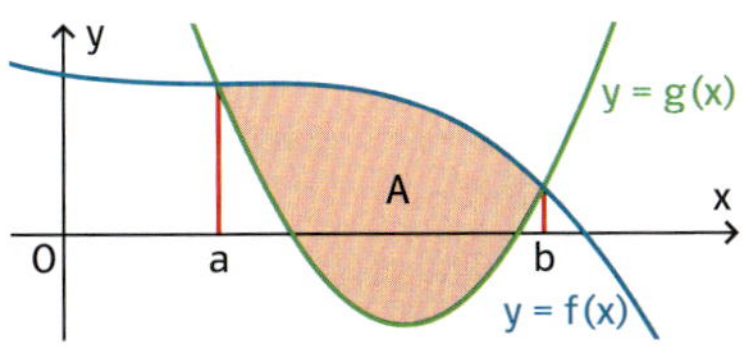

(6) x_0: Schnittstelle der Graphen von f und g im Intervall $(a;\, b)$

$A = A_1 + A_2$

$= \int_a^{x_0} (g(x) - f(x))\,dx + \int_{x_0}^b (f(x) - g(x))\,dx$

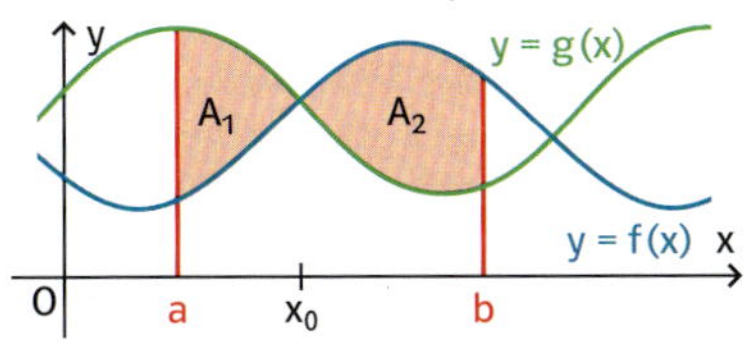

Integralrechnung
Guldin'sche Regeln
→ S. 53

Volumina und Mantelflächeninhalte von Rotationskörpern

Rotiert eine Fläche um die x- bzw. y-Achse, entsteht ein Rotationskörper mit dem Volumen V und dem Mantelflächeninhalt M.

Strenge Monotonie
→ S. 26, 67
Umkehrfunktion
→ S. 24

Rotation um die x-Achse
Eine Fläche, die durch den Graphen einer Funktion f in einem Intervall [a; b], die x-Achse und die Geraden $x = a$ und $x = b$ begrenzt wird, rotiere um die x-Achse. Die Funktion f sei im Intervall [a; b] stetig.

$$V_x = \pi \int_a^b (f(x))^2\,dx$$

$$M_x = 2\pi \int_a^b f(x)\sqrt{1 + (f'(x))^2}\,dx$$

$(f(x) \geq 0$ in $[a; b])$

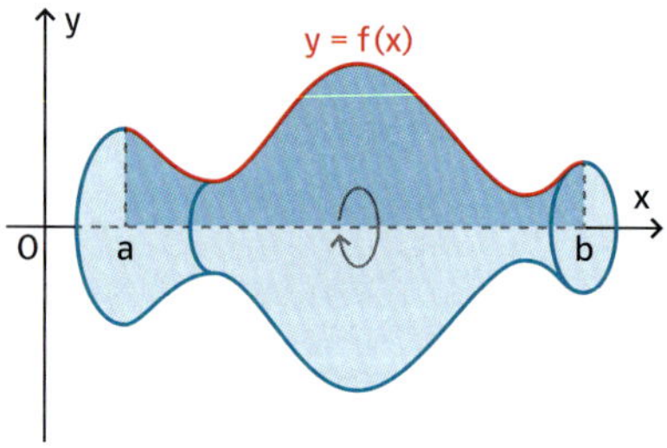

Rotation um die y-Achse
Eine Fläche, die durch den Graphen einer Funktion f im Intervall [a; b], die y-Achse und die Geraden $y = f(a)$ und $y = f(b)$ begrenzt wird, rotiere um die y-Achse.
Im Intervall [a; b] sei f stetig und streng monoton, sodass die Umkehrfunktion $f^{-1}(y) = x$ existiert.

$$V_y = \pi \int_c^d (f^{-1}(y))^2\,dy = \pi \int_a^b x^2\,|f'(x)|\,dx$$

$$M_y = 2\pi \int_c^d f^{-1}(y)\sqrt{1 + \left((f^{-1}(y))'\right)^2}\,dy$$

$(f^{-1}(y) \geq 0$ in $[f(a); f(b)])$
Dabei ist c das Minimum von f(a) und f(b) und d das Maximum von f(a) und f(b).

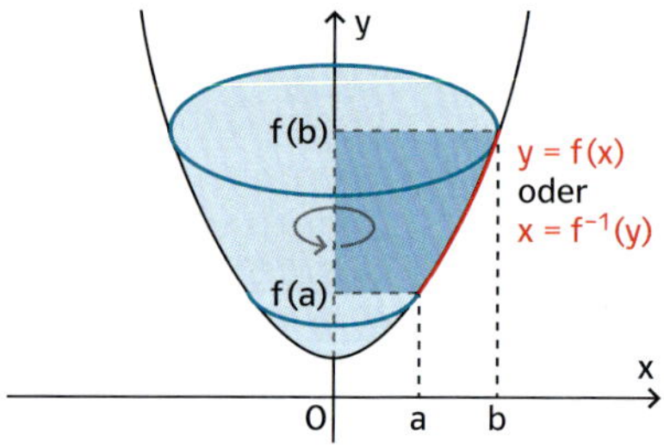

Mittelwert einer Funktion und Mittelwertsatz der Integralrechnung

Ist f eine in einem Intervall [a; b] stetige Funktion, so heißt $\overline{m} = \frac{1}{b-a}\int_a^b f(x)\,dx$ **Mittelwert der Funktion f auf [a; b].**

Mittelwertsatz der Integralrechnung
Ist f eine in einem Intervall [a; b] stetige Funktion, so gibt es mindestens eine Stelle c mit $a < c < b$, sodass $f(c) = \frac{1}{b-a}\int_a^b f(x)\,dx$ bzw. $\int_a^b f(x)\,dx = (b-a)f(c)$ gilt.

Es gibt also mindestens eine Stelle c, für die der Flächeninhalt zwischen dem Graphen von f und der x-Achse im Intervall [a; b] gleich dem Flächeninhalt des Rechtecks mit den Seitenlängen (b − a) und f(c) ist.

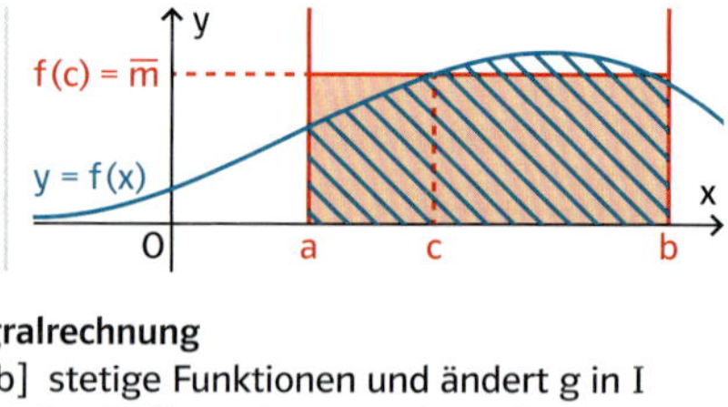

Verallgemeinerter Mittelwertsatz der Integralrechnung
Sind f und g zwei in einem Intervall $I = [a; b]$ stetige Funktionen und ändert g in I sein Vorzeichen nicht, so gibt es mindestens eine Stelle c mit $a < c < b$, sodass $\int_a^b f(x)\,g(x)\,dx = f(c)\int_a^b g(x)\,dx$ gilt. Für $g(x) = 1$ erhält man den Mittelwertsatz der Integralrechnung.

Bogenlänge ebener Kurven

Integralrechnung

Ist f eine in einem Intervall $I = [a; b]$ differenzierbare Funktion, dann ist die Länge L des Bogens des Graphen im Intervall I gegeben durch

$L = \int_a^b \sqrt{1 + (f'(x))^2}\,dx$ bzw.

$L = \int_{t_1}^{t_2} \sqrt{(x'(t))^2 + (y'(t))^2}\,dt,$

wenn die Kurve in Parameterdarstellung gegeben ist $(x = x(t),\ y = y(t);\ x$ und y differenzierbar).

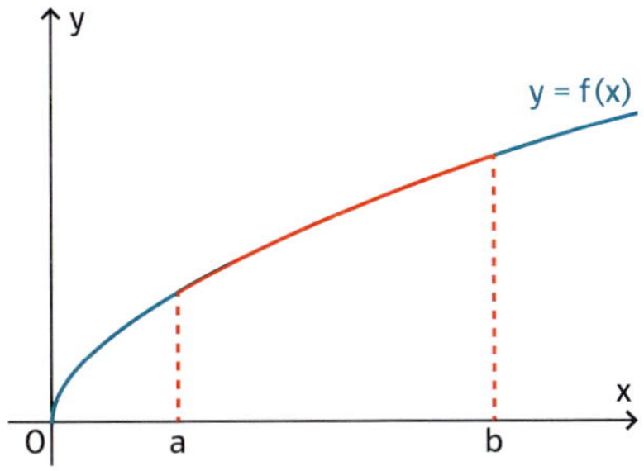

Paramaterdarstellung ebener Kurven → S. 35

Näherungsweise Berechnung von Integralen (numerische Integration)

Zur näherungsweisen Berechnung des bestimmten Integrals $\int_a^b f(x)\,dx$ und damit des Flächeninhalts zwischen dem Graphen von f und der x-Achse im Intervall [a; b] wird das Intervall [a; b] in n bzw. 2n Teilintervalle der Breite $h = \frac{b-a}{n}$ bzw. $h = \frac{b-a}{2n}$ zerlegt: $x_0 = a,\ x_1 = a + h,\ x_2 = a + 2h,\ \ldots,\ x_n = b$ bzw. $x_0 = a,\ x_1 = a + h,\ x_2 = a + 2h,\ \ldots,\ x_{2n} = b$.

Bestimmtes Integral → S. 73
Unter- und Obersumme → S. 73

Rechteckregel

Die Fläche wird durch n Rechtecke der Breite $h = \frac{b-a}{n}$ und Höhe $f(x_i)$ angenähert.

$$\int_a^b f(x)\,dx \approx h\,f(x_0) + h\,f(x_1) + \ldots + h\,f(x_{n-1}) = h\,[f(x_0) + f(x_1) + \ldots + f(x_{n-1})]$$

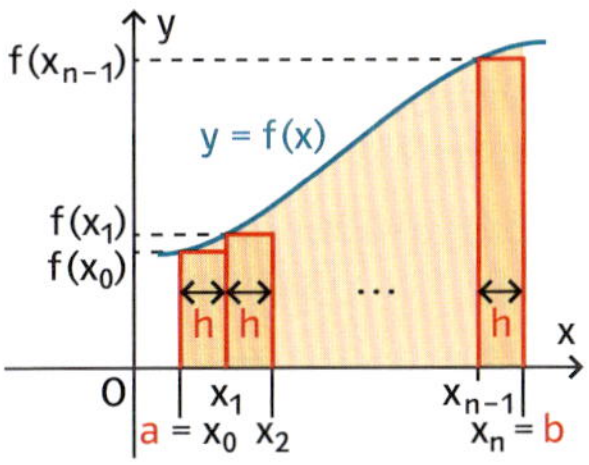

Trapezregel

Die Fläche wird durch n Trapeze mit den Grundseiten $f(x_i)$ und $f(x_{i+1})$ sowie der Höhe $h = \frac{b-a}{n}$ angenähert.

$$\int_a^b f(x)\,dx \approx \frac{1}{2}(f(x_0) + f(x_1))h + \frac{1}{2}(f(x_1) + f(x_2))h + \ldots + \frac{1}{2}(f(x_{n-1}) + f(x_n))h$$
$$= \frac{1}{2}[f(x_0) + 2f(x_1) + 2f(x_2) + \ldots + 2f(x_{n-1}) + f(x_n)]h$$

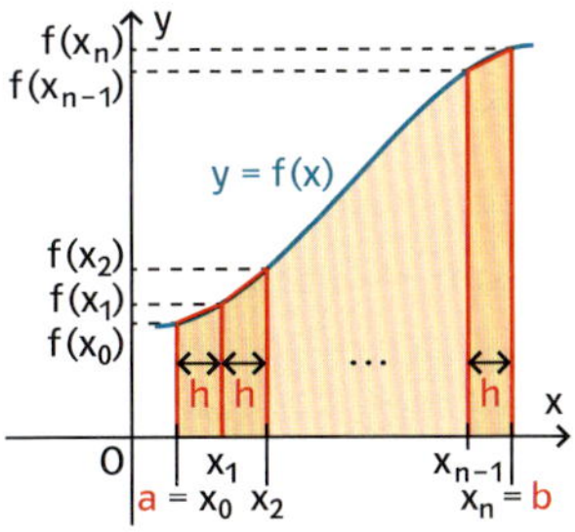

Simpson'sche Regel

Die Fläche wird mithilfe von Parabelbögen angenähert. In jedem der 2n Teilintervalle legt man einen Parabelbogen durch die drei Punkte $(x_{i-1}\,|\,f(x_{i-1}))$, $(x_i\,|\,f(x_i))$ und $(x_{i+1}\,|\,f(x_{i+1}))$ $(i = 1, 2, \ldots, 2n-1)$.

$$\int_a^b f(x)\,dx \approx \frac{h}{3}[f(x_0) + f(x_{2n}) + 2(f(x_2) + f(x_4) + \ldots + f(x_{2n-2})) + 4(f(x_1) + f(x_3) + \ldots + f(x_{2n-1}))]$$

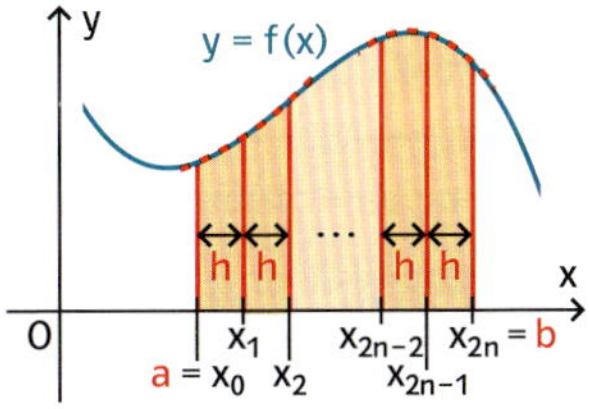

Näherungsweise Berechnung von Integralen (numerische Integration)

Simpson'sche Regel → S. 77

Kepler'sche Fassregel

Die Kepler'sche Fassregel ist ein Spezialfall der Simpson'schen Regel für $n = 1$.

$$\int_a^b f(x)\,dx \approx \frac{b-a}{6}\left[f(a) + 4f\left(\frac{a+b}{2}\right) + f(b)\right]$$

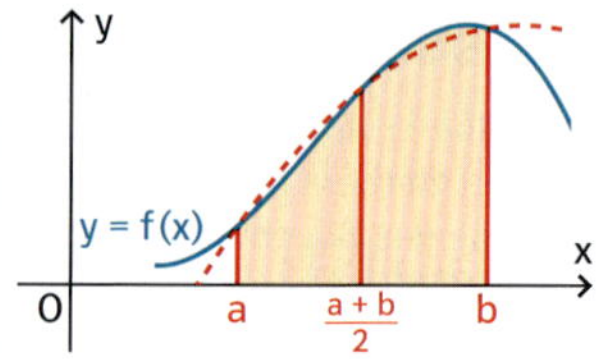

Uneigentliche Integrale

Uneigentliche Integrale sind eine Erweiterung des Integralbegriffs auf Integrale mit einem Integrationsintervall, das nicht beschränkt ist, und auf Integrale, bei denen der Integrand am Rand der Defintionsmenge unbeschränkt ist.

Unbeschränktes Integrationsintervall

Die Funktion f sei in einem Intervall $[a; \infty)$ stetig und es existiere der Grenzwert $\lim\limits_{b \to \infty} \int_a^b f(x)\,dx$. Dann heißt dieser Grenzwert **uneigentliches Integral** von f über $[a; \infty)$.

Man schreibt $\lim\limits_{b \to \infty} \int_a^b f(x)\,dx = \int_a^\infty f(x)\,dx$.

Entsprechendes gilt für $(\infty; a]$.

Ist das Integrationsintervall an beiden Seiten unbeschränkt, gilt

$$\int_{-\infty}^{\infty} f(x)\,dx = \int_{-\infty}^{c} f(x)\,dx + \int_{c}^{\infty} f(x)\,dx = \lim_{u \to -\infty} \int_u^c f(x)\,dx + \lim_{v \to \infty} \int_c^v f(x)\,dx$$

unabhängig von der Wahl von c. Dabei müssen auf der rechten Seite beide Grenzwerte unabhängig voneinander existieren.

Unbeschränkter Integrand

Die Funktion f sei in einem Intervall $(a; b]$ stetig, es sei $\lim\limits_{x \to a+0} f(x) = \infty$ und es existiere der Grenzwert $\lim\limits_{z \to a+0} \int_z^b f(x)\,dx$. Dann heißt dieser Grenzwert **uneigentliches Integral** von f über $(a; b]$.

Man schreibt $\lim\limits_{z \to a+0} \int_z^b f(x)\,dx = \int_a^b f(x)\,dx$.

Entsprechendes gilt für $[a; b)$.

Ist der Integrand an beiden Rändern der Definitionsmenge unbeschränkt, gilt

$$\int_a^b f(x)\,dx = \int_a^c f(x)\,dx + \int_c^b f(x)\,dx = \lim_{u \to a+0} \int_u^c f(x)\,dx + \lim_{v \to b-0} \int_c^v f(x)\,dx$$

unabhängig von der Wahl von c. Dabei müssen auf der rechten Seite beide Grenzwerte unabhängig voneinander existieren.

(Gewöhnliche) Differenzialgleichungen

Gleichungen für eine gesuchte Funktion f mit einer Variablen, in denen neben der Funktion f und der Variablen mindestens eine Ableitung der Funktion nach dieser Variablen vorkommt, heißen **(gewöhnliche) Differenzialgleichungen**.

Ordnung einer Differenzialgleichung

Ordnung einer Ableitung → S. 66

Die Ordnung einer Differenzialgleichung ist gleich der Ordnung der höchsten darin auftretenden Ableitung.

Lösung einer Differenzialgleichung

Eine Funktion, die mit ihren Ableitungen eine Differenzialgleichung erfüllt, heißt Lösung dieser Differenzialgleichung.
Die **allgemeine Lösung einer Differenzialgleichung** n-ter Ordnung enthält n beliebige Konstanten. Wird den Konstanten ein fester Wert zugewiesen, erhält man eine **partikuläre Lösung der Differenzialgleichung.**

Anfangswertproblem

Bei einem Anfangswertproblem werden für die Lösung f(x) einer Differenzialgleichung n-ter Ordnung für eine Stelle x_0 die n Werte $f(x_0), f'(x_0), \ldots, f^{(n-1)}(x_0)$ **(Anfangswerte)** vorgegeben. Dies führt zu n Gleichungen für die n Konstanten der allgemeinen Lösung.

Wachstumsprozesse und Differenzialgleichungen

N bezeichnet den Bestand, t die Zeit.

Lineares Wachstum

Differenzialgleichung: $f'(t) = k$ mit $k \in \mathbb{R}\setminus\{\{0\}$
Allgemeine Lösung: $f(t) = kt + c$ mit $c \in \mathbb{R}\setminus\{0\}$
Dabei ist c der Anfangsbestand f(0) zur Zeit $t = 0$.
$k > 0$: lineares Wachstum
$k < 0$: linearer Zerfall

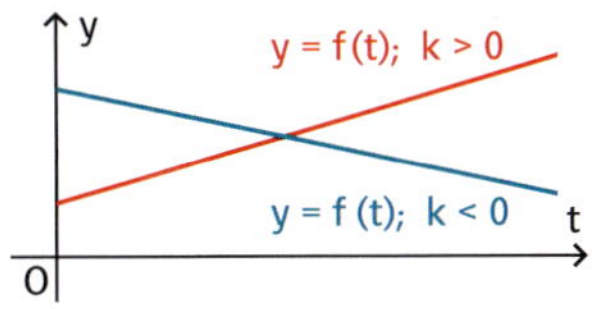

Exponentielles Wachstum

Differenzialgleichung: $f'(t) = k\,f(t)$ mit $k \in \mathbb{R}\setminus\{0\}$
Allgemeine Lösung: $f(t) = c\,e^{kt}$ mit $c \in \mathbb{R}\setminus\{0\}$
Dabei ist c der Anfangsbestand f(0) zur Zeit $t = 0$.
$k > 0$: exponentielles Wachstum
(k: **Wachstumskonstante**)
$k < 0$: exponentieller Zerfall (k: **Zerfallskonstante**)

Verdoppelungszeit: $T_V = \frac{\ln(2)}{k}$

Halbwertszeit: $T_H = -\frac{\ln(2)}{k}$

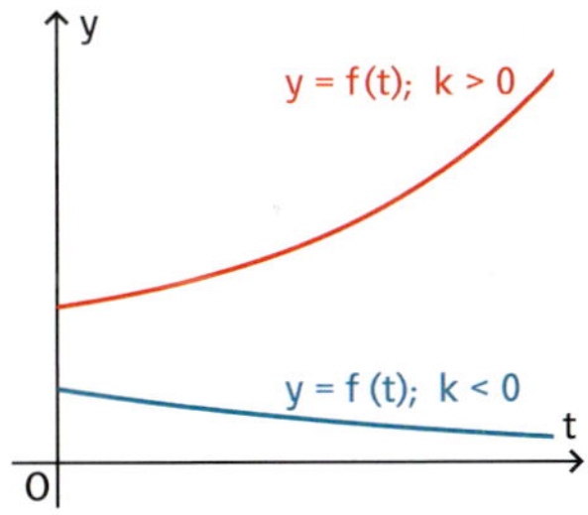

Beschränktes Wachstum

Differenzialgleichung: $f'(t) = k(S - f(t))$
mit $k \in \mathbb{R}$, $k > 0$ und $S \in \mathbb{R}$
Allgemeine Lösung: $f(t) = S - c\,e^{-kt}$
mit $c \in \mathbb{R}\setminus\{0\}$
Dabei ist S der Grenzwert, dem sich der Bestand für $t \to \infty$ nähert; c ergibt sich aus $c = S - f(0)$.
$c > 0$: beschränktes Wachstum
$c < 0$: beschränktes Fallen

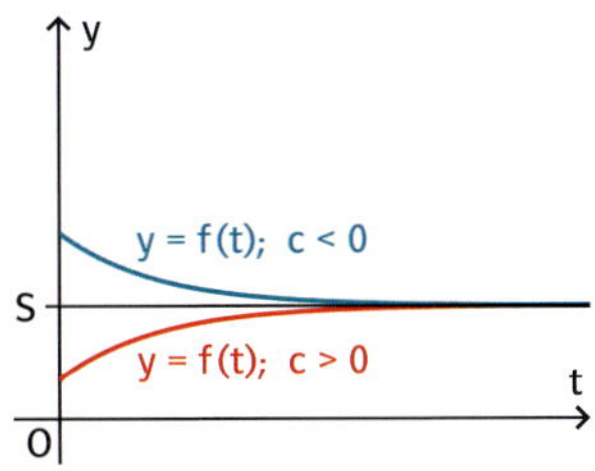

Logistisches Wachstum

Differenzialgleichung: $f'(t) = k\,f(t)(S - f(t))$
mit $k, S \in \mathbb{R}$ und $k, S > 0$
Allgemeine Lösung: $f(t) = \frac{cS}{c + (S - c)e^{-Skt}}$

Dabei ist S der Grenzwert, dem sich der Bestand für $t \to \infty$ nähert, und c der Anfangsbestand f(0) zur Zeit $t = 0$ mit $0 < c < S$.

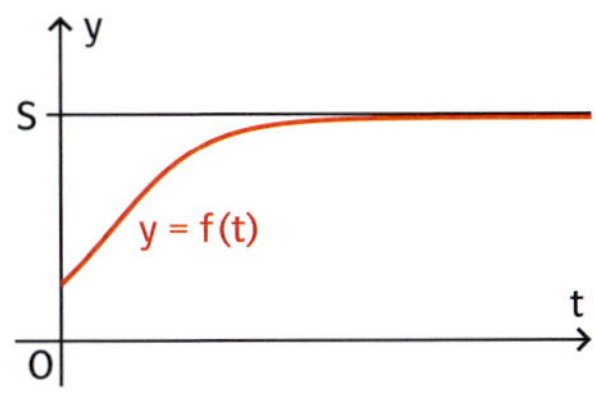

Ebene Koordinatengeometrie

Koordinatensysteme

Kartesisches Koordinatensystem

x: x-Achse (Abszissenachse)
y: y-Achse (Ordinatenachse)
O: Koordinatenursprung
x_P, y_P: Koordinaten des Punktes P
x_P: x-Koordinate des Punktes P (Abszisse)
y_P: y-Koordinate des Punktes P (Ordinate)

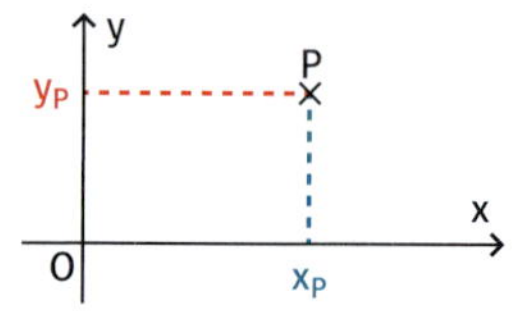

Polarkoordinatensystem

x: Polarachse
O: Anfangspunkt (Pol)
r_P, φ_P: Polarkoordinaten des Punktes P
$r_P = \overline{OP}$: Radius
φ_P: Polarwinkel

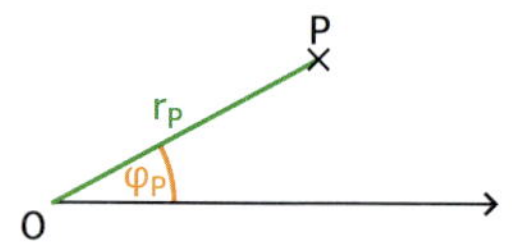

Transformationen des Koordinatensystems

Umrechnung von kartesischen Koordinaten in Polarkoordinaten und umgekehrt

Der Koordinatenursprung und der Pol fallen zusammen, ebenso die Abszissenachse und die Polarachse. Der Winkel φ ist nur bis auf Vielfache von 2π eindeutig. Daher wird das Intervall $(-\pi; \pi]$ betrachtet. Ferner setzt man $\varphi = 0$ für $r = 0$.

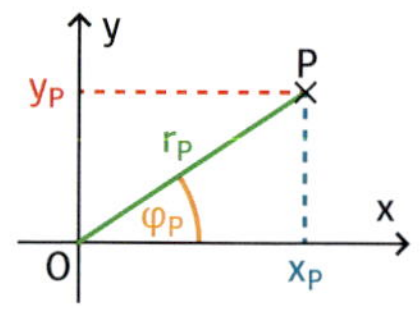

$$r = \sqrt{x^2 + y^2}$$

$$\varphi = \begin{cases} \arctan\left(\frac{y}{x}\right) & \text{für } x > 0 \\ \arctan\left(\frac{y}{x}\right) + \pi & \text{für } x < 0 \text{ und } y \geq 0 \\ \arctan\left(\frac{y}{x}\right) - \pi & \text{für } x < 0 \text{ und } y < 0 \\ \frac{\pi}{2} & \text{für } x = 0 \text{ und } y > 0 \\ -\frac{\pi}{2} & \text{für } x = 0 \text{ und } y < 0 \end{cases}$$

$$x = r\cos(\varphi)$$

$$y = r\sin(\varphi)$$

Parallelverschiebung (Translation) eines kartesischen Koordinatensystems

Im ursprünglichen kartesischen Koordinatensystem sind x und y die Koordinatenachsen, im dazu parallel verschobenen kartesischen Koordinatensystem sind x′ und y′ die Koordinatenachsen.

$x = x' + a$ $\quad$ $x' = x - a$
$y = y' + b$ $\quad$ $y' = y - b$

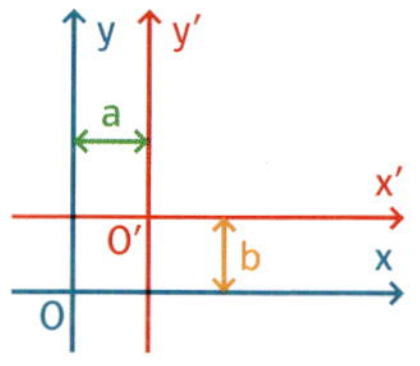

Ebene Koordinatengeometrie

Transformationen des Koordinatensystems

Drehung (Rotation) eines kartesischen Koordinatensystems um den Ursprung

Im ursprünglichen kartesischen Koordinatensystem sind x und y die Koordinatenachsen, im um den Winkel φ gedrehten kartesischen Koordinatensystem sind x′ und y′ die Koordinatenachsen. Der Koordinatenursprung bleibt erhalten $(O = O')$.

$x = x'\cos(\varphi) - y'\sin(\varphi)$ $x' = x\cos(\varphi) + y\sin(\varphi)$

$y = x'\sin(\varphi) + y'\cos(\varphi)$ $y' = -x\sin(\varphi) + y\cos(\varphi)$

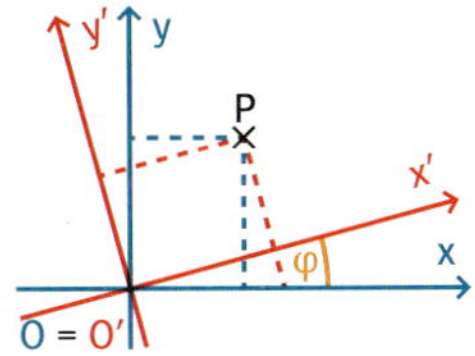

Grundgebilde

Strecken

Betrachtet wird eine Strecke $\overline{P_1P_2}$ mit $P_1(x_1 | y_1)$ und $P_2(x_2 | y_2)$.

Länge einer Strecke

In kartesischen Koordinaten: $|\overline{P_1P_2}| = \sqrt{(x_2 - x_1)^2 + (y_2 - y_1)^2}$

In Polarkoordinaten: $|\overline{P_1P_2}| = \sqrt{r_1^2 + r_2^2 - 2r_1r_2\cos(\varphi_2 - \varphi_1)}$

Kartesische Koordinaten und Polarkoordinaten → S. 80

Steigung einer Strecke

Steigung m: $m = \frac{y_2 - y_1}{x_2 - x_1}$ $(x_1 \neq x_2)$

Teilung einer Strecke

Teilpunkt T der Strecke $\overline{P_1P_2}$ mit $\overrightarrow{AT} = \lambda \cdot \overrightarrow{TB}$

$T\left(\frac{x_1 + \lambda x_2}{1 + \lambda} \middle| \frac{y_1 + \lambda y_2}{1 + \lambda}\right)$ $(\lambda \in \mathbb{R};\ \lambda \neq -1)$

Teilverhältnis → S. 50
Vektoren → S. 86

Mittelpunkt einer Strecke

Mittelpunkt der Strecke $\overline{P_1P_2}$: $M\left(\frac{x_1 + x_2}{2} \middle| \frac{y_1 + y_2}{2}\right)$

(Spezialfall der Teilung einer Strecke mit $\lambda = 1$)

Geraden

Zwei-Punkte-Form

$y - y_1 = \frac{y_2 - y_1}{x_2 - x_1}(x - x_1)$

Punkt-Steigungs-Form

$y - y_1 = m(x - x_1)$

Steigungswinkel: α; $\tan(\alpha) = m$ $(\alpha \neq 90°)$

Hauptform

$y = mx + b$ $(m, b \in \mathbb{R};\ m \neq 0)$

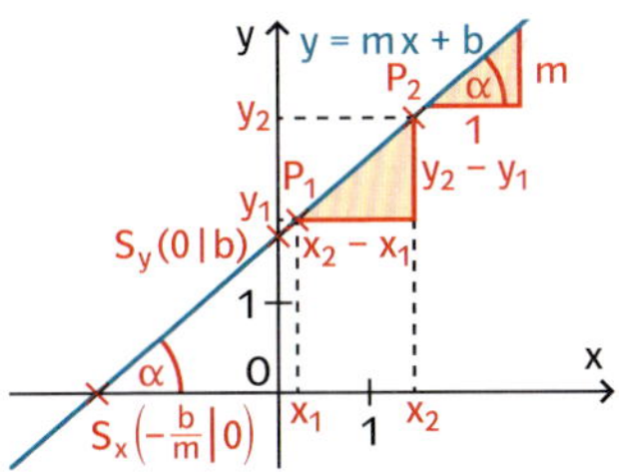

Achsenabschnitts-Form

Gerade schneidet die x-Achse in $S_x(a | 0)$ und die y-Achse in $S_y(0 | b)$: $\frac{x}{a} + \frac{y}{b} = 1$

$(a \neq 0$ und $b \neq 0)$

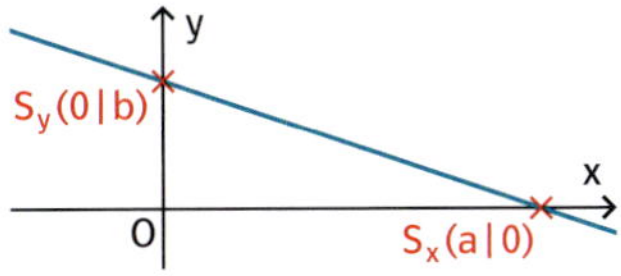

Allgemeine Form

$Ax + By + C = 0$ $(A, B, C \in \mathbb{R};\ A^2 + B^2 \neq 0)$

$A = 0$ und $B \neq 0$: konstante Funktion; Parallele zur x-Achse

$A \neq 0$ und $B = 0$: Parallele zur y-Achse

$A \neq 0$ und $B \neq 0$: lineare Funktion

Konstante Funktion → S. 27
Lineare Funktion → S. 27

Ebene Koordinatengeometrie

Geraden

Hesse'sche Normalenform

p: Abstand der Geraden g vom Koordinatenursprung
φ: Winkel zwischen der x-Achse und der Normalen vom Koordinatenursprung auf g

Hesse'sche Normalenform der Geraden g:

$x\cos(\varphi) + y\sin(\varphi) - p = 0$ bzw.

$\frac{Ax + By + C}{\sqrt{A^2 + B^2}} = 0$ für $C < 0$ $\qquad$ $\frac{Ax + By + C}{-\sqrt{A^2 + B^2}} = 0$ für $C > 0$

$(A, B, C \in \mathbb{R};\ A^2 + B^2 \neq 0)$

Abstand des Punktes $P_1(x_1 | y_1)$ von der Geraden g:

$d(P_1; g) = |x_1\cos(\varphi) + y_1\sin(\varphi) - p| = \frac{|Ax_1 + By_1 + C|}{\sqrt{A^2 + B^2}}$

Schnittpunkt und Schnittwinkel zweier Geraden, Lagebeziehungen zweier Geraden

g_1: $y = m_1x + n_1$ bzw. g_1: $A_1x + B_1y + C_1 = 0$
g_2: $y = m_2x + n_2$ bzw. g_2: $A_2x + B_2y + C_2 = 0$

Schnittpunkt: $S\left(\frac{n_1 - n_2}{m_2 - m_1} \middle| \frac{m_2n_1 - m_1n_2}{m_2 - m_1}\right)$

Schnittwinkel: $\tan(\varphi) = \frac{m_2 - m_1}{1 + m_1m_2}$ bzw.

$\tan(\varphi) = \frac{A_1B_2 - A_2B_1}{A_1A_2 + B_1B_2}$ $(\varphi \neq 90°)$

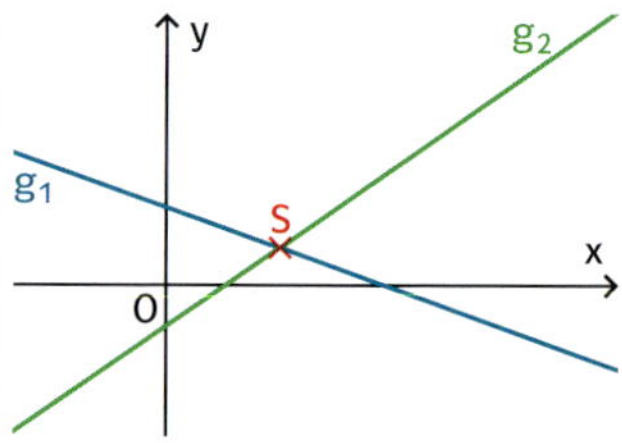

$g_1 \perp g_2$: $m_1 = -\frac{1}{m_2}$ $(m_2 \neq 0)$ bzw. $A_1A_2 + B_1B_2 = 0$

$g_1 \parallel g_2$: $m_1 = m_2$ bzw. $\frac{A_1}{A_2} = \frac{B_1}{B_2}$

Dreiecke

Betrachtet wird ein Dreieck $P_1P_2P_3$ mit $P_1(x_1 | y_1)$, $P_2(x_2 | y_2)$ und $P_3(x_3 | y_3)$.

Flächeninhalt

Berechnung dreireihiger Determinanten → S. 106

$$A = \left| \frac{1}{2} \begin{vmatrix} x_1 & y_1 & 1 \\ x_2 & y_2 & 1 \\ x_3 & y_3 & 1 \end{vmatrix} \right| = \left| \frac{1}{2}[x_1(y_2 - y_3) + x_2(y_3 - y_1) + x_3(y_1 - y_2)] \right|$$

$$= \left| \frac{1}{2}[(x_1 - x_2)(y_1 + y_2) + (x_2 - x_3)(y_2 + y_3) + (x_3 - x_1)(y_3 + y_1)] \right|$$

Spezialfall $P_3 = O$: $A = \left|\frac{1}{2}(x_1y_2 - x_2y_1)\right|$

Schwerpunkt

$S\left(\frac{x_1 + x_2 + x_3}{3} \middle| \frac{y_1 + y_2 + y_3}{3}\right)$

Konvexes Vieleck

Bei einem konvexen Vieleck sind alle Innenwinkel kleiner als 180°.
Betrachtet wird ein konvexes Viereck $P_1P_2 \ldots P_n$ mit $P_1(x_1 | y_1)$, $P_2(x_2 | y_2)$, …, $P_n(x_n | y_n)$.

Flächeninhalt: $A = \left| \frac{1}{2}[(x_1 - x_2)(y_1 + y_2) + (x_2 - x_3)(y_2 + y_3) + \ldots + (x_n - x_1)(y_n + y_1)] \right|$

Ebene Koordinatengeometrie

Kreise

Kreisgleichung:
Für Kreis mit Mittelpunkt $M(a \mid b)$ und Radius r:
$(x - a)^2 + (y - b)^2 = r^2$
Für Kreis mit Mittelpunkt $M = 0$ und Radius r:
$x^2 + y^2 = r^2$

Tangente in einem Kreispunkt $P_1(x_1 \mid y_1)$:
Für Kreis mit Mittelpunkt $M(a \mid b)$ und Radius r:
$(x - a)(x_1 - a) + (y - b)(y_1 - b) = r^2$
Für Kreis mit Mittelpunkt $M = 0$ und Radius r:
$x x_1 + y y_1 = r^2$

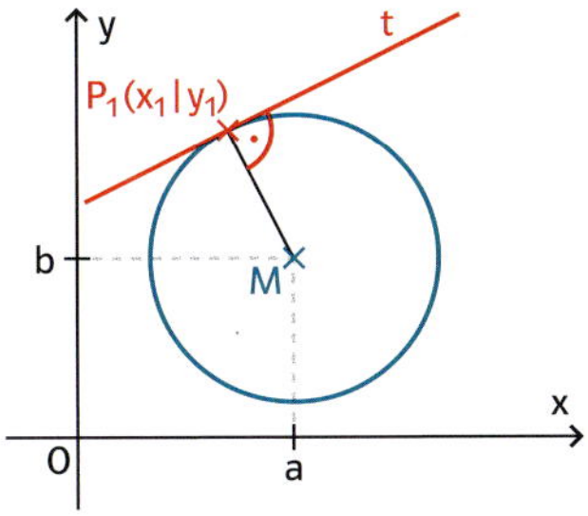

Grundgebilde
Kugelgleichung
→ S. 92

Kegelschnitte

Schneidet man einen geraden Doppelkreiskegel mit einer Ebene, dann heißt die Kurve auf der Oberfläche des Doppelkegels, die die Schnittfläche begrenzt, **Kegelschnitt**.
Der Winkel φ ist der halbe Öffnungswinkel des Doppelkegels, der Winkel α der Schnittwinkel zwischen der Ebene und der Achse des Doppelkegels.

Kegelschnitte
Gerader Kreiskegel
→ S. 52

$\alpha > \varphi$: **Ellipse**
Sonderfall $\alpha = 90°$: **Kreis**

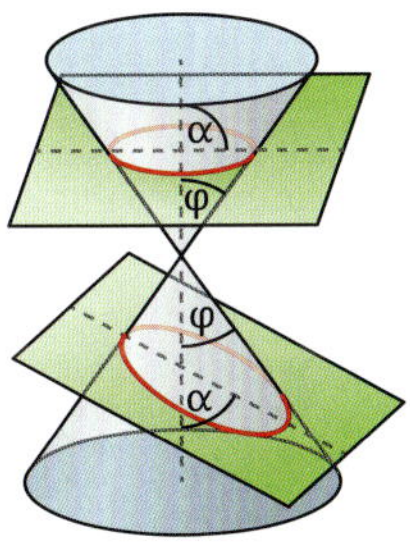

$\alpha < \varphi$: **Hyperbel**

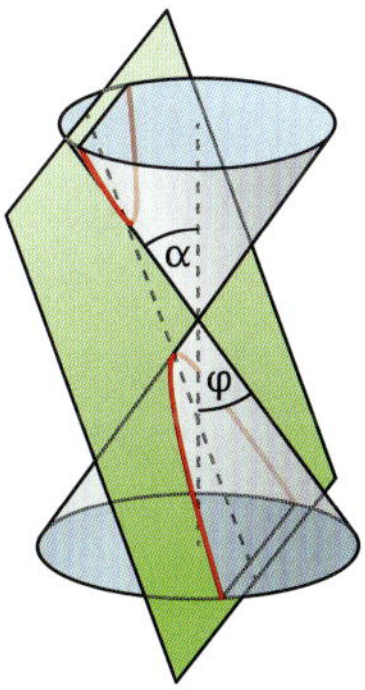

$\alpha = \varphi$: **Parabel**

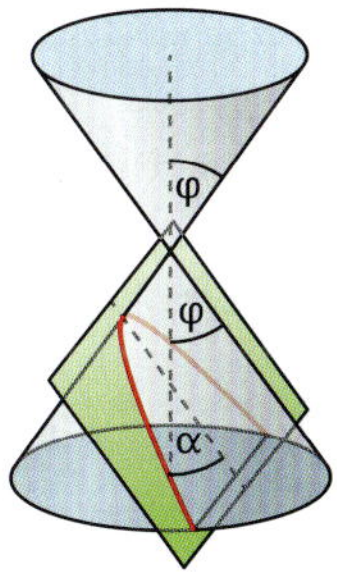

Mittelpunktslage bzw. Scheitelpunktslage

Ellipse

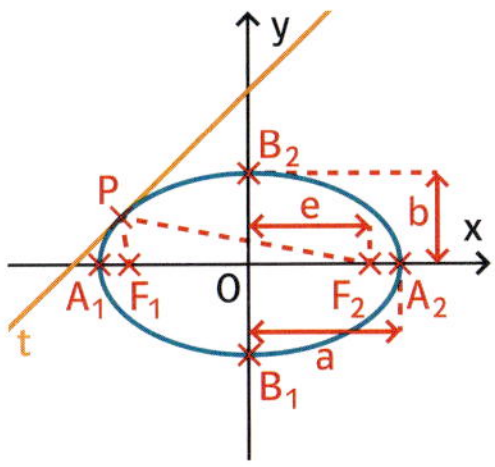

F_1, F_2: Brennpunkte
A_1, A_2: Hauptscheitel
B_1, B_2: Nebenscheitel

Hyperbel

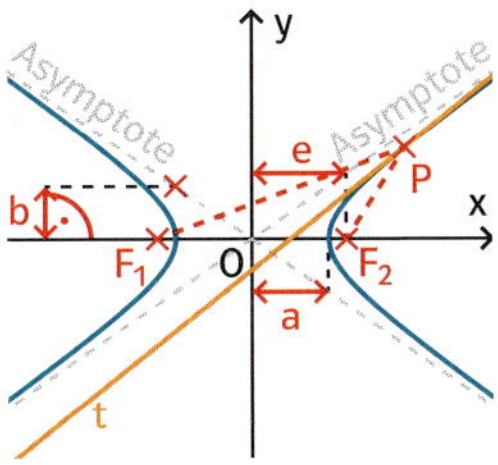

F_1, F_2: Brennpunkte

Parabel

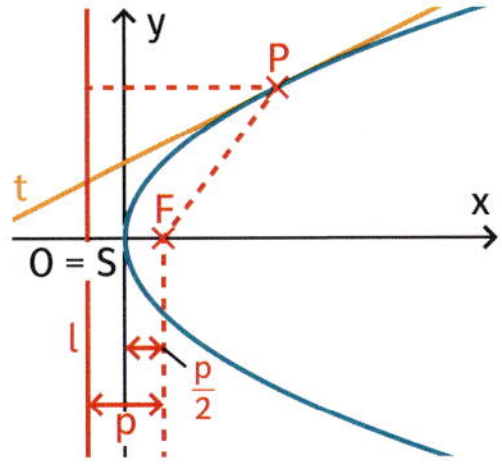

F: Brennpunkt
l: Leitgerade

Ebene Koordinatengeometrie

Kegelschnitte

Achsenparallele Lage

Ellipse

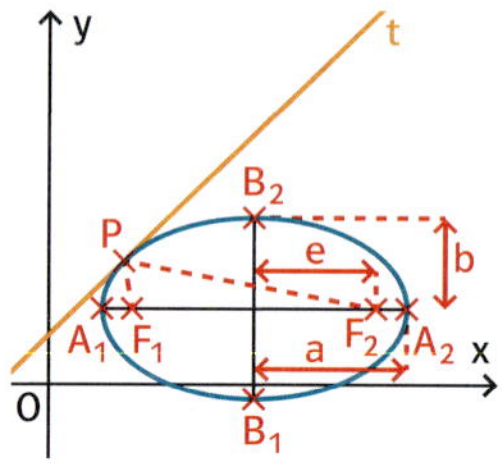

Hyperbel

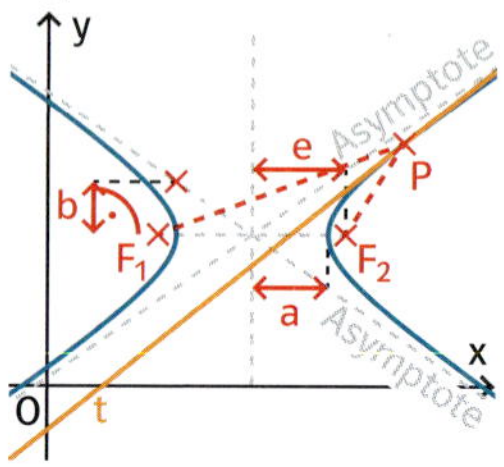

Parabel

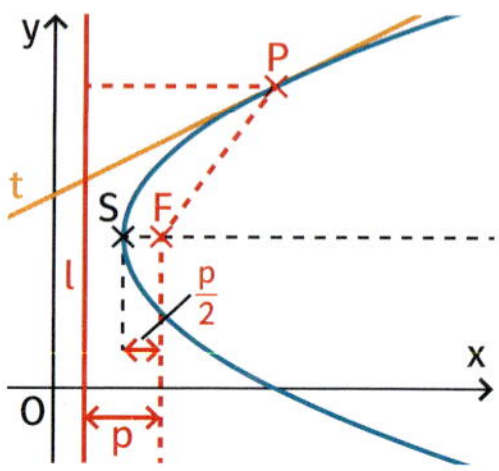

Eigenschaften von Ellipse, Hyperbel und Parabel im Überblick

Begriff	Ellipse Brennpunkte: F_1, F_2 Hauptachse: 2 a Nebenachse: 2 b	Hyperbel Brennpunkte: F_1, F_2 Hauptachse: 2 a Nebenachse: 2 b	Parabel Brennpunkt: F Scheitelpunkt: S Leitgerade: l Parameter: 2 p
Gleichung bei Mittelpunktslage bzw. Scheitelpunktslage	$\frac{x^2}{a^2} + \frac{y^2}{b^2} = 1$ mit $M(0\,\vert\,0)$	$\frac{x^2}{a^2} - \frac{y^2}{b^2} = 1$ mit $M(0\,\vert\,0)$	$y^2 = 2px$ mit $S(0\,\vert\,0)$
Gleichung bei achsenparalleler Lage	$\frac{(x-x_0)^2}{a^2} + \frac{(y-y_0)^2}{b^2} = 1$ mit $M(x_0\,\vert\,y_0)$	$\frac{(x-x_0)^2}{a^2} - \frac{(y-y_0)^2}{b^2} = 1$ mit $M(x_0\,\vert\,y_0)$	$(y-y_0)^2 = 2p(x-x_0)$ mit $S(x_0\,\vert\,y_0)$
Tangente im Punkt $P_1(x_1\,\vert\,y_1)$	Für $M(0\,\vert\,0)$: $\frac{xx_1}{a^2} + \frac{yy_1}{b^2} = 1$ Für $M(x_0\,\vert\,y_0)$: $\frac{(x-x_0)(x_1-x_0)}{a^2}$ $+ \frac{(y-y_0)(y_1-y_0)}{b^2} = 1$	Für $M(0\,\vert\,0)$: $\frac{xx_1}{a^2} - \frac{yy_1}{b^2} = 1$ Für $M(x_0\,\vert\,y_0)$: $\frac{(x-x_0)(x_1-x_0)}{a^2}$ $- \frac{(y-y_0)(y_1-y_0)}{b^2} = 1$	Für $S(0\,\vert\,0)$: $yy_1 = p(x + x_1)$ Für $S(x_0\,\vert\,y_0)$: $(y-y_0)(y_1-y_0)$ $= p\left[(x-x_0)+(x_1-x_0)\right]$
Asymptoten ($M(0\,\vert\,0)$)	–	$y = \pm\frac{b}{a}x$	–
Lineare Exzentrizität e und numerische Exzentrizität ε	$e = \sqrt{a^2 - b^2} < a$ $\varepsilon = \frac{e}{a} = \sqrt{1 - \frac{b^2}{a^2}} < 1$	$e = \sqrt{a^2 + b^2} > a$ $\varepsilon = \frac{e}{a} = \sqrt{1 + \frac{b^2}{a^2}} > 1$	– $\varepsilon = 1$
Brennpunkt(e) ($M(0\,\vert\,0)$ bzw. $S(0\,\vert\,0)$)	$F_1(-e\,\vert\,0)$, $F_2(e\,\vert\,0)$	$F_1(-e\,\vert\,0)$, $F_2(e\,\vert\,0)$	$F\left(\frac{p}{2}\,\middle\vert\,0\right)$
Leitgerade ($M(0\,\vert\,0)$ bzw. $S(0\,\vert\,0)$)	$x = \pm\frac{a^2}{e}$ $\left(\frac{a^2}{e} > a\right)$	$x = \pm\frac{a^2}{e}$ $\left(\frac{a^2}{e} > a\right)$	$x = -\frac{p}{2}$
Flächeninhalt	$A = \pi ab$	–	–

Ebene Koordinatengeometrie

Kegelschnitte

Ellipse, Hyperbel und Parabel als Ortslinien

Eine Ellipse ist der geometrische Ort aller Punkte P, für die die Summe der Abstände von zwei festen, gegebenen Punkten F_1 und F_2, den Brennpunkten, konstant ist.

Für eine Ellipse in Mittelpunktslage gilt:
$|\overline{PF_1}| + |\overline{PF_1}| = 2a$.

Eine Hyperbel ist der geometrische Ort aller Punkte P, für die der Betrag der Differenz der Abstände von zwei festen, gegebenen Punkten F_1 und F_2, den Brennpunkten, konstant ist.

Für eine Hyperbel in Mittelpunktslage gilt:
$|\overline{PF_1}| - |\overline{PF_1}| = 2a$.

Eine Parabel ist der geometrische Ort aller Punkte P, deren Abstand zu einem festen, gegebenen Punkt F, dem Brennpunkt, gleich dem Abstand zu einer festen, gegebenen Geraden, der Leitgeraden, ist.

Für eine Parabel in Scheitelpunktslage gilt:
$|\overline{PF}| = d(P; l)$.

Ellipse und Hyperbel in Mittelpunktslage sowie Parabel in Scheitelpunktslage → S. 83

Scheitelgleichung von Kegelschnitten

Einer der Scheitelpunkte bei Ellipsen und Hyperbeln wird in den Ursprung gelegt. Der Scheitelpunkt der Parabeln liegt ebenfalls im Ursprung.

Die Gleichung $y^2 = 2px - (1 - \varepsilon^2)x^2$ mit $p > 0,\ \varepsilon \geq 0$ heißt **Scheitelgleichung** eines Kegelschnittes und beschreibt für $0 < \varepsilon < 1$ eine Ellipse ($\varepsilon = 0$: Kreis), für $\varepsilon = 1$ eine Parabel und für $\varepsilon > 1$ eine Hyperbel.

Numerische Exzentrizität ε → S. 84

Leitgeraden-Defintion von Kegelschnitten

Gegeben sind eine Gerade l und ein Punkt F. Der geometrische Ort aller Punkte P, für die das Verhältnis $\frac{|\overline{PF}|}{d(P;\, l)}$ des Abstandes vom Punkt F zum Abstand von der Geraden l den festen Wert ε hat, ist für $0 < \varepsilon < 1$ eine Ellipse ($\varepsilon = 0$: Kreis), für $\varepsilon = 1$ eine Parabel und für $\varepsilon > 1$ eine Hyperbel.

Leitkreis-Definition von Kegelschnitten

Der geometrische Ort aller Punkte, die von einem Kreis und einem Punkt innerhalb des Kreises den gleichen Abstand haben, ist eine Ellipse.

Der geometrische Ort aller Punkte, die von einem Kreis und einem Punkt außerhalb des Kreises den gleichen Abstand haben, ist eine Hyperbel.

Entartet der Kreis zu einer Geraden, so ergibt sich beide Male eine Parabel.

Allgemeine Kegelschnittgleichung

$Ax^2 + 2Bxy + Cy^2 + 2Dx + 2Ey + F = 0$
Geht die Ebene, die den Doppelkreiskegel schneidet, durch dessen Spitze, entstehen zerfallende Kegelschnitte. Für $\Delta = ACF - B^2F + 2BDF - AE^2 - CD^2 \neq 0$ ergeben sich nicht zerfallende Kegelschnitte. Für diese gilt mit $\delta = AC - B^2$ und $S = A + C$:
$\delta > 0$ und $\Delta \cdot S < 0$: Ellipse,
$\delta > 0,\ \Delta \cdot S < 0,\ A = C$ und $B = 0$: Kreis,
$\delta < 0$: Hyperbel,
$\delta = 0$: Parabel.

M

Mathematik

Analytische Geometrie des Raumes

Vektoren

Lineare Algebra im n-dimensionalen Raum → S. 99

Grundbegriffe

Die Menge (Äquivalenzklasse) aller zueinander parallelen Pfeile, die gleich lang und gleich gerichtet sind, heißt **Vektor**. Jeder Pfeil dieser Menge ist ein Repräsentant des Vektors.
Ein Vektor kann durch einen Verschiebungspfeil dargestellt werden.

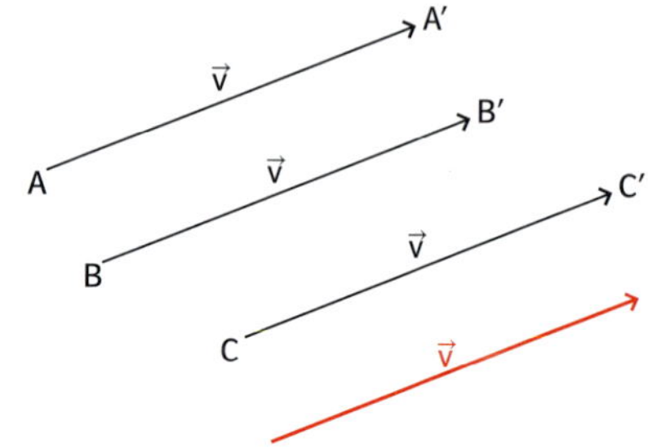

$\vec{v} = \overrightarrow{AA'} = \overrightarrow{BB'} = \overrightarrow{CC'}$

Betrag

Der **Betrag eines Vektors** ist die Länge eines Repräsentanten des Vektors und gleich dem Abstand von Punkt und Bildpunkt: $|\vec{v}| = |\overrightarrow{AA'}|$.

Orientierung von Vektoren

Zwei Vektoren $\vec{a}$ und $\vec{b}$ heißen **gleichgerichtet**, wenn die zugehörigen Pfeile zueinander parallel sind und in dieselbe Richtung zeigen.
Zwei Vektoren $\vec{c}$ und $\vec{d}$ heißen **entgegengerichtet**, wenn die zugehörigen Pfeile zueinander parallel sind, aber in die entgegengesetzte Richtung zeigen.

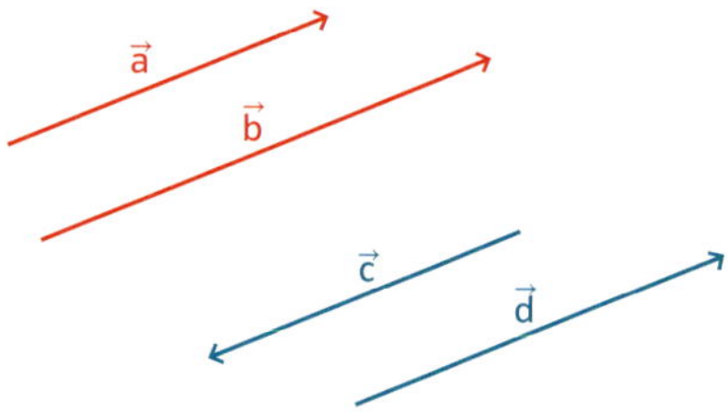

Gleichheit von Vektoren

Zwei Vektoren $\vec{a}$ und $\vec{b}$ sind genau dann **gleich**, wenn sie den gleichen Betrag haben und gleichgerichtet sind.

Nullvektor

Der Nullvektor $\vec{o}$ hat den Betrag 0 und keine bestimmte Richtung.
Es gilt $\vec{a} + \vec{o} = \vec{a}$, $\vec{a} + (-\vec{a}) = \vec{o}$ und $|\vec{o}| = 0$.

Addition und Subtraktion von Vektoren → S. 88

Einheitsvektoren

Ein **Einheitsvektor** $\overrightarrow{a_0}$ hat die Länge 1.
Der Einheitsvektor $\overrightarrow{v_0}$ zu einem Vektor $\vec{v} \neq \vec{o}$ hat die Länge 1 und zeigt in dieselbe Richtung wie $\vec{v}$. Es gilt $\vec{v} = |\vec{v}|\overrightarrow{v_0}$.

Gegenvektor

Der Vektor $\vec{b}$ heißt **Gegenvektor** zu einem Vektor $\vec{a}$, wenn die zugehörigen Pfeile zueinander parallel und gleich lang, aber einander entgegengerichtet sind. Es gilt $\vec{a} = -\vec{b}$ und $\vec{b} = -\vec{a}$ bzw. $\overrightarrow{PQ} = -\overrightarrow{QP}$ und $\overrightarrow{QP} = -\overrightarrow{PQ}$.

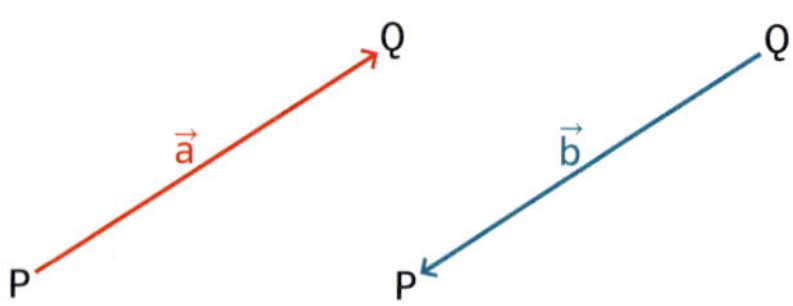

Ortsvektor

Der Vektor $\overrightarrow{OA}$, der den Ursprung O in den Punkt A verschiebt, heißt **Ortsvektor** des Punktes A.
Man schreibt $\vec{a} = \overrightarrow{OA}$.

Linearkombination

Ein Vektor $\vec{b}$ heißt **Linearkombination** der Vektoren $\overrightarrow{a_1}, \overrightarrow{a_2}, \ldots, \overrightarrow{a_n}$ $(n \in \mathbb{N}^*)$, wenn er sich in der Form $\vec{b} = r_1\overrightarrow{a_1} + r_2\overrightarrow{a_2} + \ldots + r_n\overrightarrow{a_n}$ mit $r_1, r_2, \ldots, r_n \in \mathbb{R}$ darstellen lässt.

Analytische Geometrie des Raumes

Vektoren – Grundbegriffe

Lineare Abhängigkeit und lineare Unabhängigkeit von Vektoren

Vektoren $\vec{a_1}, \vec{a_2}, \ldots, \vec{a_n}$ heißen genau dann **linear abhängig**, wenn mindestens einer dieser Vektoren als Linearkombination der anderen Vektoren darstellbar ist. Andernfalls heißen die Vektoren **linear unabhängig**.
Vektoren $\vec{a_1}, \vec{a_2}, \ldots, \vec{a_n}$ sind genau dann linear unabhängig, wenn die Gleichung $r_1\vec{a_1} + r_2\vec{a_2} + \ldots + r_n\vec{a_n} = \vec{o}$ nur die Lösung $r_1 = r_2 = \ldots = r_n = 0$ $(r_1, r_2, \ldots, r_n \in \mathbb{R})$ hat. Andernfalls sind die Vektoren linear abhängig.

Im Raum können höchstens drei Vektoren linear unabhängig sein. Jeder Vektor des Raumes lässt sich stets als Linearkombination dreier linear unabhängiger Vektoren des Raumes darstellen.

Kollineare Vektoren

Zwei Vektoren $\vec{a}$ und $\vec{b}$ (beide $\neq \vec{o}$) heißen genau dann **kollinear**, wenn $r_1\vec{a} + r_2\vec{b} = \vec{o}$ und $r_1^2 + r_2^2 \neq 0$ gelten, wenn $\vec{a}$ und $\vec{b}$ also linear abhängig sind. Die zugehörigen Pfeile können dann auf einer Geraden liegen.

Komplanare Vektoren

Drei Vektoren $\vec{a}$, $\vec{b}$ und $\vec{c}$ (alle $\neq \vec{o}$) heißen genau dann **komplanar**, wenn $r_1\vec{a} + r_2\vec{b} + r_3\vec{c} = \vec{o}$ und $r_1^2 + r_2^2 + r_3^2 \neq 0$ gelten, wenn $\vec{a}$, $\vec{b}$ und $\vec{c}$ also linear abhängig sind. Die zugehörigen Pfeile können dann in einer Ebene liegen.

Vektoren im kartesischen Koordinatensystem

Kartesisches Koordinatensystem

In einem **kartesischen (orthonormierten) Koordinatensystem** sind die drei senkrecht aufeinanderstehenden Vektoren $\vec{e_1}$, $\vec{e_2}$ und $\vec{e_3}$ Einheitsvektoren in Richtung der drei Koordinatenachsen. Die drei Vektoren $\vec{e_1}$, $\vec{e_2}$ und $\vec{e_3}$ bilden in dieser Reihenfolge ein Rechtssystem.

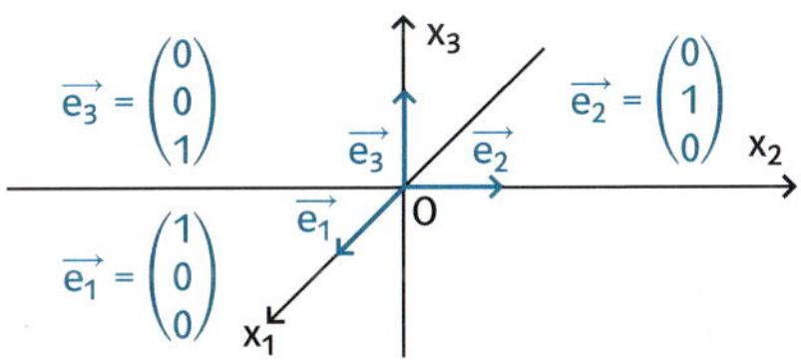

Einheitsvektor → S. 86

Statt mit x_1, x_2 und x_3 werden die Koordinatenachsen manchmal auch mit x, y und z bezeichnet.

Koordinatendarstellung

Koordinatendarstellung eines Ortsvektors $\vec{v}$ zum Punkt $V(v_1 | v_2 | v_3)$:

$$\vec{v} = \begin{pmatrix}v_1\\v_2\\v_3\end{pmatrix}$$

v_1, v_2 und v_3: **Koordinaten** des Vektors $\vec{v}$

Für $P(p_1 | p_2 | p_3)$ und $Q(q_1 | q_2 | q_3)$ gilt:

$$\overrightarrow{PQ} = \begin{pmatrix}q_1 - p_1\\q_2 - p_2\\q_3 - p_3\end{pmatrix}.$$

$q_1 - p_1$, $q_2 - p_2$ und $q_3 - p_3$: **Koordinaten** des Vektors $\overrightarrow{PQ}$

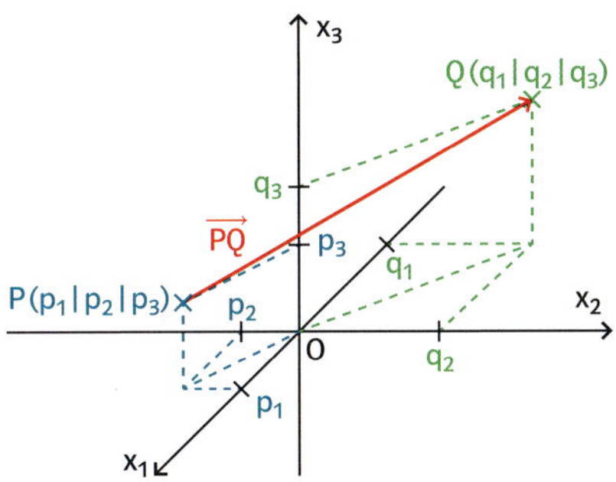

Komponentendarstellung

Komponentendarstellung eines Ortsvektors $\vec{v}$ zum Punkt $V(v_1 | v_2 | v_3)$:

$\vec{v} = v_1\vec{e_1} + v_2\vec{e_2} + v_3\vec{e_3}$ $\quad$ $v_1\vec{e_1}$, $v_2\vec{e_2}$ und $v_3\vec{e_3}$: **Komponenten** des Vektors $\vec{v}$

Für $P(p_1 | p_2 | p_3)$ und $Q(q_1 | q_2 | q_3)$ gilt $\overrightarrow{PQ} = (q_1 - p_1)\vec{e_1} + (q_2 - p_2)\vec{e_2} + (q_3 - p_3)\vec{e_3}$.

$(q_1 - p_1)\vec{e_1}$, $(q_2 - p_2)\vec{e_2}$ und $(q_3 - p_3)\vec{e_3}$: Komponenten des Vektors $\overrightarrow{PQ}$

Analytische Geometrie des Raumes

Vektoren im kartesischen Koordinatensystem

Betrag eines Vektors → S. 89

Betrag eines Vektors bzw. Länge eines Pfeils

Betrag eines Vektors $\vec{v} = \begin{pmatrix} v_1 \\ v_2 \\ v_3 \end{pmatrix}$: $|\vec{v}| = \left|\begin{pmatrix} v_1 \\ v_2 \\ v_3 \end{pmatrix}\right| = \sqrt{\vec{v} \circ \vec{v}} = \sqrt{v_1^2 + v_2^2 + v_3^2}$

Betrag eines Vektors $\overrightarrow{PQ} = \begin{pmatrix} q_1 - p_1 \\ q_2 - p_2 \\ q_3 - p_3 \end{pmatrix}$ bzw. Länge der Strecke $\overline{PQ}$:

$$|\overrightarrow{PQ}| = \left|\begin{pmatrix} q_1 - p_1 \\ q_2 - p_2 \\ q_3 - p_3 \end{pmatrix}\right| = |\overline{PQ}| = \sqrt{(q_1 - p_1)^2 + (q_2 - p_2)^2 + (q_3 - p_3)^2}$$

Operationen mit Vektoren im kartesischen Koordinatensystem

Addition und Subtraktion von Vektoren

$$\vec{a} + \vec{b} = \begin{pmatrix} a_1 \\ a_2 \\ a_3 \end{pmatrix} + \begin{pmatrix} b_1 \\ b_2 \\ b_3 \end{pmatrix} = \begin{pmatrix} a_1 + b_1 \\ a_2 + b_2 \\ a_3 + b_3 \end{pmatrix}$$

$$\vec{a} - \vec{b} = \vec{a} + (-\vec{b}) = \begin{pmatrix} a_1 \\ a_2 \\ a_3 \end{pmatrix} - \begin{pmatrix} b_1 \\ b_2 \\ b_3 \end{pmatrix} = \begin{pmatrix} a_1 - b_1 \\ a_2 - b_2 \\ a_3 - b_3 \end{pmatrix}$$

$\vec{a} + \vec{b} = \vec{b} + \vec{a}$ **Kommutativgesetz**

$\vec{a} + \vec{b} + \vec{c} = (\vec{a} + \vec{b}) + \vec{c} = \vec{a} + (\vec{b} + \vec{c})$ **Assoziativgesetz**

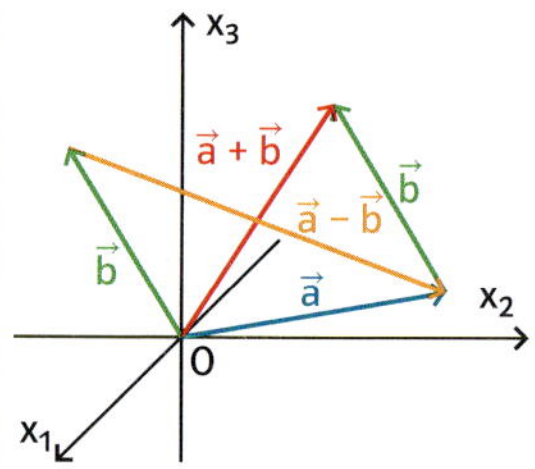

Multiplikation eines Vektors mit einer reellen Zahl (Skalarmultiplikation)

$$r \cdot \vec{a} = r \cdot \begin{pmatrix} a_1 \\ a_2 \\ a_3 \end{pmatrix} = \begin{pmatrix} r \cdot a_1 \\ r \cdot a_2 \\ r \cdot a_3 \end{pmatrix}$$

Die zu $r \cdot \vec{a}$ gehörenden Pfeile sind parallel zu den zu $\vec{a}$ gehörenden Pfeilen $(r \neq 0)$.

$r \cdot (s \cdot \vec{a}) = (r \cdot s) \cdot \vec{a}$ **Assoziativgesetz**

$r \cdot (\vec{a} + \vec{b}) = r \cdot \vec{a} + r \cdot \vec{b}$ **Distributivgesetz**

$(r + s) \cdot \vec{a} = r \cdot \vec{a} + s \cdot \vec{a}$ **Distributivgesetz**

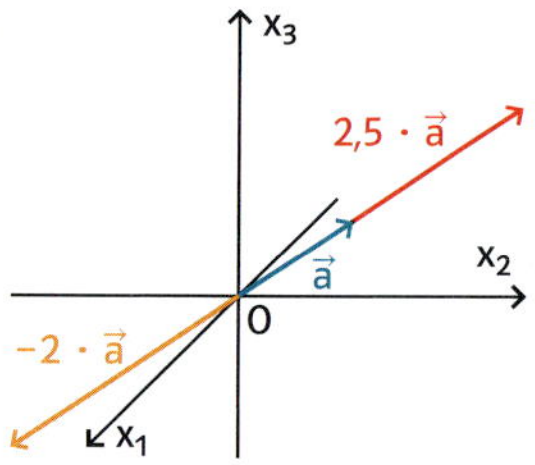

Skalarprodukt

Das **Skalarprodukt** zweier Vektoren $\vec{a}$ und $\vec{b}$ ist die reelle Zahl $\vec{a} \circ \vec{b} = |\vec{a}| \cdot |\vec{b}| \cdot \cos(\varphi)$, wobei φ der Winkel zwischen den Vektoren $\vec{a}$ und $\vec{b}$ ist $(0° \leq \varphi \leq 180°)$.

Für kartesische Koordinaten gilt
$\vec{a} \circ \vec{b} = a_1 b_1 + a_2 b_2 + a_3 b_3$.

Wenn $\vec{p}$ die senkrechte Projektion des Vektors $\vec{b}$ auf den Vektor $\vec{a}$ ist, dann gilt $\vec{a} \circ \vec{b} = |\vec{a}| \cdot |\vec{p}|$.

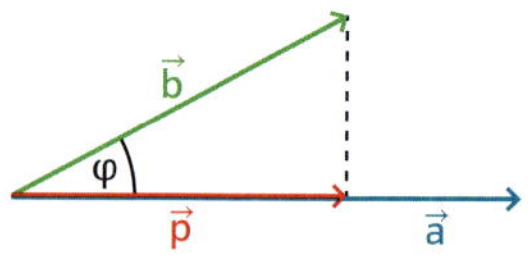

Für die Einheitsvektoren $\vec{e_1}$, $\vec{e_2}$ und $\vec{e_3}$ eines kartesischen Koordinatensystems gilt:

$\vec{e_1} \circ \vec{e_1} = 1$	$\vec{e_2} \circ \vec{e_2} = 1$	$\vec{e_3} \circ \vec{e_3} = 1$
$\vec{e_1} \circ \vec{e_2} = 0$	$\vec{e_1} \circ \vec{e_3} = 0$	$\vec{e_2} \circ \vec{e_3} = 0$

Analytische Geometrie des Raumes

Betrag eines Vektors

Aus $\vec{a} \circ \vec{a} = |\vec{a}|^2$ folgt $|\vec{a}| = \sqrt{\vec{a} \circ \vec{a}} = \sqrt{a_1^2 + a_2^2 + a_3^2}$.

Algebraische Eigenschaften des Skalarproduktes

$\vec{a} \circ \vec{b} = \vec{b} \circ \vec{a}$ **(Kommutativgesetz)**

$\vec{a} \circ (\vec{b} + \vec{c}) = \vec{a} \circ \vec{b} + \vec{a} \circ \vec{c}$ **(Distributivgesetz)**

$r \cdot (\vec{a} \circ \vec{b}) = (r \cdot \vec{a}) \circ \vec{b} = \vec{a} \circ (r \cdot \vec{b})$ (Multiplikation mit $r \in \mathbb{R}$)

$\vec{a} \circ \vec{a} = \vec{a}^2 > 0$ für alle $\vec{a} \neq \vec{o}$ und $\vec{a} \circ \vec{a} = 0$ für $\vec{a} = \vec{o}$ **(positive Definitheit)**

Es ist $\vec{a} \circ \vec{b} = 0$ genau dann, wenn $\vec{a} \perp \vec{b}$ ist. Der Nullvektor $\vec{o}$ ist zu allen Vektoren orthogonal.

Operationen mit Vektoren im kartesischen Koordinatensystem

Skalarprodukt → S. 88

Nullvektor → S. 86

Winkel zwischen zwei Vektoren

Ist φ der Winkel zwischen zwei Vektoren $\vec{a}$ und $\vec{b}$, so gilt für die Größe von φ:

$$\cos(\varphi) = \frac{\vec{a} \circ \vec{b}}{|\vec{a}| \cdot |\vec{b}|} = \frac{a_1 b_1 + a_2 b_2 + a_3 b_3}{\sqrt{a_1^2 + a_2^2 + a_3^2}\sqrt{b_1^2 + b_2^2 + b_3^2}}.$$

Vektorprodukt (Kreuzprodukt)

Das **Vektorprodukt** zweier Vektoren $\vec{a}$ und $\vec{b}$ ist der Vektor $\vec{c}$, der sowohl auf $\vec{a}$ als auch auf $\vec{b}$ senkrecht steht, und zwar so, dass $\vec{a}$, $\vec{b}$ und $\vec{c}$ in dieser Reihenfolge ein Rechtssystem bilden, und der Vektor $\vec{c}$ den Betrag $|\vec{c}| = |\vec{a}| \cdot |\vec{b}| \cdot \sin(\varphi)$ hat, wobei φ der Winkel zwischen den Vektoren $\vec{a}$ und $\vec{b}$ ist.

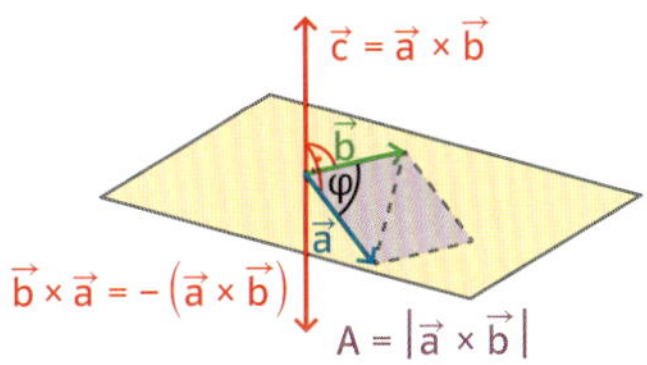

Für kartesische Koordinaten gilt

$$\vec{a} \times \vec{b} = \begin{pmatrix} a_2 b_3 - a_3 b_2 \\ a_3 b_1 - a_1 b_3 \\ a_1 b_2 - a_2 b_1 \end{pmatrix} = \begin{vmatrix} a_2 & b_2 \\ a_3 & b_3 \end{vmatrix} \vec{e_1} + \begin{vmatrix} a_3 & b_3 \\ a_1 & b_1 \end{vmatrix} \vec{e_2} + \begin{vmatrix} a_1 & b_1 \\ a_2 & b_2 \end{vmatrix} \vec{e_3}$$

$$= (a_2 b_3 - a_3 b_2)\vec{e_1} + (a_3 b_1 - a_1 b_3)\vec{e_2} + (a_1 b_2 - a_2 b_1)\vec{e_3}.$$

Berechnung zweireihiger Determinanten → S. 105

Der Flächeninhalt des von zwei Vektoren $\vec{a}$ und $\vec{b}$ aufgespannten Parallelogramms ist $|\vec{a} \times \vec{b}| = |\vec{a}| \cdot |\vec{b}| \cdot \sin(\varphi)$.

Der Flächeninhalt des von zwei Vektoren $\vec{a}$ und $\vec{b}$ aufgespannten Dreiecks ist $\frac{1}{2} \cdot |\vec{a} \times \vec{b}| = \frac{1}{2} \cdot |\vec{a}| \cdot |\vec{b}| \cdot \sin(\varphi)$.

Es ist $\vec{a} \times \vec{b} = \vec{o}$ genau dann, wenn $\vec{a}$ und $\vec{b}$ linear abhängig, also kollinear sind oder wenn $\vec{a} = \vec{o}$ oder $\vec{b} = \vec{o}$ gilt.

Lineare Abhängigkeit → S. 87
Kollineare Vektoren → S. 87

Für die Einheitsvektoren $\vec{e_1}$, $\vec{e_2}$ und $\vec{e_3}$ eines kartesischen Koordinatensystems gilt:

$\vec{e_1} \times \vec{e_1} = \vec{o}$	$\vec{e_2} \times \vec{e_2} = \vec{o}$	$\vec{e_3} \times \vec{e_3} = \vec{o}$
$\vec{e_1} \times \vec{e_2} = \vec{e_3}$	$\vec{e_2} \times \vec{e_3} = \vec{e_1}$	$\vec{e_3} \times \vec{e_1} = \vec{e_2}$
$\vec{e_2} \times \vec{e_1} = -\vec{e_3}$	$\vec{e_3} \times \vec{e_2} = -\vec{e_1}$	$\vec{e_1} \times \vec{e_3} = -\vec{e_2}$

Algebraische Eigenschaften des Vektorproduktes

$\vec{a} \times \vec{b} = -(\vec{b} \times \vec{a})$

$\vec{a} \times (\vec{b} + \vec{c}) = \vec{a} \times \vec{b} + \vec{a} \times c$ **Distributivgesetz**

$r \cdot (\vec{a} \times \vec{b}) = (r \cdot \vec{a}) \times \vec{b} = \vec{a} \times (r \cdot \vec{b})$ (Multiplikation mit $r \in \mathbb{R}$)

$(\vec{a} \times \vec{b}) \circ \vec{a} = 0$ und $(\vec{a} \times \vec{b}) \circ \vec{b} = 0$

Analytische Geometrie des Raumes

Operationen mit Vektoren im kartesischen Koordinatensystem

Komplanare Vektoren → S. 87

Doppeltes Vektorprodukt

Graßmann'scher Entwicklungssatz: $\vec{a} \times (\vec{b} \times \vec{c}) = (\vec{a} \circ \vec{c}) \cdot \vec{b} - (\vec{a} \circ \vec{b}) \cdot \vec{c}$

Der Vektor $\vec{a} \times (\vec{b} \times \vec{c})$ ist zu den Vektoren $\vec{b}$ und $\vec{c}$ komplanar.

Lagrange'sche Identität

Für das Skalarprodukt von zwei Kreuzprodukten gilt

$(\vec{a} \times \vec{b}) \circ (\vec{c} \times \vec{d}) = (\vec{a} \circ \vec{c})(\vec{b} \circ \vec{d}) - (\vec{b} \circ \vec{c})(\vec{a} \circ \vec{d})$.

Spatprodukt

Lineare Unabhängigkeit → S. 87

Vektorprodukt → S. 89

Drei linear unabhängige Vektoren $\vec{a}$, $\vec{b}$ und $\vec{c}$ spannen einen Spat auf. Als **Spatprodukt** bezeichnet man die reelle Zahl $(\vec{a} \times \vec{b}) \circ \vec{c}$.

Es gilt

$$\begin{aligned}(\vec{a} \times \vec{b}) \circ \vec{c} &= (\vec{b} \times \vec{c}) \circ \vec{a} \\ &= (\vec{c} \times \vec{a}) \circ \vec{b} = -(\vec{b} \times \vec{a}) \circ \vec{c} \\ &= -(\vec{c} \times \vec{b}) \circ \vec{a} = -(\vec{a} \times \vec{c}) \circ \vec{b}.\end{aligned}$$

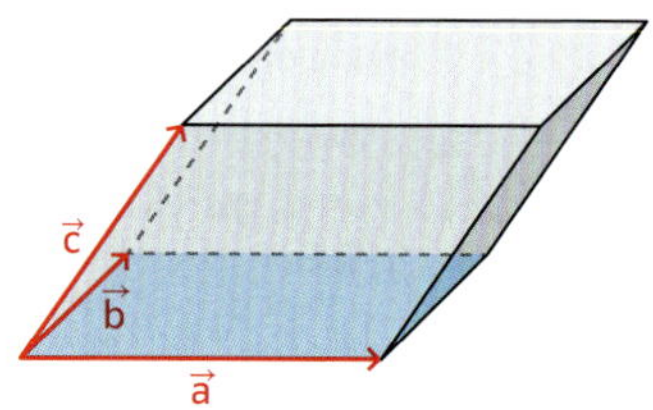

Berechnung dreireihiger Determinanten → S. 106

Für kartesische Koordinaten gilt

$$(\vec{a} \times \vec{b}) \circ \vec{c} = \begin{pmatrix} a_2b_3 - a_3b_2 \\ a_3b_1 - a_1b_3 \\ a_1b_2 - a_2b_1 \end{pmatrix} \circ \begin{pmatrix} c_1 \\ c_2 \\ c_3 \end{pmatrix} = \begin{vmatrix} a_1 & a_2 & a_3 \\ b_1 & b_2 & b_3 \\ c_1 & c_2 & c_3 \end{vmatrix} = \begin{vmatrix} a_1 & b_1 & c_1 \\ a_2 & b_2 & c_2 \\ a_3 & b_3 & c_3 \end{vmatrix}$$

$$= (a_2b_3 - a_3b_2)c_1 + (a_3b_1 - a_1b_3)c_2 + (a_1b_2 - a_2b_1)c_3$$

$$= a_1b_2c_3 + a_2b_3c_1 + a_3b_1c_2 - a_3b_2c_1 - a_1b_3c_2 - a_2b_1c_3.$$

Das Volumen des von den Vektoren $\vec{a}$, $\vec{b}$ und $\vec{c}$ aufgespannten Spats ist

$V = |(\vec{a} \times \vec{b}) \circ \vec{c}|$.

Teilung und Mittelpunkt einer Strecke

Teilverhältnis → S. 50

Teilung einer Strecke

Der Teilpunkt T einer Strecke $\overline{PQ}$ mit $P(p_1|p_2|p_3)$, $Q(q_1|q_2|q_3)$ und $\overrightarrow{PT} = \lambda \cdot \overrightarrow{TQ}$ ist $T\left(\frac{p_1 + \lambda q_1}{1 + \lambda} \middle| \frac{p_2 + \lambda q_2}{1 + \lambda} \middle| \frac{p_3 + \lambda q_3}{1 + \lambda}\right)$.

Mittelpunkt einer Strecke

Der Mittelpunkt einer Strecke $\overline{PQ}$ mit $P(p_1|p_2|p_3)$ und $Q(q_1|q_2|q_3)$ ist $M\left(\frac{p_1 + q_1}{2} \middle| \frac{p_2 + q_2}{2} \middle| \frac{p_3 + q_3}{2}\right)$. Für den Ortsvektor $\vec{m}$ von M gilt $\vec{m} = \frac{1}{2}(\vec{p} + \vec{q})$.

(Spezialfall der Teilung einer Strecke mit $\lambda = 1$)

Schwerpunkt eines Dreiecks

Der Schwerpunkt eines Dreiecks ABC mit $A(a_1|a_2|a_3)$, $B(b_1|b_2|b_3)$ und $C(c_1|c_2|c_3)$ ist $S\left(\frac{a_1 + b_1 + c_1}{3} \middle| \frac{a_2 + b_2 + c_2}{3} \middle| \frac{a_3 + b_3 + c_3}{3}\right)$. Für den Ortsvektor $\vec{s}$ von S gilt $\vec{s} = \frac{1}{3}(\vec{a} + \vec{b} + \vec{c})$.

Geraden

Parameterform

Punkt-Richtungs-Form

Gerade g mit dem Richtungsvektor $\vec{u}$, die den Punkt P (Ortsvektor $\vec{p}$) enthält:

$g: \vec{x} = \vec{p} + t \cdot \vec{u}$

$\vec{p}$: Stützvektor

$\vec{u}$ $(\vec{u} \neq \vec{o})$: Richtungsvektor

t $(t \in \mathbb{R})$: Parameter

Manchmal wird für den Parameter auch ein griechischer Buchstabe verwendet.

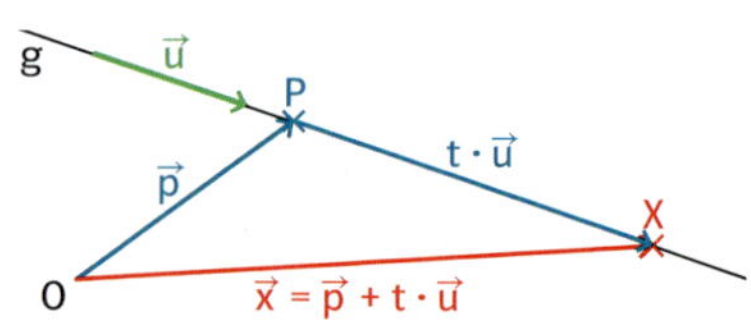

Analytische Geometrie des Raumes

Geraden (Parameterform)

Zwei-Punkte-Form

Gerade g, die die Punkte P und Q (Ortsvektoren $\vec{p}$ und $\vec{q}$) enthält:
g: $\vec{x} = \vec{p} + t \cdot (\vec{p} - \vec{q})$ $(t \in \mathbb{R})$

Spurpunkte einer Geraden

Die Schnittpunkte einer Geraden mit den Koordinatenebenen heißen **Spurpunkte der Geraden.**

Ebenen

Parameterform

Punkt-Richtungs-Form

Ebene E mit den linear unabhängigen Spannvektoren $\vec{u}$ und $\vec{v}$, die den Punkt P (Ortsvektor $\vec{p}$) enthält:
E: $\vec{x} = \vec{p} + s \cdot \vec{u} + t \cdot \vec{v}$
$\vec{p}$: Stützvektor
$\vec{u}, \vec{v}$ $(\vec{u}, \vec{v} \neq \vec{o})$: Spannvektoren (Richtungsvektoren)
s, t $(s, t \in \mathbb{R})$: Parameter

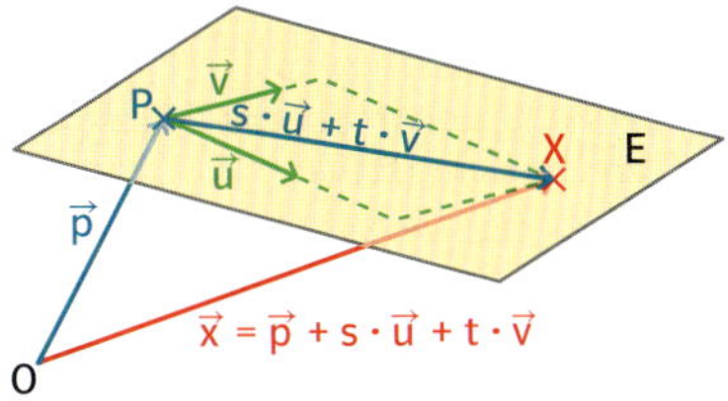

Lineare Unabhängigkeit → S. 87

Manchmal werden für die Parameter auch griechische Buchstaben verwendet.

Drei-Punkte-Form

Ebene E, die die Punkte P, Q und R (Ortsvektoren $\vec{p}$, $\vec{q}$ und $\vec{r}$) enthält:
E: $\vec{x} = \vec{p} + s \cdot (\vec{q} - \vec{p}) + t \cdot (\vec{r} - \vec{p})$ $(s, t \in \mathbb{R})$

Allgemeine Gleichung (Koordinatenform; parameterfreie Form)

E: $a x_1 + b x_2 + c x_3 = d$ $\qquad a, b, c, d \in \mathbb{R}$ mit $a^2 + b^2 + c^2 > 0$

Normalenvektor

Ein Vektor $\vec{n}$, der senkrecht auf einer Ebene E steht, heißt **Normalenvektor** der Ebene E. Insbesondere steht $\vec{n}$ senkrecht auf den beiden Spannvektoren einer Ebene. Sind $\vec{u}$ und $\vec{v}$ die Spannvektoren von E, dann liefert jede von (0; 0; 0) verschiedene Lösung des linearen Gleichungssystems, das sich aus $\vec{n} \circ \vec{u} = 0$ und $\vec{n} \circ \vec{v} = 0$ ergibt, einen Normalenvektor. Man kann einen Normalenvektor auch über das Vektorprodukt bestimmen: $\vec{n} = \vec{u} \times \vec{v}$.

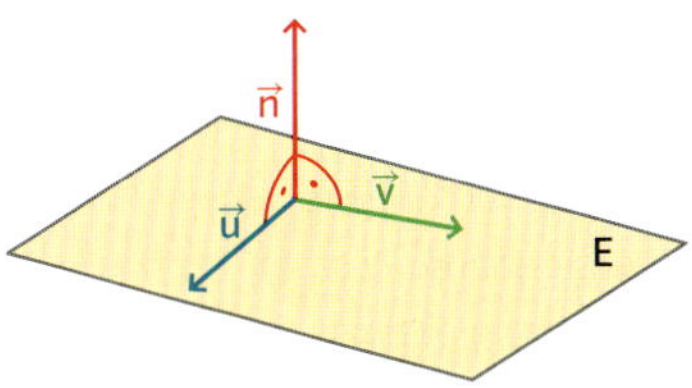

Lineares Gleichungssystem → S. 107

Vektorprodukt → S. 89

Normalenform

Ebene E mit dem Normalenvektor $\vec{n}$, die den Punkt P enthält (Ortsvektor $\vec{p}$):
E: $(\vec{x} - \vec{p}) \circ \vec{n} = 0$
Hat E die Gleichung $a x_1 + b x_2 + c x_3 = d$, dann ist $\begin{pmatrix} a \\ b \\ c \end{pmatrix}$ ein Normalenvektor von E.

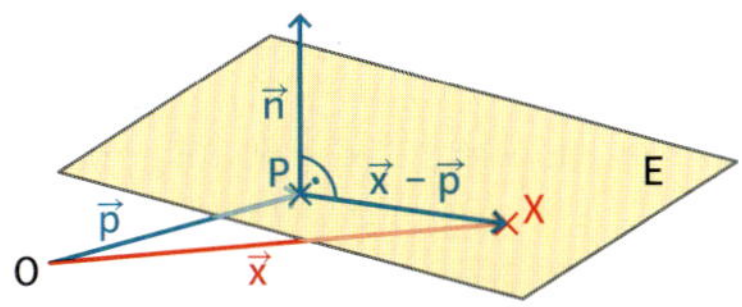

Analytische Geometrie des Raumes

Ebenen

Hesse'sche Normalenform

Einheitsvektor → S. 86

Ebene E mit dem Normaleneinheitsvektor $\overrightarrow{n_0}$, die den Punkt P (Ortsvektor $\vec{p}$) enthält:
E: $(\vec{x} - \vec{p}) \circ \overrightarrow{n_0} = 0$ bzw.

$$\frac{a x_1 + b x_2 + c x_3 - d}{\sqrt{a^2 + b^2 + c^2}} = 0 \text{ für } \vec{n} = \begin{pmatrix} a \\ b \\ c \end{pmatrix}$$

$\overrightarrow{n_0} = \frac{\vec{n}}{|\vec{n}|}$, wobei $\vec{n}$ ein Normalenvektor von E ist.

Spurpunkte und Spurgeraden einer Ebene

Die Schnittpunkte einer Ebene mit den Koordinatenachsen heißen **Spurpunkte der Ebene**:
$S_1(s_1|0|0)$, $S_2(0|s_2|0)$ und $S_3(0|0|s_3)$.

Die Verbindungsgeraden der Spurpunkte sind die **Spurgeraden der Ebene**:
$s_{12} = S_1S_2$, $s_{13} = S_1S_3$ und $s_{23} = S_2S_3$.

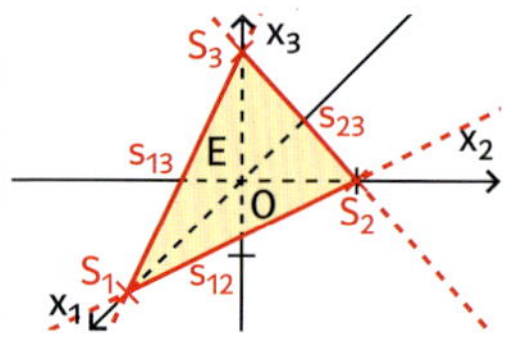

Kugeln

Kreisgleichung → S. 83

Vektorgleichung und Koordinatengleichung einer Kugel

Kugel mit Mittelpunkt M(0|0|0) und Radius r:
Vektorgleichung: $\vec{x}^2 = r^2$
Koordinatengleichung: $x_1^2 + x_2^2 + x_3^2 = r^2$

Kugel mit Mittelpunkt $M(m_1|m_2|m_3)$ (Ortsvektor $\vec{m}$) und Radius r:
Vektorgleichung: $(\vec{x} - \vec{m})^2 = r^2$
Koordinatengleichung: $(x_1 - m_1)^2 + (x_2 - m_2)^2 + (x_3 - m_3)^2 = r^2$

Ist P ein Punkt auf der Kugel, so gilt $(\vec{x} - \vec{m})^2 = (\vec{p} - \vec{m})^2$.

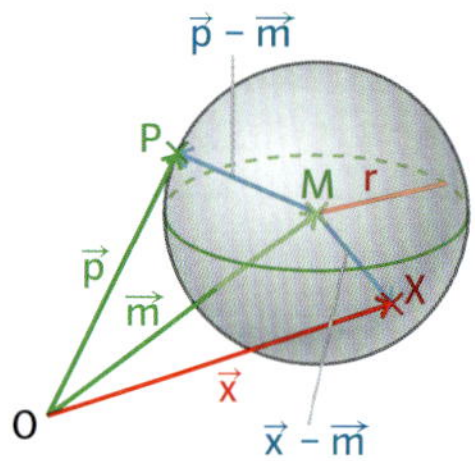

Tangentialebenen

Eine Ebene E, die eine Kugel K in einem Punkt B berührt, heißt **Tangentialebene**. Der Vektor $\vec{b} - \vec{m}$ ist ein Normalenvektor von E.

Gleichung der Tangentialebene für K: $\vec{x}^2 = r^2$:
Vektorgleichung: $(\vec{x} - \vec{b}) \circ \vec{b} = 0$ bzw. $\vec{x} \circ \vec{b} = r^2$
Koordinatengleichung: $x_1 b_1 + x_2 b_2 + x_3 b_3 = r^2$

Gleichung der Tangentialebene für K: $(\vec{x} - \vec{m})^2 = r^2$:
Vektorgleichung:
$(\vec{x} - \vec{b}) \circ (\vec{b} - \vec{m}) = 0$ bzw. $(\vec{x} - \vec{m}) \circ (\vec{b} - \vec{m}) = r^2$
Koordinatengleichung:
$(x_1 - b_1)(b_1 - m_1) + (x_2 - b_2)(b_2 - m_2) + (x_3 - b_3)(b_3 - m_3) = 0$
bzw.
$(x_1 - m_1)(b_1 - m_1) + (x_2 - m_2)(b_2 - m_2) + (x_3 - m_3)(b_3 - m_3) = r^2$

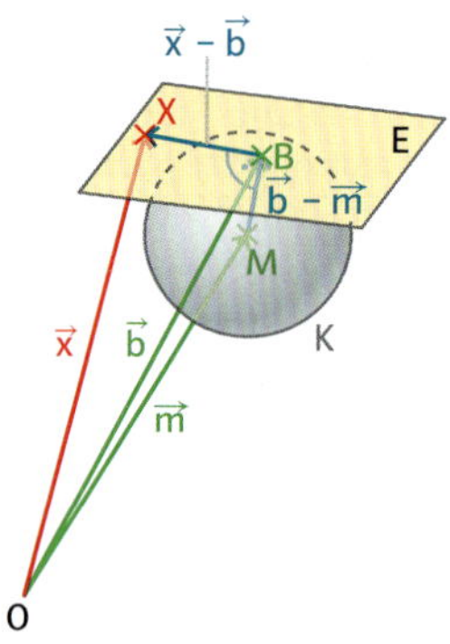

Analytische Geometrie des Raumes

Kugeln und Geraden – Tangentialkegel und Polarebene

Kugeln

Die Tangenten an eine Kugel K: $(\vec{x} - \vec{m})^2 = r^2$ durch einen Punkt P (Ortsvektor $\vec{p}$) außerhalb der Kugel bilden einen (doppelten) Kreiskegel, den **Tangentialkegel** von K mit der Spitze P.

Der Tangentialkegel berührt die Kugel in einem Kreis, dem Schnittkreis der Kugel K mit der Ebene E: $(\vec{x} - \vec{m}) \circ (\vec{p} - \vec{m}) = r^2$. Die Ebene E heißt **Polarebene** zum **Pol** P bezüglich der Kugel K. Liegt P auf der Kugel, so wird der Tangentialkegel zur Tangentialebene in P.

Tangentialebene → S. 92

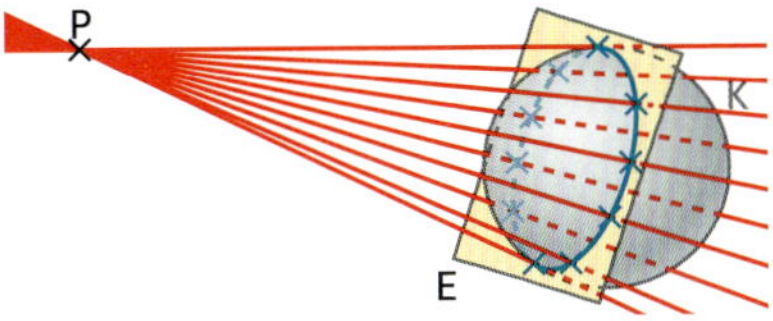

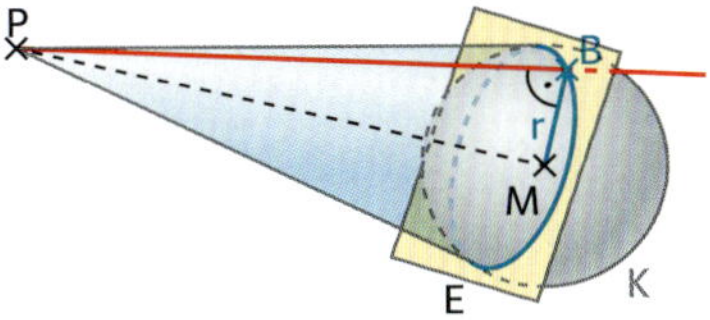

Berechnung von Winkelgrößen

Skalarprodukt → S. 88

Winkel zwischen zwei Vektoren

Winkel φ (0° ≤ φ ≤ 180°) zwischen zwei Vektoren $\vec{a}$ und $\vec{b}$:

$$\cos(\varphi) = \frac{\vec{a} \circ \vec{b}}{|\vec{a}| \cdot |\vec{b}|}$$

Schnittwinkel zweier Geraden

Schnittwinkel φ (0° ≤ φ ≤ 90°) zwischen zwei sich schneidenden Geraden g und h mit Richtungsvektoren $\vec{u}$ und $\vec{v}$:

$$\cos(\varphi) = \frac{|\vec{u} \circ \vec{v}|}{|\vec{u}| \cdot |\vec{v}|}$$

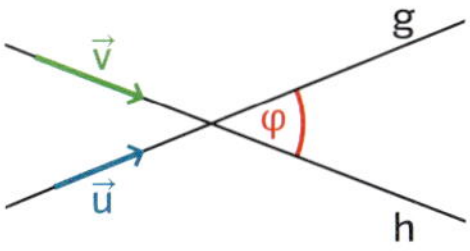

Winkel zwischen Gerade und Ebene

Schnittwinkel φ (0° ≤ φ ≤ 90°) zwischen einer Geraden g mit einem Richtungsvektor $\vec{u}$ und einer Ebene E mit einem Normalenvektor $\vec{n}$, die von g durchstoßen wird:

$$\sin(\varphi) = \frac{|\vec{u} \circ \vec{n}|}{|\vec{u}| \cdot |\vec{n}|}$$

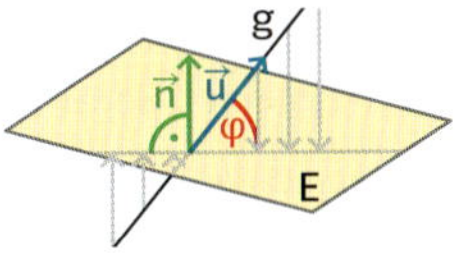

Schnittwinkel zweier Ebenen

Schnittwinkel φ (0° ≤ φ ≤ 90°) zwischen zwei sich schneidenden Ebenen E und F mit Normalenvektoren $\vec{n_1}$ und $\vec{n_2}$:

$$\cos(\varphi) = \frac{|\vec{n_1} \circ \vec{n_2}|}{|\vec{n_1}| \cdot |\vec{n_2}|}$$

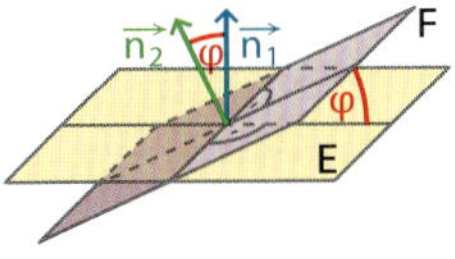

Berechnung von Abständen

Abstand zweier Punkte

Abstand zwischen zwei Punkten $P(p_1|p_2|p_3)$ und $Q(q_1|q_2|q_3)$:

$$d(P;Q) = |\overrightarrow{PQ}| = \left|\begin{pmatrix} q_1 - p_1 \\ q_2 - p_2 \\ q_3 - p_3 \end{pmatrix}\right| = |\overrightarrow{PQ}| = \sqrt{(q_1 - p_1)^2 + (q_2 - p_2)^2 + (q_3 - p_3)^2}$$

Analytische Geometrie des Raumes

Berechnung von Abständen

Abstand eines Punktes von einer Geraden

Abstand eines Punktes Q (Ortsvektor $\vec{q}$) von einer Geraden $g: \vec{x} = \vec{p} + t \cdot \vec{u}$ $(t \in \mathbb{R})$:

$$d(Q; g) = \sqrt{(\vec{q} - \vec{p})^2 - \left[(\vec{q} - \vec{p}) \circ \frac{\vec{u}}{|\vec{u}|}\right]^2} = \frac{|(\vec{q} - \vec{p}) \times \vec{u}|}{|\vec{u}|}$$

Abstand eines Punktes von einer Ebene

Abstand eines Punktes Q (Ortsvektor $\vec{q}$) von einer Ebene $E: (\vec{x} - \vec{p}) \circ \vec{n_0} = 0$ bzw.

$E: \frac{a_1x_1 + a_2x_2 + a_3x_3 - a_4}{\sqrt{a_1^2 + a_2^2 + a_3^2}} = 0$:

$$d(Q; E) = \left|(\vec{q} - \vec{p}) \circ \vec{n_0}\right| = \left|\frac{a_1q_1 + a_2q_2 + a_3q_3 - a_4}{\sqrt{a_1^2 + a_2^2 + a_3^2}}\right|$$

Für $(\vec{q} - \vec{p}) \circ \vec{n_0} > 0$ liegt Q auf der Seite von E, in die $\vec{n_0}$ zeigt, für $(\vec{q} - \vec{p}) \circ \vec{n_0} < 0$ auf der anderen Seite.

Abstand zueinander windschiefer Geraden

Abstand zweier zueinander windschiefer Geraden $g: \vec{x} = \vec{p} + s \cdot \vec{u}$ und $h: \vec{x} = \vec{q} + t \cdot \vec{v}$ $(s, t \in \mathbb{R})$, wenn $\vec{n_0}$ ein Einheitsvektor mit $\vec{n_0} \perp \vec{u}$ und $\vec{n_0} \perp \vec{v}$ ist:

$$d(g; h) = \left|(\vec{q} - \vec{p}) \circ \vec{n_0}\right|$$

Abstand zweier zueinander paralleler Geraden

Abstand zweier zueinander paralleler Geraden g und h:
$d(g; h) = d(P; h)$, wobei P ein beliebiger Punkt auf g ist

Abstand zweier zueinander paralleler Ebenen

Abstand zweier zueinander paralleler Ebenen E und F:
$d(E; F) = d(P; F)$, wobei P ein beliebiger Punkt in E ist

Abstand einer Geraden zu einer zu ihr parallelen Ebene

Abstand einer Geraden g und einer zu ihr parallelen Ebene E:
$d(g; E) = d(P; E)$, wobei P ein beliebiger Punkt auf g ist

Lagebeziehungen

Punkt – Gerade

Punkt $Q(q_1|q_2|q_3)$ mit Ortsvektor $\vec{q}$
Gerade $g: \vec{x} = \vec{p} + t \cdot \vec{u}$ $(t \in \mathbb{R})$

Ob die Gerade g den Punkt Q enthält, prüft man durch eine Punktprobe:
Die Gerade g enthält genau dann den Punkt Q, wenn die Gleichung
$\vec{q} = \vec{p} + t \cdot \vec{u}$
genau eine Lösung besitzt, wenn also die Vektoren $\overrightarrow{PQ} = \vec{q} - \vec{p}$ und $\vec{u}$ linear abhängig sind.
Andernfalls liegt Q nicht auf g.

Lineare Abhängigkeit → S. 87

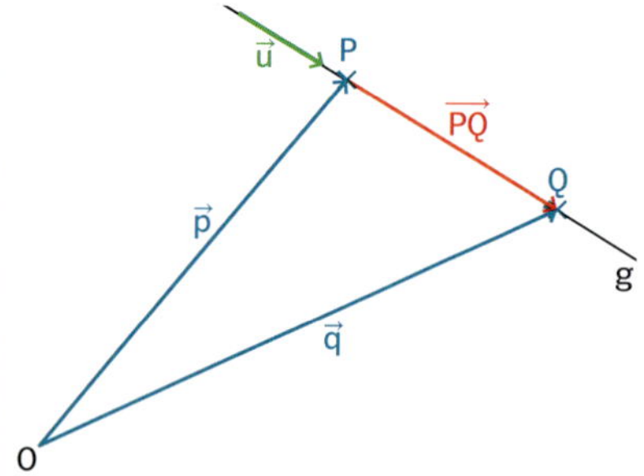

Analytische Geometrie des Raumes

Punkt – Ebene

Punkt $Q(q_1 | q_2 | q_3)$ mit Ortsvektor $\vec{q}$
Ebene $E: \vec{x} = \vec{p} + r \cdot \vec{u} + s \cdot \vec{v}$ $(r, s \in \mathbb{R})$

Ob die Ebene E den Punkt Q enthält, prüft man durch eine Punktprobe:
Die Ebene E enthält genau dann den Punkt Q, wenn die Gleichung
$\vec{q} = \vec{p} + r \cdot \vec{u} + s \cdot \vec{v}$
genau eine Lösung besitzt, wenn sich also der Vektor $\overrightarrow{PQ} = \vec{q} - \vec{p}$ als eine Linearkombination der Spannvektoren $\vec{u}$ und $\vec{v}$ darstellen lässt.
Andernfalls liegt Q nicht in E.

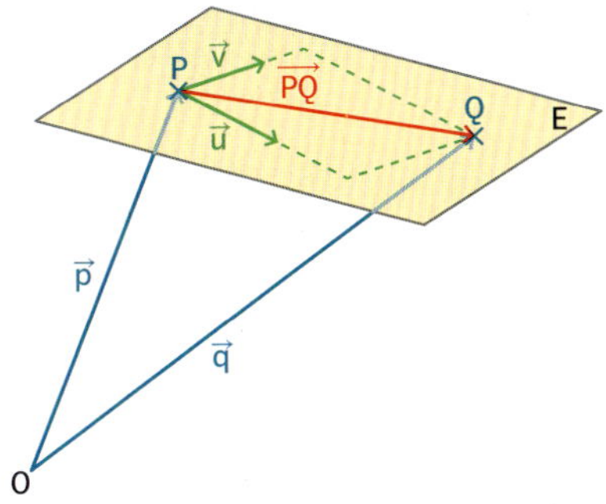

Linearkombination → S. 86
Spannvektoren → S. 91

Gerade – Gerade

Für die gegenseitige Lage zweier Geraden $g: \vec{x} = \vec{p} + s \cdot \vec{u}$ und $h: \vec{x} = \vec{q} + t \cdot \vec{v}$ $(s, t \in \mathbb{R})$ können vier Fälle unterschieden werden:

Lineare Abhängigkeit und lineare Unabhängigkeit → S. 87

Sind die Richtungsvektoren $\vec{u}$ und $\vec{v}$ linear abhängig?

Ja. → $g \parallel h$

Liegt der Punkt P mit dem Ortsvektor $\vec{p}$ auf der Geraden h (Punktprobe)?

- Ja. → g und h sind **zueinander parallel und identisch.**
  Linear abhängig:
  $\vec{u}$ und $\vec{v}$
  $\vec{u}$ und $\vec{q} - \vec{p}$
  $\vec{v}$ und $\vec{q} - \vec{p}$
- Nein. → g und h sind **zueinander parallel und verschieden (echt parallel).**
  Linear abhängig:
  $\vec{u}$ und $\vec{v}$
  Linear unabhängig:
  $\vec{u}$ und $\vec{q} - \vec{p}$
  $\vec{v}$ und $\vec{q} - \vec{p}$

Nein. → $g \nparallel h$

Wie viele Lösungen hat $\vec{p} + s \cdot \vec{u} = \vec{q} + t \cdot \vec{v}$?

- Genau eine. → g und h **schneiden sich.**
  Linear abhängig:
  $\vec{u}, \vec{v}$ und $\vec{q} - \vec{p}$
  Linear unabhängig:
  $\vec{u}$ und $\vec{v}$
- Keine. → g und h sind **zueinander windschief.**
  Linear unabhängig:
  $\vec{u}$ und $\vec{v}$
  $\vec{u}, \vec{v}$ und $\vec{q} - \vec{p}$

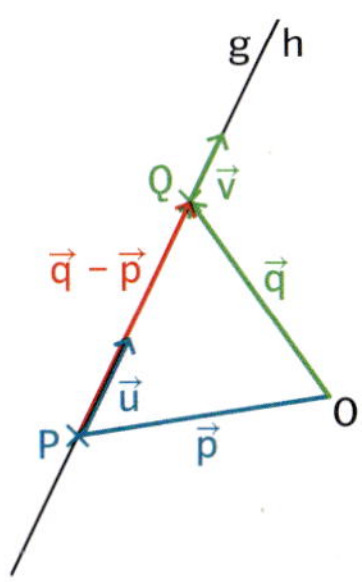

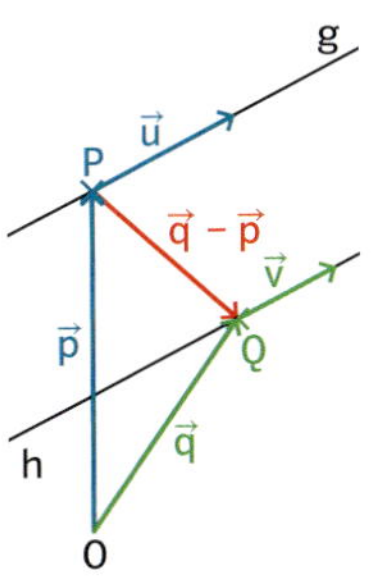

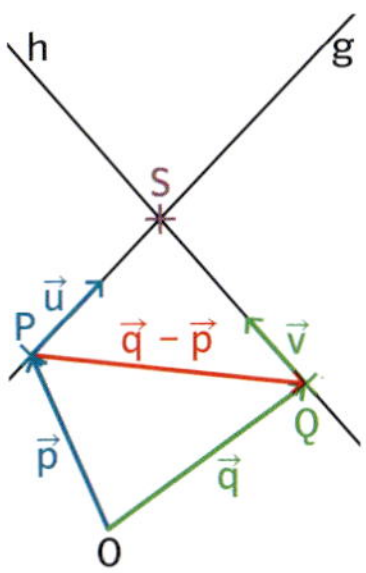

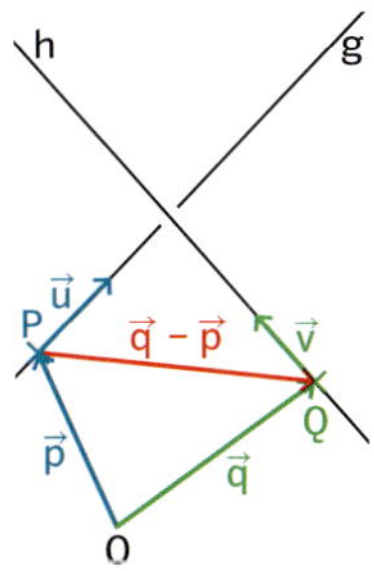

Analytische Geometrie des Raumes

Lagebeziehungen

Gerade – Ebene

Für die gegenseitige Lage einer Geraden $g: \vec{x} = \vec{p} + t \cdot \vec{u}$ $(t \in \mathbb{R})$ und einer Ebene $E: (\vec{x} - \vec{p}) \circ \vec{n} = 0$ können drei Fälle unterschieden werden:

Gilt $\vec{u} \circ \vec{n} = 0$?

Ja. → $g \parallel E$

Nein. → $g \nparallel E$

Liegt der Punkt P mit dem Ortsvektor $\vec{p}$ in der Ebene E (Punktprobe)?

Ja. → Die Gerade g ist **parallel** zur Ebene E und **liegt in** E.

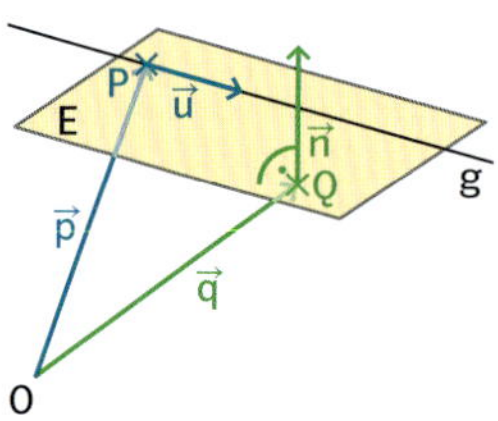

Nein. → Die Gerade g ist **parallel** zur Ebene E und **liegt nicht in** E. Sie haben keine gemeinsamen Punkte.

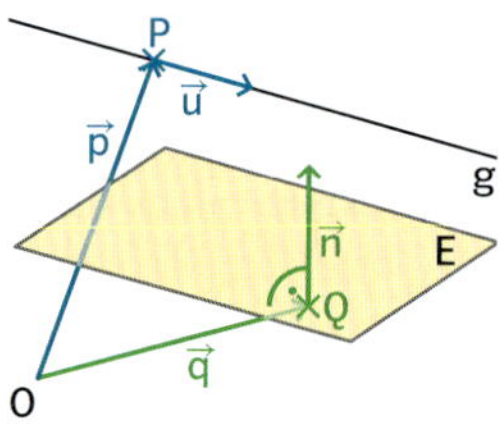

Die Gerade g **schneidet** die Ebene E. Der Schnittpunkt heißt **Durchstoßpunkt**.

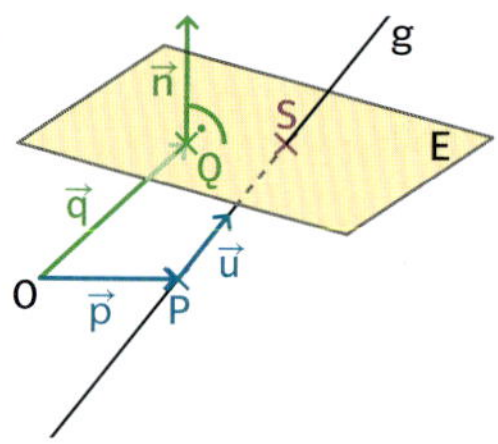

Ebene – Ebene

Lineare Abhängigkeit
→ S. 87

Für die gegenseitige Lage zweier Ebenen $E: (\vec{x} - \vec{p}) \circ \vec{n_1} = 0$ und $F: (\vec{x} - \vec{q}) \circ \vec{n_2} = 0$ können drei Fälle unterschieden werden:

Sind die Normalenvektoren $\vec{n_1}$ und $\vec{n_2}$ linear abhängig?

Ja. → $E \parallel F$

Nein. → $E \nparallel F$

Liegt der Punkt P mit dem Ortsvektor $\vec{p}$ in der Ebene F (Punktprobe)?

Ja. → Die Ebenen E und F sind **zueinander parallel und identisch**.

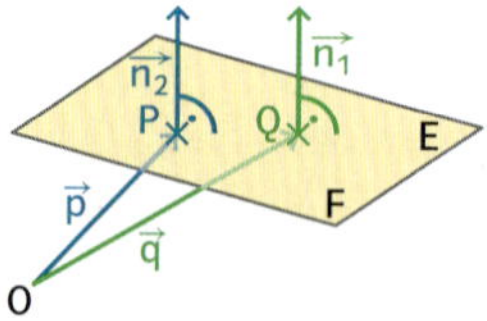

Nein. → Die Ebenen E und F sind **zueinander parallel und verschieden (echt parallel)**. Sie haben keine gemeinsamen Punkte.

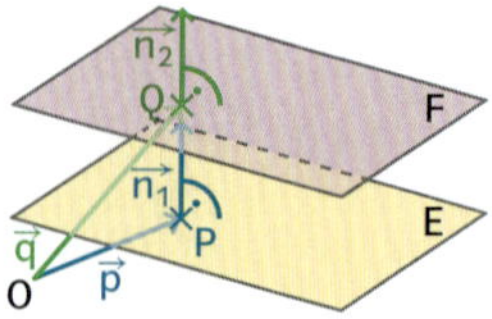

Die Ebenen E und F **schneiden** sich in einer **Schnittgeraden**.

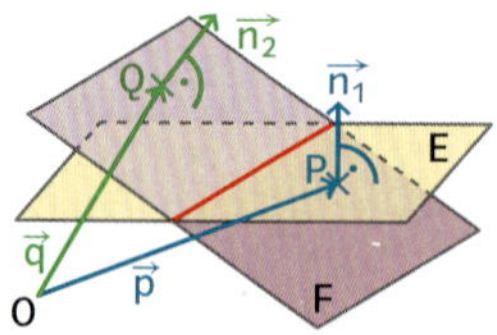

Lagebeziehungen

Orthogonalität und Parallelität von Geraden und Ebenen

Zwei Geraden $g\colon \vec{x} = \vec{p} + s \cdot \vec{u}$ und $h\colon \vec{x} = \vec{q} + t \cdot \vec{v}$ $(s, t \in \mathbb{R})$ sind
- **zueinander orthogonal**, wenn $\vec{u} \circ \vec{v} = 0$ gilt,
- **zueinander parallel**, wenn $\vec{u} \times \vec{v} = \vec{o}$ gilt.

Skalarprodukt → S. 88
Vektorprodukt → S. 89

Eine Gerade $g\colon \vec{x} = \vec{p} + t \cdot \vec{u}$ $(t \in \mathbb{R})$ und eine Ebene $E\colon (\vec{x} - \vec{p}) \circ \vec{n} = 0$ sind
- **zueinander orthogonal**, wenn $\vec{u} \times \vec{n} = \vec{o}$ gilt,
- **zueinander parallel**, wenn $\vec{u} \circ \vec{n} = \vec{o}$ gilt.

Zwei Ebenen $E\colon (\vec{x} - \vec{p}) \circ \vec{n_1} = 0$ und $F\colon (\vec{x} - \vec{q}) \circ \vec{n_2} = 0$ sind
- **zueinander orthogonal**, wenn $\vec{n_1} \circ \vec{n_2} = 0$ gilt,
- **zueinander parallel**, wenn $\vec{n_1} \times \vec{n_2} = \vec{o}$ gilt.

Gerade – Kugel

Für die gegenseitige Lage einer Geraden $g\colon \vec{x} = \vec{p} + t \cdot \vec{u}$ $(t \in \mathbb{R})$ und einer Kugel $K\colon (\vec{x} - \vec{m})^2 = r^2$ können drei Fälle unterschieden werden:

Vektorgleichung einer Kugel → S. 92

$(\vec{p} + t \cdot \vec{u} - \vec{m})^2 = r^2$ hat keine Lösung.
Die Gerade g schneidet die Kugel K nicht.

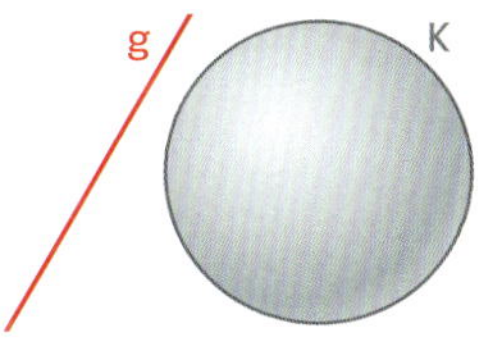

$(\vec{p} + t \cdot \vec{u} - \vec{m})^2 = r^2$ hat genau eine Lösung.
Die Gerade g berührt die Kugel K im Punkt B.

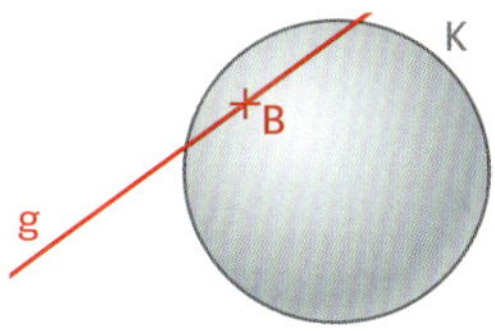

$(\vec{p} + t \cdot \vec{u} - \vec{m})^2 = r^2$ hat zwei Lösungen.
Die Gerade g schneidet die Kugel K in den beiden Punkten S_1 und S_2.

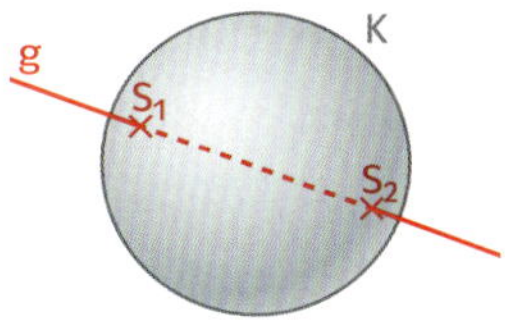

Ebene – Kugel

Für die gegenseitige Lage einer Ebene E und einer Kugel $K\colon (\vec{x} - \vec{m})^2 = r^2$, deren Mittelpunkt den Abstand d zur Ebene E hat, können drei Fälle unterschieden werden:

Für $d > r$ schneidet die Ebene E die Kugel K nicht.

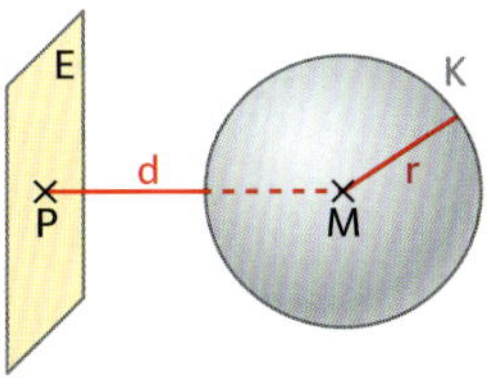

Für $d = r$ berührt die Ebene E die Kugel K in einem Punkt B. Die Ebene E ist die Tangentialebene im Punkt B.

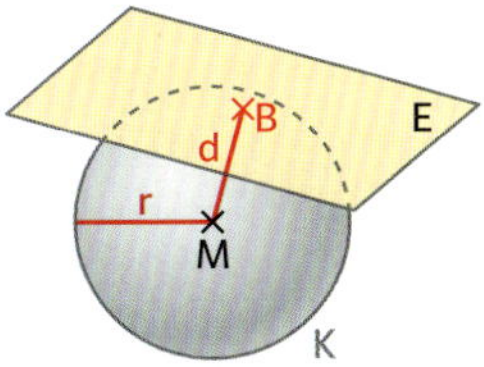

Für $d < r$ schneidet die Ebene E die Kugel K in einem Kreis.
Der Mittelpunkt M′ des Schnittkreises ist der Lotfußpunkt von M auf E. Für den Radius r′ des Schnittkreises gilt $r' = \sqrt{r^2 - d^2}$ mit $d = |\overline{MM'}|$.

Tangentialebene → S. 92
Lotfußpunkt → S. 36

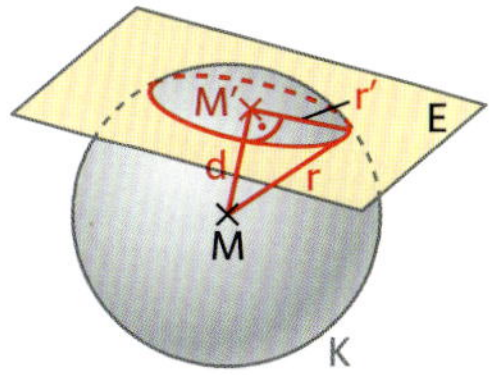

Lagebeziehungen

Kugel – Kugel

Für die gegenseitige Lage zweier Kugeln $K_1\colon (\vec{x} - \overrightarrow{m_1})^2 = r_1^2$ und $K_2\colon (\vec{x} - \overrightarrow{m_2})^2 = r_2^2$ mit den Mittelpunkten M_1 und M_2 sowie den Radien r_1 und r_2, können drei Fälle unterschieden werden:

$d(M_1; M_2) > r_1 + r_2$ oder
$d(M_1; M_2) < |r_1 - r_2|$
Die Kugeln haben keine gemeinsamen Punkte.
Im zweiten Fall liegen sie zudem ineinander.

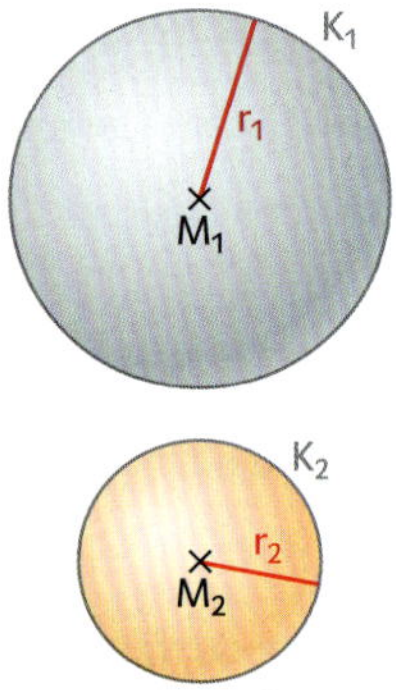

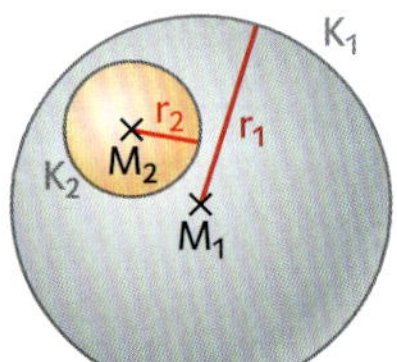

$d(M_1; M_2) = r_1 + r_2$ oder
$d(M_1; M_2) = |r_1 - r_2|$
Die Kugeln berühren sich im Punkt B.
Im ersten Fall berühren sie sich von außen, im zweiten in innen.

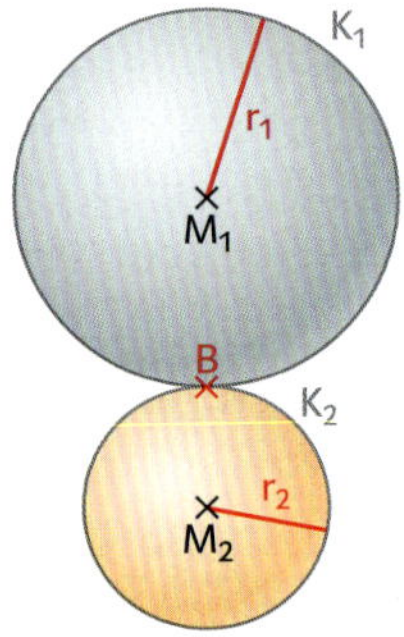

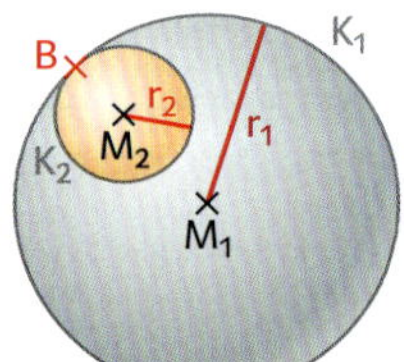

$|r_1 - r_2| < d(M_1; M_2)$
$< r_1 + r_2$
Die Kugeln schneiden sich in einem Schnittkreis.

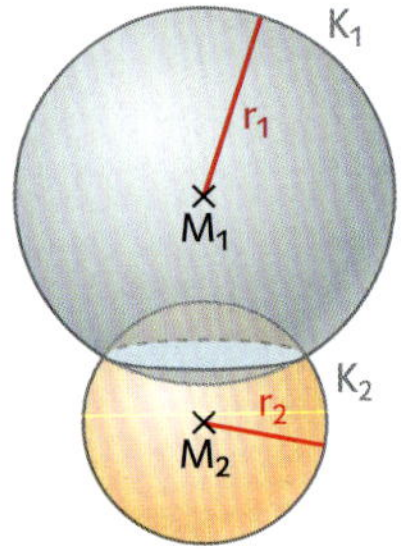

Vektorraum

Eine nichtleere Menge V heißt **Vektorraum über $\mathbb{R}$ (reeller Vektorraum)** und ihre Elemente **Vektoren**, wenn gilt:
Es gibt eine Addition, die je zwei Elementen $\vec{a}, \vec{b} \in V$ genau ein Element $\vec{a} + \vec{b} \in V$ zuordnet. Dieses Element heißt Summe von $\vec{a}$ und $\vec{b}$. Dabei gelten die folgenden Gesetze.

(V1) Für alle $\vec{a}, \vec{b} \in V$ gilt $\vec{a} + \vec{b} = \vec{b} + \vec{a}$. **(Kommutativgesetz)**
(V2) Für alle $\vec{a}, \vec{b}, \vec{c} \in V$ gilt $(\vec{a} + \vec{b}) + \vec{c} = \vec{a} + (\vec{b} + \vec{c}) = \vec{a} + \vec{b} + \vec{c}$. **(Assoziativgesetz)**
(V3) Es gibt ein Element $\vec{o} \in V$, sodass für alle $\vec{a} \in V$ gilt: $\vec{a} + \vec{o} = \vec{a}$. **(neutrales Element)**
(V4) Für alle $\vec{a} \in V$ gibt es ein Element $-\vec{a} \in V$ mit $\vec{a} + (-\vec{a}) = \vec{o}$. **(inverse Elemente)**

Es gibt eine Multiplikation mit reellen Zahlen (**S-Multiplikation** bzw. **Skalarmultiplikation**), die jedem Element $\vec{a} \in V$ und jeder reellen Zahl $r \in \mathbb{R}$ genau ein Element $r \cdot \vec{a} \in V$ zuordnet. Dieses Element heißt das r-Fache von $\vec{a}$. Dabei gelten die folgenden Gesetze:

(V5) Für alle $\vec{a} \in V$ und alle $r, s \in \mathbb{R}$ gilt $(r \cdot s) \cdot \vec{a} = r \cdot (s \cdot \vec{a})$.
(V6) Für alle $\vec{a}, \vec{b} \in V$ und alle $r \in \mathbb{R}$ gilt $r \cdot (\vec{a} + \vec{b}) = r \cdot \vec{a} + r \cdot \vec{b}$.
(V7) Für alle $\vec{a} \in V$ und alle $r, s \in \mathbb{R}$ gilt $(r + s) \cdot \vec{a} = r \cdot \vec{a} + s \cdot \vec{a}$.
(V8) Für alle $\vec{a} \in V$ gilt $1 \cdot \vec{a} = \vec{a}$.

(V1) bis (V8) sind die **Axiome des Vektorraums.**

Zur Vereinfachung verwendet man für die Addition von Vektoren und die S-Multiplikation die gleichen Rechenzeichen (+ und ·) wie für die Addition und Multiplikation von Zahlen. Es handelt sich aber um andere Rechenoperationen. Auch bei der S-Multiplikation wird das Rechenzeichen · oft weggelassen.

Der Vektor $\vec{o}$ heißt **Nullvektor**, der Vektor $-\vec{a}$ **Gegenvektor** zum Vektor $\vec{a}$.

In der analytischen Geometrie sind

$\mathbb{R}^2 = \left\{ \begin{pmatrix} a_1 \\ a_2 \end{pmatrix} \middle| \, a_1, a_2 \in \mathbb{R} \right\}$ (Menge aller Verschiebungen der Ebene),

$\mathbb{R}^3 = \left\{ \begin{pmatrix} a_1 \\ a_2 \\ a_3 \end{pmatrix} \middle| \, a_1, a_2, a_3 \in \mathbb{R} \right\}$ (Menge aller Verschiebungen des Raums) und

$\mathbb{R}^n = \left\{ \begin{pmatrix} a_1 \\ a_2 \\ \vdots \\ a_n \end{pmatrix} \middle| \, a_1, a_2, \ldots, a_n \in \mathbb{R} \right\}$ Vektorräume.

Untervektorraum

Wenn V ein Vektorraum ist und U eine Teilmenge von V ($U \subseteq V$), dann heißt U **Untervektorraum** von V, wenn auch U bezüglich der Addition und S-Multiplikation in V einen Vektorraum bildet.
Eine nichtleere Teilmenge U eines Vektorraums V ist genau dann ein Untervektorraum von V, wenn für alle $\vec{a}, \vec{b} \in U$ und für alle $r \in \mathbb{R}$ auch $\vec{a} + \vec{b} \in U$ und $r\vec{a} \in U$ gilt.

Teilmenge → S. 8

Linearkombination

Ein Vektor $\vec{b}$ heißt **Linearkombination** der Vektoren $\vec{a_1}, \vec{a_2}, \ldots, \vec{a_n}$ ($n \in \mathbb{N}^*$), wenn er sich in der Form $\vec{b} = r_1\vec{a_1} + r_2\vec{a_2} + \ldots + r_n\vec{a_n}$ mit $r_1, r_2, \ldots, r_n \in \mathbb{R}$ darstellen lässt.

Lineare Hülle

Die **lineare Hülle** (auch **Aufspann** genannt) einer Teilmenge U eines Vektorraums V ist die Menge aller Linearkombinationen der Vektoren $\vec{a_1}, \vec{a_2}, \ldots, \vec{a_n} \in U$.

Lineare Algebra

Lineare Abhängigkeit und lineare Unabhängigkeit von Vektoren

Dimension → vgl. unten
Matrix → S. 101
n-reihige Determinante → S. 105 f.

Vektoren $\overrightarrow{a_1}, \overrightarrow{a_2}, \ldots, \overrightarrow{a_n}$ eines Vektorraums V heißen genau dann **linear abhängig**, wenn mindestens einer dieser Vektoren als Linearkombination der anderen Vektoren darstellbar ist. Andernfalls heißen die Vektoren **linear unabhängig**.
Vektoren $\overrightarrow{a_1}, \overrightarrow{a_2}, \ldots, \overrightarrow{a_n}$ sind genau dann linear unabhängig, wenn die Gleichung $r_1\overrightarrow{a_1} + r_2\overrightarrow{a_2} + \ldots + r_n\overrightarrow{a_n} = \vec{o}$ nur die Lösung $r_1 = r_2 = \ldots = r_n = 0$ $(r_1, r_2, \ldots, r_n \in \mathbb{R})$ hat. Andernfalls sind die Vektoren linear abhängig.

Sind n Vektoren eines n-dimensionalen Vektorraums V gegeben, so kann man die n Vektoren zu einer $(n \times n)$-Matrix zusammenfassen. Die n Vektoren sind genau dann linear (un)abhängig, wenn die Determinante dieser Matrix (un)gleich null ist.

Zwei (drei) lineare abhängige Vektoren heißen **kollinear (komplanar)**.

In der Ebene (im Raum) können höchstens zwei (drei) Vektoren linear unabhängig sein. Jeder Vektor der Ebene (des Raums) lässt sich stets als Linearkombination zweier (dreier) linear unabhängiger Vektoren der Ebene (des Raums) darstellen.

Erzeugendensystem

Eine Teilmenge $\{\overrightarrow{a_1}, \overrightarrow{a_2}, \ldots, \overrightarrow{a_n}\}$ eines Vektorraums V heißt **Erzeugendensystem** von V, wenn sich jeder Vektor $\vec{x} \in V$ als Linearkombination der Vektoren $\overrightarrow{a_1}, \overrightarrow{a_2}, \ldots, \overrightarrow{a_n}$ darstellen lässt.

Basis und Dimension

Eine Teilmenge $B = \{\overrightarrow{a_1}, \overrightarrow{a_2}, \ldots, \overrightarrow{a_n}\}$ eines Vektorraums V heißt **Basis** von V, wenn
(1) die n Vektoren $\overrightarrow{a_1}, \overrightarrow{a_2}, \ldots, \overrightarrow{a_n}$ linear unabhängig sind und
(2) $\{\overrightarrow{a_1}, \overrightarrow{a_2}, \ldots, \overrightarrow{a_n}\}$ ein Erzeugendensystem von V ist.

In einem Vektorraum V mit der Basis B kann jeder Vektor $\vec{x} \in V$ auf genau eine Weise als Linearkombination der Vektoren aus B dargestellt werden:
$\vec{x} = x_1\overrightarrow{a_1} + x_2\overrightarrow{a_2} + \ldots + x_n\overrightarrow{a_n}$ $(x_1, x_2, \ldots, x_n \in \mathbb{R})$.
Eine Basis von V ist ein minimales Erzeugendensystem von V.
Eine Basis von V ist die Teilmenge von V mit der maximalen Anzahl an linear unabhängigen Vektoren.
Jeder Vektorraum besitzt mindestens eine Basis.
Jedes Erzeugendensystem von V enthält eine Basis.
Je zwei Basen eines Vektorraums besitzen stets die gleiche Anzahl an Vektoren.

Die Anzahl n der Vektoren einer Basis eines Vektorraums V heißt **Dimension** von V: $\dim V = n$. Man sagt: Der Vektorraum V ist **n-dimensional.** Jede Basis eines n-dimensionalen Vektorraums V besteht jeweils aus n linear unabhängigen Vektoren aus V.

Koordinaten, Komponenten und Koordinatenraum

Wenn $B = \{\overrightarrow{a_1}, \overrightarrow{a_2}, \ldots, \overrightarrow{a_n}\}$ eine Basis eines n-dimensionalen Vektorraums V ist und ein Vektor $\vec{x} \in V$ durch $\vec{x} = x_1\overrightarrow{a_1} + x_2\overrightarrow{a_2} + \ldots + x_n\overrightarrow{a_n}$ $(x_1, x_2, \ldots, x_n \in \mathbb{R})$ dargestellt wird, dann heißen die eindeutig bestimmten Vektoren $x_1\overrightarrow{a_1}, x_2\overrightarrow{a_2}, \ldots, x_n\overrightarrow{a_n}$ **Komponenten** und die eindeutig bestimmten Zahlen $x_1, x_2, \ldots, x_n$ **Koordinaten** von $\vec{x}$ bezüglich B.

$\mathbb{R}^n$ bezeichnet man als **Koordinatenraum** von V. Der Vektorraum $\mathbb{R}^n$ ist die Menge aller n-Tupel reeller Zahlen $(n \in \mathbb{N})$.
Jedes Element von $\mathbb{R}^n$ heißt **Koordinatenvektor**. Einen Koordinatenvektor kann man in Zeilen- oder Spaltenform schreiben. In Spaltenschreibweise gilt:

$$\vec{x} + \vec{y} = \begin{pmatrix} x_1 \\ x_2 \\ \vdots \\ x_n \end{pmatrix} + \begin{pmatrix} y_1 \\ y_2 \\ \vdots \\ y_n \end{pmatrix} = \begin{pmatrix} x_1 + y_1 \\ x_2 + y_2 \\ \vdots \\ x_n + y_n \end{pmatrix} \text{ und } r\vec{x} = r\begin{pmatrix} x_1 \\ x_2 \\ \vdots \\ x_n \end{pmatrix} = \begin{pmatrix} rx_1 \\ rx_2 \\ \vdots \\ rx_n \end{pmatrix} \quad (x_1, x_2, \ldots, x_n, y_1, y_2, \ldots, y_n, r \in \mathbb{R}).$$

Standardbasis

Die „einfachste" Basis des Vektorraums $\mathbb{R}^n$ ist die **Standardbasis oder kanonische Basis** $\{\vec{e_1}, \vec{e_2}, \ldots, \vec{e_n}\}$ mit $\vec{e_1} = \begin{pmatrix}1\\0\\\vdots\\0\end{pmatrix}, \vec{e_2} = \begin{pmatrix}0\\1\\\vdots\\0\end{pmatrix}, \ldots, \vec{e_n} = \begin{pmatrix}0\\0\\\vdots\\1\end{pmatrix}$. Für jeden Vektor $\vec{a} = \begin{pmatrix}a_1\\a_2\\\vdots\\a_n\end{pmatrix}$ gilt dann $\vec{a} = a_1\vec{e_1} + a_2\vec{e_2} + \ldots + a_n\vec{e_n}$. Bezüglich der Standardbasis stimmen die Koordinaten eines Vektors $\vec{a} = \overrightarrow{OA}$ mit den Koordinaten des Punktes A überein.

Skalarprodukt und euklidischer Vektorraum

Gegeben ist ein Vektorraum V. Eine Funktion, die je zwei Vektoren aus V eine reelle Zahl zuordnet, heißt **Skalarprodukt** auf V, wenn für $\vec{x}, \vec{y}, \vec{z} \in V$ gilt:

(1) $\vec{x} \circ \vec{y} = \vec{y} \circ \vec{x}$ **(Kommutativgesetz)**,
(2) $\vec{x} \circ (\vec{y} + \vec{z}) = \vec{x} \circ \vec{y} + \vec{x} \circ \vec{z}$ **(Distributivgesetz)**,
(3) $r \cdot (\vec{x} \circ \vec{y}) = (r \cdot \vec{x}) \circ \vec{y} = \vec{x} \circ (r \cdot \vec{y})$ $(r \in \mathbb{R})$ (Multiplikation mit $r \in \mathbb{R}$),
(4) $\vec{x} \circ \vec{x} = \vec{x}^2 > 0$ für alle $\vec{x} \neq \vec{o}$ und $\vec{x} \circ \vec{x} = 0$ für $\vec{x} = \vec{o}$ **(positive Definitheit)**.

Ein Vektorraum, in dem ein Skalarprodukt definiert ist, heißt **euklidischer Vektorraum**.

Das **Standardskalarprodukt**, wie es auch in der analytischen Geometrie verwendet wird, ist in einem n-dimensionalen euklidischen Vektorraum definiert als

$$\vec{x} \circ \vec{y} = x_1 y_1 + x_2 y_2 + \ldots + x_n y_n = \sum_{i=1}^{n} x_i y_i.$$

Skalarprodukt in der analytischen Geometrie → S. 88
Dimension → S. 100

Matrizen

Grundbegriffe

Matrix

Eine rechteckige Anordnung von $m \cdot n$ Zahlen (Elementen) a_{ik} in m Zeilen und n Spalten heißt **(m × n)-Matrix** oder **Matrix vom Typ (m × n)**.

$$A = A_{(m,n)} = (a_{ik}) = \begin{pmatrix} a_{11} & a_{12} & \cdots & a_{1n} \\ a_{21} & a_{22} & \cdots & a_{2n} \\ \vdots & \vdots & \ddots & \vdots \\ a_{m1} & a_{m2} & \cdots & a_{mn} \end{pmatrix}$$

Das Element a_{ik} steht in der i-ten Zeile und der k-ten Spalte.

Gleichheit von Matrizen

Zwei Matrizen $A = (a_{ik})$ und $B = (b_{ik})$ sind genau dann gleich, wenn sie vom gleichen Typ sind, also gleich viele Zeilen und gleich viele Spalten haben, und wenn die einander entsprechenden Elemente gleich sind: $a_{ik} = b_{ik}$ für $i = 1, 2, \ldots, m$ und $k = 1, 2, \ldots, n$.

Zeilen- und Spaltenvektoren

Die Elemente der i-ten Zeile bilden den i-ten **Zeilenvektor** $(a_{i1}, a_{i2}, \ldots, a_{in})$. Ein Zeilenvektor ist eine (1 × n)-Matrix.

Die Elemente der k-ten Spalte bilden den k-ten **Spaltenvektor** $\begin{pmatrix}a_{1k}\\a_{2k}\\\vdots\\a_{mk}\end{pmatrix}$. Ein Spaltenvektor ist eine (m × 1)-Matrix.

(2 × 1)-Matrizen entsprechen den Vektoren der Ebene, (3 × 1)-Matrizen entsprechen den Vektoren des Raums.

Rang einer Matrix

Die maximale Anzahl linear unabhängiger Zeilenvektoren einer Matrix ist gleich der maximalen Anzahl linear unabhängiger Spaltenvektoren. Diese Zahl heißt **Rang** der Matrix. Ist der Rang einer Matrix A gleich r, schreibt man $\operatorname{rg} A = r$.
Der Rang einer (m × n)-Matrix kann höchstens gleich der kleineren der beiden Zahlen m und n sein.

Lineare Unabhängigkeit → S. 100

Lineare Algebra

Matrizen – Grundbegriffe

Transponierte Matrix

Die zu einer Matrix $A = (a_{ik})$ **transponierte Matrix** $A^T = (a_{ki})$ erhält man, indem man in A Zeilen und Spalten vertauscht. Ist A vom Typ $(m \times n)$, so ist A^T vom Typ $(n \times m)$.

$$A = A_{(m,n)} = (a_{ik}) = \begin{pmatrix} a_{11} & a_{12} & \cdots & a_{1n} \\ a_{21} & a_{22} & \cdots & a_{2n} \\ \vdots & \vdots & \ddots & \vdots \\ a_{m1} & a_{m2} & \cdots & a_{mn} \end{pmatrix} \qquad A^T = A^T_{(m,n)} = (a_{ki}) = \begin{pmatrix} a_{11} & a_{21} & \cdots & a_{m1} \\ a_{12} & a_{22} & \cdots & a_{m2} \\ \vdots & \vdots & \ddots & \vdots \\ a_{1n} & a_{2n} & \cdots & a_{mn} \end{pmatrix}$$

Es gilt $(A^T)^T = A$.

Nullmatrix

Eine Matrix, bei der alle Elemente gleich null sind, heißt **Nullmatrix**.

$$O = \begin{pmatrix} 0 & 0 & \cdots & 0 \\ 0 & 0 & \cdots & 0 \\ \vdots & \vdots & \ddots & \vdots \\ 0 & 0 & \cdots & 0 \end{pmatrix}$$

Quadratische Matrix

Eine Matrix, die gleich viele Zeilen wie Spalten hat $(m = n)$, heißt **quadratische Matrix**. Eine quadratische Matrix mit jeweils n Zeilen und Spalten heißt **n-reihige quadratische Matrix**.

$$A = A_{(n,n)} = (a_{ik}) = \begin{pmatrix} a_{11} & a_{12} & \cdots & a_{1n} \\ a_{21} & a_{22} & \cdots & a_{2n} \\ \vdots & \vdots & \ddots & \vdots \\ a_{n1} & a_{n2} & \cdots & a_{nn} \end{pmatrix}$$

Hauptdiagonale

Die Elemente der **Hauptdiagonalen** einer $(m \times n)$-Matrix sind $a_{11}, a_{22}, \ldots, a_{kk}$, wobei k das Minimum der beiden Zahlen m und n ist.

Quadratische Matrizen (m = n)

Hauptdiagonale und Spur

Die Elemente der **Hauptdiagonalen** einer quadratischen Matrix A sind $a_{11}, a_{22}, \ldots, a_{nn}$.

Ihre Summe nennt man **Spur** der Matrix: $\text{Spur}(A) = a_{11} + a_{22} + \ldots + a_{nn} = \sum_{i=1}^{n} a_{ii}$.

Dreiecksmatrix

Eine **obere Dreiecksmatrix** ist eine quadratische Matrix, bei der alle Elemente unterhalb der Hauptdiagonalen gleich null sind ($a_{ik} = 0$ für $i > k$).

$$A = A_{(n,n)} = (a_{ik}) = \begin{pmatrix} a_{11} & a_{12} & \cdots & a_{1n} \\ 0 & a_{22} & \cdots & a_{2n} \\ \vdots & \vdots & \ddots & \vdots \\ 0 & 0 & \cdots & a_{nn} \end{pmatrix}$$

Eine **untere Dreiecksmatrix** ist eine quadratische Matrix, bei der alle Elemente oberhalb der Hauptdiagonalen gleich null sind ($a_{ik} = 0$ für $i < k$).

$$A = A_{(n,n)} = (a_{ik}) = \begin{pmatrix} a_{11} & 0 & \cdots & 0 \\ a_{21} & a_{22} & \cdots & 0 \\ \vdots & \vdots & \ddots & \vdots \\ a_{n1} & a_{n2} & \cdots & a_{nn} \end{pmatrix}$$

Diagonalmatrix

Eine **Diagonalmatrix** ist eine quadratische Matrix, bei der alle Elemente außerhalb der Hauptdiagonalen gleich null sind ($a_{ik} = 0$ für $i \neq k$).

$$A = A_{(n,n)} = (a_{ik}) = \begin{pmatrix} a_{11} & 0 & \cdots & 0 \\ 0 & a_{22} & \cdots & 0 \\ \vdots & \vdots & \ddots & \vdots \\ 0 & 0 & \cdots & a_{nn} \end{pmatrix}$$

Einheitsmatrix

Die Einheitsmatrix ist eine Diagonalmatrix, bei der alle Einträge auf der Hauptdiagonalen gleich 1 sind ($a_{ik} = 1$ für $i = k$ und $a_{ik} = 0$ für $i \neq k$).

$$E = E_{(n,n)} = (e_{ik}) = \begin{pmatrix} 1 & 0 & \cdots & 0 \\ 0 & 1 & \cdots & 0 \\ \vdots & \vdots & \ddots & \vdots \\ 0 & 0 & \cdots & 1 \end{pmatrix}$$

Inverse Matrix

Die Matrix A^{-1} heißt die zu einer quadratischen Matrix A **inverse Matrix**, wenn $AA^{-1} = A^{-1}A = E$ gilt.
A^{-1} existiert genau dann, wenn $\det A \neq 0$ ist. Die Matrix A heißt dann **regulär** oder **nichtsingulär** oder **invertierbar**, andernfalls **singulär**.
Es gilt außerdem $(A^{-1})^{-1} = A$ und $(A^{-1})^{T} = (A^{T})^{-1}$.

Für eine (2 × 2)-Matrix $A = \begin{pmatrix} a_{11} & a_{12} \\ a_{21} & a_{22} \end{pmatrix}$ gilt

$$A^{-1} = \frac{1}{a_{11}a_{22} - a_{12}a_{21}} \begin{pmatrix} a_{22} & -a_{12} \\ -a_{21} & a_{11} \end{pmatrix} = \frac{1}{\det A} \begin{pmatrix} a_{22} & -a_{12} \\ -a_{21} & a_{11} \end{pmatrix}.$$

Symmetrische und schiefsymmetrische (antisymmetrische) Matrizen

Eine quadratische Matrix A heißt **symmetrische Matrix**, wenn alle Elemente, die spiegelbildlich zur Hauptdiagonalen liegen, übereinstimmen ($a_{ik} = a_{ki}$; i, j = 1, 2, …, n). Es gilt also $A = A^T$.
Jede Diagonalmatrix (insbesondere auch die Einheitsmatrix) ist symmetrisch.

$$A = (a_{ik}) = \begin{pmatrix} a_{11} & a_{12} & \cdots & a_{1n} \\ a_{12} & a_{22} & \cdots & a_{2n} \\ \vdots & \vdots & \ddots & \vdots \\ a_{1n} & a_{2n} & \cdots & a_{nn} \end{pmatrix}$$

Eine quadratische Matrix A heißt **schiefsymmetrische (antisymmetrische) Matrix**, wenn alle Elemente, die spiegelbildlich zur Hauptdiagonalen liegen, Gegenzahlen voneinander sind, und die Elemente auf der Hauptdiagonalen alle null sind ($a_{ik} = -a_{ki}$ und damit $a_{ii} = 0$; i, j = 1, 2, …, n). Es gilt also $A = -A^T$.

$$A = (a_{ik}) = \begin{pmatrix} 0 & a_{12} & \cdots & a_{1n} \\ -a_{12} & 0 & \cdots & a_{2n} \\ \vdots & \vdots & \ddots & \vdots \\ -a_{1n} & -a_{2n} & \cdots & 0 \end{pmatrix}$$

Jede quadratische Matrix A lässt sich eindeutig als Summe einer symmetrischen Matrix B und einer schiefsymmetrischen Matrix C schreiben:

$A = B + C$ mit $B = \frac{1}{2}(A + A^T)$ und $C = \frac{1}{2}(A - A^T)$.

Quadratische Matrizen (m = n)

Multiplizieren von Matrizen → S. 104

Determinante einer Matrix → S. 105

Transponierte Matrix → S. 102
Diagonalmatrix → S. 102
Einheitsmatrix → S. 102

Gegenzahl → S. 13

Rechnen mit Matrizen

Addieren und Subtrahieren von Matrizen

Matrizen kann man nur dann addieren und subtrahieren, wenn sie vom gleichen Typ sind.
Es werden jeweils die einander entsprechenden Elemente addiert bzw. subtrahiert.

$$A \pm B = A_{(m,n)} + B_{(m,n)} = (a_{ik}) \pm (b_{ik})$$

$$= \begin{pmatrix} a_{11} & a_{12} & \cdots & a_{1n} \\ a_{21} & a_{22} & \cdots & a_{2n} \\ \vdots & \vdots & \ddots & \vdots \\ a_{m1} & a_{m2} & \cdots & a_{mn} \end{pmatrix} \pm \begin{pmatrix} b_{11} & b_{12} & \cdots & b_{1n} \\ b_{21} & b_{22} & \cdots & b_{2n} \\ \vdots & \vdots & \ddots & \vdots \\ b_{m1} & b_{m2} & \cdots & b_{mn} \end{pmatrix}$$

$$= \begin{pmatrix} a_{11} \pm b_{11} & a_{12} \pm b_{12} & \cdots & a_{1n} \pm b_{1n} \\ a_{21} \pm b_{21} & a_{22} \pm b_{22} & \cdots & a_{2n} \pm b_{2n} \\ \vdots & \vdots & \ddots & \vdots \\ a_{m1} \pm b_{m1} & a_{m2} \pm b_{m2} & \cdots & a_{mn} \pm b_{mn} \end{pmatrix}$$

$$= (a_{ik} \pm b_{ik})$$

Typ einer Matrix → S. 101

Lineare Algebra

Rechnen mit Matrizen

Multiplizieren einer Matrix mit einer reellen Zahl

Man multipliziert eine Matrix mit einer reellen Zahl, indem man jedes Element der Matrix mit dieser Zahl multipliziert.

$$r \cdot A = r \cdot (a_{ik}) = (r \cdot a_{ik}) = \begin{pmatrix} r \cdot a_{11} & r \cdot a_{12} & \cdots & r \cdot a_{1n} \\ r \cdot a_{21} & r \cdot a_{22} & \cdots & r \cdot a_{2n} \\ \vdots & \vdots & \ddots & \vdots \\ r \cdot a_{m1} & r \cdot a_{m2} & \cdots & r \cdot a_{mn} \end{pmatrix}$$

Die Division einer Matrix durch eine reelle Zahl $r \neq 0$ entspricht einer Multiplikation der Matrix mit $\frac{1}{r}$.

Multiplizieren von Matrizen

Typ einer Matrix → S. 101

Zwei Matrizen A und B kann man nur dann miteinander multiplizieren $(A \cdot B)$, wenn die Spaltenanzahl von A mit der Zeilenanzahl von B übereinstimmt. Wenn A eine Matrix vom Typ $(m \times n)$ ist, dann muss B eine Matrix vom Typ $(n \times p)$ sein. Das Produkt $A \cdot B = C$ ist dann eine Matrix vom Typ $(m \times p)$.

$$A \cdot B = A_{(m,n)} \cdot B_{(n,p)}$$

$$= \begin{pmatrix} a_{11} & a_{12} & \cdots & a_{1k} & \cdots & a_{1n} \\ a_{21} & a_{22} & \cdots & a_{2k} & \cdots & a_{2n} \\ \vdots & \vdots & \ddots & \vdots & \ddots & \vdots \\ a_{i1} & a_{i2} & \cdots & a_{ik} & \cdots & a_{in} \\ \vdots & \vdots & \ddots & \vdots & \ddots & \vdots \\ a_{m1} & a_{m2} & \cdots & a_{mk} & \cdots & a_{mn} \end{pmatrix} \cdot \begin{pmatrix} b_{11} & b_{12} & \cdots & b_{1k} & \cdots & b_{1p} \\ b_{21} & b_{22} & \cdots & b_{2k} & \cdots & b_{2p} \\ \vdots & \vdots & \ddots & \vdots & \ddots & \vdots \\ b_{i1} & b_{i2} & \cdots & b_{ik} & \cdots & b_{ip} \\ \vdots & \vdots & \ddots & \vdots & \ddots & \vdots \\ b_{n1} & b_{n2} & \cdots & b_{nk} & \cdots & b_{np} \end{pmatrix}$$

$$= \begin{pmatrix} c_{11} & c_{12} & \cdots & c_{1k} & \cdots & c_{1p} \\ c_{21} & c_{22} & \cdots & c_{2k} & \cdots & c_{2p} \\ \vdots & \vdots & \ddots & \vdots & \ddots & \vdots \\ c_{i1} & c_{i2} & \cdots & c_{ik} & \cdots & c_{ip} \\ \vdots & \vdots & \ddots & \vdots & \ddots & \vdots \\ c_{m1} & c_{m2} & \cdots & c_{mk} & \cdots & c_{mp} \end{pmatrix} = (c_{ik}) = C_{(m,p)} = C$$

Skalarprodukt → S. 101
Zeilen- und Spaltenvektor → S. 101

Das Element c_{ik} erhält man, indem man das Skalarprodukt des i-ten Zeilenvektors von A mit dem k-ten Spaltenvektor von B bildet:

$$c_{ik} = (a_{i1}, a_{i2}, \ldots, a_{in}) \circ \begin{pmatrix} b_{1k} \\ b_{2k} \\ \vdots \\ b_{nk} \end{pmatrix} = a_{i1} \cdot b_{1k} + a_{i2} \cdot b_{2k} + \ldots + a_{ik} \cdot b_{ik} + \ldots + a_{in} \cdot b_{nk} = \sum_{j=1}^{n} a_{ij} \cdot b_{jk}.$$

Wenn man eine $(m \times n)$-Matrix A von links mit einem Zeilenvektor der Länge m multipliziert, erhält man einen Zeilenvektor der Länge n.
Wenn man eine $(m \times n)$-Matrix A von rechts mit einem Spaltenvektor der Länge n multipliziert, erhält man einen Spaltenvektor der Länge m.

Quadratische Matrix → S. 102
Potenzieren von quadratischen Matrizen → S. 105

Eine quadratische Matrix A kann mit sich selbst multipliziert werden: $A \cdot A = A^2$.
Weiterhin gilt $A \cdot A \cdot A = A^3, \ldots, A^n = \underbrace{A \cdot A \cdot \ldots \cdot A}_{n \text{ Faktoren}}$ (**n-te Potenz** von A; $n \in \mathbb{N}$).

Regeln für das Rechnen mit Matrizen

Addieren und Subtrahieren von Matrizen gleichen Typs

$A \pm B = B \pm A$ **(Kommutativgesetz)**
$(A + B) + C = A + (B + C) = A + B + C$ **(Assoziativgesetz)**

Nullmatrix → S. 102

$A + O = O + A = A$
$(A \pm B)^T = A^T \pm B^T$

Regeln für das Rechnen mit Matrizen

Multiplizieren einer Matrix mit einer reellen Zahl ($r, s \in \mathbb{R}$)

Es wird vorausgesetzt, dass die Addition und Multiplikation der Matrizen möglich ist.

$r \cdot A = A \cdot r$ **(Kommutativgesetz)**
$(r \cdot s) \cdot A = r \cdot (s \cdot A)$ **(Assoziativgesetz)**
$r \cdot (A + B) = r \cdot A + r \cdot B$ **(Distributivgesetz)**
$(r + s) \cdot A = r \cdot A + s \cdot A$ **(Distributivgesetz)**
$r \cdot (A \cdot B) = (r \cdot A) \cdot B = A \cdot (r \cdot B)$
$1 \cdot A = A$
$0 \cdot A = 0$
$(r \cdot A)^T = r \cdot A^T$

Transponierte Matrix → S. 102

Multiplizieren von Matrizen

Es wird vorausgesetzt, dass die Addition und Multiplikation der Matrizen möglich ist.

$(A \cdot B) \cdot C = A \cdot (B \cdot C) = A \cdot B \cdot C$ **(Assoziativgesetz)**
$(A + B) \cdot C = A \cdot C + B \cdot C$ **(Distributivgesetz)**
$A \cdot (B + C) = A \cdot B + A \cdot C$ **(Distributivgesetz)**
$E \cdot A = A \cdot E = A$
$A \cdot 0 = 0 \cdot A = 0$
$(A \cdot B)^T = B^T \cdot A^T$
$(A \cdot B \cdot \ldots \cdot Z)^{-1} = Z^{-1} \cdot \ldots \cdot B^{-1} \cdot A^{-1}$

Die Matrizenmultiplikation ist im Allgemeinen nicht kommutativ. Im Allgemeinen gilt $A \cdot B \neq B \cdot A$.

Einheitsmatrix und Nullmatrix → S. 102

Potenzieren von quadratischen Matrizen

$A^0 = E$

Ist eine quadratische Matrix A invertierbar ($\det A \neq 0$), dann gilt $A^{-n} = (A^{-1})^n$ ($n \in \mathbb{N}$).

$A^{m+n} = A^m \cdot A^n$ ($m, n \in \mathbb{N}$ bzw. $m, n \in \mathbb{Z}$ für $\det A \neq 0$)
$A^{m \cdot n} = (A^m)^n$ ($m, n \in \mathbb{N}$ bzw. $m, n \in \mathbb{Z}$ für $\det A \neq 0$)

Inverse Matrix → S. 103
Determinante → vgl. unten

Determinanten

Determinante

Jeder n-reihigen quadratischen Matrix $A = A_{(n,n)} = (a_{ik})$ ist eindeutig eine reelle Zahl zugeordnet, die man **(n-reihige) Determinante** von A oder **Determinante n-ter Ordnung** von A nennt.

Schreibweise: $D = \det A = \det(a_{ik}) = |A| = \begin{vmatrix} a_{11} & a_{12} & \cdots & a_{1n} \\ a_{21} & a_{22} & \cdots & a_{2n} \\ \vdots & \vdots & \ddots & \vdots \\ a_{n1} & a_{n2} & \cdots & a_{nn} \end{vmatrix}$

n-reihige quadratische Matrix → S. 102

Unterdeterminante

Die **Unterdeterminante** $\det A_{ik}$ $(n-1)$-ter Ordnung des Elements a_{ik} einer n-reihigen quadratischen Matrix $A = A_{(n,n)} = (a_{ik})$ ist die Determinante der Matrix, die man erhält, indem man in der Matrix A die i-te Zeile und die k-te Spalte streicht.

Laplace'scher Entwicklungssatz → S. 106

Zweireihige Determinanten

$$\begin{vmatrix} a_{11} & a_{12} \\ a_{21} & a_{22} \end{vmatrix} = a_{11} \cdot a_{22} - a_{12} \cdot a_{21}$$

Lineare Algebra

Determinanten
Laplace'scher Entwicklungssatz → vgl. unten
Unterdeterminante → S. 105

Dreireihige Determinanten

Berechnung mithilfe von Unterdeterminanten (Entwicklung nach der 1. Zeile):

$$\begin{vmatrix} a_{11} & a_{12} & a_{13} \\ a_{21} & a_{22} & a_{23} \\ a_{31} & a_{32} & a_{33} \end{vmatrix} = a_{11}\begin{vmatrix} a_{22} & a_{23} \\ a_{32} & a_{33} \end{vmatrix} - a_{12}\begin{vmatrix} a_{21} & a_{23} \\ a_{31} & a_{33} \end{vmatrix} + a_{13}\begin{vmatrix} a_{21} & a_{22} \\ a_{31} & a_{32} \end{vmatrix}$$

Berechnung mithilfe der **Regel von Sarrus** (gilt nur für dreireihige Determinanten):

$$\begin{array}{|ccc|cc} a_{11} & a_{12} & a_{13} & a_{11} & a_{12} \\ a_{21} & a_{22} & a_{23} & a_{21} & a_{22} \\ a_{31} & a_{32} & a_{33} & a_{31} & a_{32} \\ - & - & - & + & + & + \end{array}$$

$$\begin{vmatrix} a_{11} & a_{12} & a_{13} \\ a_{21} & a_{22} & a_{23} \\ a_{31} & a_{32} & a_{33} \end{vmatrix} = a_{11}a_{22}a_{33} + a_{12}a_{23}a_{31} + a_{13}a_{21}a_{32} - a_{13}a_{22}a_{31} - a_{11}a_{23}a_{32} - a_{12}a_{21}a_{33}$$

n-reihige Determinanten (Laplace'scher Entwicklungssatz)

n-reihige quadratische Matrix → S. 102

Die Berechnung der Determinante einer n-reihigen quadratischen Matrix kann man auf die Berechnung zweireihiger Determinanten zurückführen, indem man schrittweise die Dimension der zu berechnenden Determinanten um 1 verringert. Man kann nach einer Zeile oder nach einer Spalte entwickeln. Der Wert der Determinante ist unabhängig davon, nach welcher Zeile oder Spalte man entwickelt.
Mit $\det A_{ik}$ bezeichnet man die Unterdeterminante (n − 1)-ter Ordnung des Elements a_{ik} von A.

Entwickeln nach der i-ten Zeile:

$$\det A = \det(a_{ik}) = \sum_{k=1}^{n} (-1)^{i+k} a_{ik} \det A_{ik}$$

Entwickeln nach der k-ten Spalte:

$$\det A = \det(a_{ik}) = \sum_{i=1}^{n} (-1)^{i+k} a_{ik} \det A_{ik}$$

Entwickeln nach der 1. Zeile:

$$\det A = \sum_{k=1}^{n} (-1)^{1+k} a_{1k} \det A_{1k}$$

Entwickeln nach der 1. Spalte:

$$\det A = \sum_{i=1}^{n} (-1)^{i+1} a_{i1} \det A_{i1}$$

Regeln für das Rechnen mit Determinanten

Hauptdiagonale und transponierte Matrix → S. 102

Der Wert einer Determinante ändert sich nicht, wenn man
- die Zeilen mit den Spalten vertauscht (Spiegelung an der Hauptdiagonalen),
- zu einer Zeile (Spalte) ein Vielfaches einer anderen Zeile (Spalte) addiert,
- zu einer Zeile (Spalte) eine Linearkombination anderer Zeilen (Spalten) addiert.

Vertauscht man zwei Zeilen (zwei Spalten), so ändert sich nur das Vorzeichen der Determinante.

Man multipliziert eine Determinante mit einer reellen Zahl r, indem man jedes Element einer einzigen beliebigen Zeile (Spalte) mit r multipliziert. Ein gemeinsamer Faktor r aller Elemente einer einzigen beliebigen Zeile (Spalte) kann man also vor die Determinante ziehen.

$$\det\begin{pmatrix} a_{11} & a_{12} & \cdots & a_{1n} \\ a_{21} & a_{22} & \cdots & a_{2n} \\ \vdots & \vdots & \ddots & \vdots \\ r \cdot a_{i1} & r \cdot a_{i2} & \cdots & r \cdot a_{in} \\ \vdots & \vdots & \ddots & \vdots \\ a_{n1} & a_{n2} & \cdots & a_{nn} \end{pmatrix} = r \cdot \det A$$

Der Wert einer Determinante ist null, wenn
- alle Elemente einer Zeile (Spalte) gleich null sind oder
- zwei Zeilen (Spalten) gleich sind oder
- eine Zeile (Spalte) ein Vielfaches einer anderen Zeile (Spalte) ist oder
- eine Zeile (Spalte) eine Linearkombination der restlichen Zeilen (Spalten) ist.

Sind A, B und C $(n \times n)$-Matrizen, so gilt:

$\det(A \cdot B) = \det A \cdot \det B$

$\det(A^n) = (\det A)^n \;\; (n \in \mathbb{N})$ und $\det(A^n) = (\det A)^n \;\; (n \in \mathbb{Z};\ \det A \neq 0$ (A invertierbar))

$\det(A^T) = \det A$

$\det(A \cdot B) = \det(A \cdot B^T) = \det(A^T \cdot B) = \det(A^T \cdot B^T)$

$\det(A^{-1}) = \frac{1}{\det A}$ ($\det A \neq 0$ (A invertierbar))

$\det(C^{-1} \cdot A \cdot C) = \det A$ ($\det C \neq 0$ (C invertierbar))

$\det(r \cdot A) = r^n \det A \;\; (r \in \mathbb{R})$

Regeln für das Rechnen mit Determinanten
Inverse Matrix → S. 103
Transponierte Matrix → S. 102

Lineare Gleichungssysteme

Lineare Gleichung → S. 20
Elementare Zeilenumformungen für lineare Gleichungssysteme (Äquivalenzumformungen) → S. 108

Lineares Gleichungssystem aus m Gleichungen mit n Variablen

Ein System aus m linearen Gleichungen mit n Variablen $x_1, x_2, \ldots, x_n$ heißt **lineares Gleichungssystem (LGS) mit m Gleichungen und n Variablen ((m, n)-LGS).** Durch elementare Zeilenumformungen (Äquivalenzumformungen) kann man ein solches System immer in die folgende Form bringen:

Koordinatenschreibweise ($a_{ik}, b_i \in \mathbb{R}$):

$$\begin{aligned} a_{11}x_1 + a_{12}x_2 + \ldots + a_{1n}x_n &= b_1 \\ a_{21}x_1 + a_{22}x_2 + \ldots + a_{2n}x_n &= b_2 \\ &\ldots \\ a_{m1}x_1 + a_{m2}x_2 + \ldots + a_{mn}x_n &= b_m \end{aligned}$$

Die Zahlen a_{ik} heißen **Koeffizienten** des LGS, die Zahlen b_i heißen **Absolutglieder** des LGS.

Vektorschreibweise:

$$x_1\vec{a_1} + x_2\vec{a_2} + \ldots + x_n\vec{a_n} = \vec{b} \text{ mit } \vec{a_1} = \begin{pmatrix} a_{11} \\ a_{21} \\ \vdots \\ a_{m1} \end{pmatrix}, \vec{a_2} = \begin{pmatrix} a_{12} \\ a_{22} \\ \vdots \\ a_{m2} \end{pmatrix}, \ldots, \vec{a_n} = \begin{pmatrix} a_{1n} \\ a_{2n} \\ \vdots \\ a_{mn} \end{pmatrix}, \vec{b} = \begin{pmatrix} b_1 \\ b_2 \\ \vdots \\ b_m \end{pmatrix}$$

Matrixschreibweise:

$$A \cdot \vec{x} = \vec{b} \text{ mit } A = \begin{pmatrix} a_{11} & a_{12} & \cdots & a_{1n} \\ a_{21} & a_{22} & \cdots & a_{2n} \\ \vdots & \vdots & \ddots & \vdots \\ a_{m1} & a_{m2} & \cdots & a_{mn} \end{pmatrix}, \vec{x} = \begin{pmatrix} x_1 \\ x_2 \\ \vdots \\ x_n \end{pmatrix} \text{ und } \vec{b} = \begin{pmatrix} b_1 \\ b_2 \\ \vdots \\ b_m \end{pmatrix}$$

Die Matrix $A = (a_{ik})$ heißt **Koeffizientenmatrix** des LGS

Schreibweise mit der erweiterte Koeffizientenmatrix des LGS:

$$\left(\begin{array}{cccc|c} a_{11} & a_{12} & \cdots & a_{1n} & b_1 \\ a_{21} & a_{22} & \cdots & a_{2n} & b_2 \\ \vdots & \vdots & \ddots & \vdots & \vdots \\ a_{m1} & a_{m2} & \cdots & a_{mn} & b_m \end{array}\right) = (A, \vec{b})$$

Jedes LGS hat entweder keine, genau eine oder unendlich viele Lösungen.

Homogenes, inhomogenes und quadratisches lineares Gleichungssystem

Ein LGS, bei dem alle Absolutglieder b_i gleich null sind, heißt **homogen.**
Ist mindestens ein Absolutglied b_i ungleich null, so heißt das LGS **inhomogen.**
Ist die Anzahl m an Gleichungen gleich der Anzahl n an Variablen, so spricht man von einem **quadratischen** LGS.

Lineare Algebra

Lineare Gleichungssysteme

Elementare Zeilenumformungen für lineare Gleichungssysteme (Äquivalenzumformungen)

Durch die folgenden elementaren Zeilenumformungen wird die Lösungsmenge eines LGS nicht verändert. Die Umformungen (2) und (3) kann man kombinieren.

(1) Man vertauscht zwei Gleichungen (Zeilen) miteinander.
(2) Man multipliziert eine Gleichung (Zeile) mit einer Zahl ungleich null.
(3) Man ersetzt eine Gleichung (Zeile) durch die Summe von ihr und einer anderen Gleichung (Zeile).

Lösen eines linearen Gleichungssystems mithilfe des Gauß'schen Eliminationsverfahrens

Beim **Gauß'schen Eliminationsverfahren** formt man ein LGS durch elementare Zeilenumformungen so um, dass es in **Stufenform** vorliegt, d.h., mindestens eine Variable einer Gleichung des LGS kommt in allen folgenden Gleichung nicht mehr vor. Man kann dann den Wert von x_n bestimmen und durch Rückwärtseinsetzen nacheinander die Werte für $x_{n-1}, x_{n-2}, \ldots, x_2$ und x_1.

LGS mit drei Gleichungen und drei Variablen:

Koordinatenschreibweise:

$$\begin{aligned} 6x_1 - 3x_2 + 2x_3 &= 5 \\ 2x_2 - x_3 &= 2 \\ 3x_3 &= 12 \end{aligned}$$

Matrixschreibweise:

$$\begin{pmatrix} 6 & -3 & 2 \\ 0 & 2 & -1 \\ 0 & 0 & 3 \end{pmatrix} \cdot \begin{pmatrix} x_1 \\ x_2 \\ x_3 \end{pmatrix} = \begin{pmatrix} 5 \\ 2 \\ 12 \end{pmatrix}$$

Schreibweise mit der erweiterten Koeffizientenmatrix:

$$\left(\begin{array}{ccc|c} 6 & -3 & 2 & 5 \\ 0 & 2 & -1 & 2 \\ 0 & 0 & 3 & 12 \end{array}\right)$$

Aus der letzten Zeile liest man $x_3 = 4$ ab. Dies setzt man in die zweite Zeile ein und erhält $x_2 = 3$. Durch Einsetzen in die erste Zeile erhält man $x_1 = 1$.

Beim **Gauß-Jordan-Verfahren** formt man ein LGS durch elementare Zeilenumformungen so um, dass es in **reduzierter Stufenform** vorliegt. Diese ist ein Spezialfall der Stufenform, bei dem die jeweils erste Variable einer Gleichung des LGS nur in dieser vorkommt und den Koeffizienten 1 hat. Jedes LGS hat genau eine reduzierte Stufenform.

LGS mit drei Gleichungen und drei Variablen:

Koordinatenschreibweise:

$$\begin{aligned} x_1 \quad\quad &= 1 \\ x_2 \quad &= 3 \\ x_3 &= 4 \end{aligned}$$

Matrixschreibweise:

$$\begin{pmatrix} 1 & 0 & 0 \\ 0 & 1 & 0 \\ 0 & 0 & 1 \end{pmatrix} \cdot \begin{pmatrix} x_1 \\ x_2 \\ x_3 \end{pmatrix} = \begin{pmatrix} 1 \\ 3 \\ 4 \end{pmatrix}$$

Schreibweise mit der erweiterten Koeffizientenmatrix:

$$\left(\begin{array}{ccc|c} 1 & 0 & 0 & 1 \\ 0 & 1 & 0 & 3 \\ 0 & 0 & 1 & 4 \end{array}\right)$$

Quadratisches LGS → S. 107

Lösen eines quadratischen linearen Gleichungssystems mithilfe von Determinanten (Cramer'sche Regel)

Inverse Matrix → S. 103

Cramer'sche Regel:

Ist die Koeffizientenmatrix A eines quadratischen (n, n)-LGS $A \cdot \vec{x} = \vec{b}$ invertierbar (regulär), d.h. $\det A \neq 0$, so ist das LGS eindeutig lösbar und für x_i gilt $x_i = \frac{D_i}{D}$ $(i = 1, 2, \ldots, n)$.

Dabei ist D_i die Determinante der Matrix, die man erhält, indem man in der Matrix A die i-te Spalte durch die Absolutglieder b_i ersetzt.

Lösen eines quadratischen linearen Gleichungssystems mithilfe von Determinanten (Cramer'sche Regel)

Für ein LGS mit $n = 2$ gilt $x_1 = \frac{\begin{vmatrix} b_1 & a_{12} \\ b_2 & a_{22} \end{vmatrix}}{\begin{vmatrix} a_{11} & a_{12} \\ a_{21} & a_{22} \end{vmatrix}}$ und $x_2 = \frac{\begin{vmatrix} a_{11} & b_1 \\ a_{21} & b_2 \end{vmatrix}}{\begin{vmatrix} a_{11} & a_{12} \\ a_{21} & a_{22} \end{vmatrix}}$.

Für ein LGS mit $n = 3$ gilt $x_1 = \frac{D_1}{D}$, $x_2 = \frac{D_2}{D}$ und $x_3 = \frac{D_3}{D}$

mit $D = \begin{vmatrix} a_{11} & a_{12} & a_{13} \\ a_{21} & a_{22} & a_{23} \\ a_{31} & a_{32} & a_{33} \end{vmatrix}$, $D_1 = \begin{vmatrix} b_1 & a_{12} & a_{13} \\ b_2 & a_{22} & a_{23} \\ b_3 & a_{32} & a_{33} \end{vmatrix}$, $D_2 = \begin{vmatrix} a_{11} & b_1 & a_{13} \\ a_{21} & b_2 & a_{23} \\ a_{31} & b_3 & a_{33} \end{vmatrix}$ und $D_3 = \begin{vmatrix} a_{11} & a_{12} & b_1 \\ a_{21} & a_{22} & b_2 \\ a_{13} & a_{32} & b_3 \end{vmatrix}$.

Struktur der Lösungsmenge linearer Gleichungssysteme mit m Gleichungen und n Variablen

Homogenes lineares Gleichungssystem

Ein homogenes LGS besitzt immer mindestens eine Lösung, die **triviale Lösung** $x_1 = x_2 = \ldots = x_n = 0$. Da die Lösungsmenge eines homogenen LGS ein Vektorraum ist, gilt: Bei einem homogenen LGS ist jedes Vielfache einer Lösung wieder eine Lösung. Auch die Summe zweier Lösungen ist wieder eine Lösung. Damit ist jede Linearkombination von Lösungen eines homogenen LGS wieder eine Lösung des homogenen LGS.

Homogenes lineares Gleichungssystem → S. 107
Vektorraum → S. 99
Linearkombination → S. 99

Inhomogenes lineares Gleichungssystem

Man erhält alle Lösungen eines inhomogenen LGS, indem man zu jeder Lösung des zugehörigen homogenen LGS eine **partikuläre** (spezielle) **Lösung** des inhomogenen LGS addiert. Ein inhomogenes LGS besitzt also insbesondere genau dann höchstens eine Lösung, wenn das zugehörige homogene LGS nur die triviale Lösung besitzt.

Inhomogenes lineares Gleichungssystem → S. 107

Lösbarkeitskriterien für lineare Gleichungssysteme mit m Gleichungen und n Variablen

Gegeben sind ein inhomogenes (m, n)-LGS $A \cdot \vec{x} = \vec{b}$ und das zugehörige homogene LGS $A \cdot \vec{x} = \vec{o}$.

$$A = \begin{pmatrix} a_{11} & a_{12} & \cdots & a_{1n} \\ a_{21} & a_{22} & \cdots & a_{2n} \\ \vdots & \vdots & \ddots & \vdots \\ a_{m1} & a_{m2} & \cdots & a_{mn} \end{pmatrix}, \quad \vec{x} = \begin{pmatrix} x_1 \\ x_2 \\ \vdots \\ x_n \end{pmatrix}, \quad \vec{b} = \begin{pmatrix} b_1 \\ b_2 \\ \vdots \\ b_m \end{pmatrix}$$

Lösbarkeitskriterien für das homogene LGS:

- $\text{rg}\,A = n$: eindeutig lösbar (triviale Lösung)
- $\text{rg}\,A < n$: unendlich viele Lösungen

Rang einer Matrix → S. 101

Lösbarkeitskriterien für das inhomogene LGS:

- $\text{rg}\,A = \text{rg}(A, \vec{b})$: lösbar
- $\text{rg}\,A = \text{rg}(A, \vec{b}) = n$: eindeutig lösbar
- $\text{rg}\,A = \text{rg}(A, \vec{b}) < n$: unendlich viele Lösungen
- $\text{rg}\,A < \text{rg}(A, \vec{b})$: keine Lösung

Dabei bezeichnet $(A, \vec{b})$ die erweiterte Koeffizientenmatrix.

Erweiterte Koeffizientenmatrix → S. 107

Für quadratische LGS $(m = n)$:

Lösbarkeitskriterien für das homogene LGS:

- $\det A \neq 0$: eindeutig lösbar (triviale Lösung)
- $\det A = 0$: unendlich viele Lösungen

Lösbarkeitskriterien für das inhomogene LGS $(i = 1, 2, \ldots, n)$:

- $\det A \neq 0$: eindeutig lösbar (Cramer'sche Regel)
- $\det A = 0$ und $D_i = 0$ für alle i: unendlich viele Lösungen
- $\det A = 0$ und $D_i \neq 0$ für mindestens ein i: keine Lösung

Cramer'sche Regel → S. 108

Dabei ist D_i die Determinante der Matrix, die man erhält, indem man in der Matrix A die i-te Spalte durch die Absolutglieder b_i ersetzt.

Mehrstufige Prozesse

Einstufige Produktionsprozesse

Die Herstellung von Endprodukten aus Rohstoffen kann als **einstufiger Prozess** aufgefasst werden.
Den Bedarf a_{ij} in Mengeneinheiten an den Rohstoffen R_i $(i = 1, 2, \ldots, m)$ für eine Mengeneinheit eines Endproduktes E_j $(j = 1, 2, \ldots, n)$ kann man mit einer Tabelle, einem **Verflechtungsdiagramm**, auch **Gozintograph** genannt, oder einer **Bedarfsmatrix** bzw. **Prozessmatrix** darstellen.

Tabelle:

	E_1	E_2
R_1	a_{11}	a_{12}
R_2	a_{21}	a_{22}
R_3	a_{31}	a_{32}

Verflechtungsdiagramm (Gozintograph):

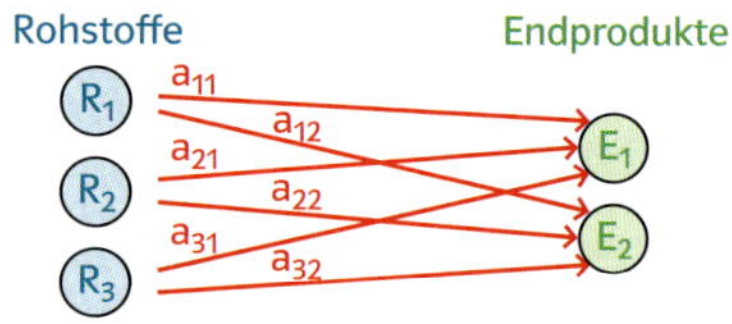

Bedarfsmatrix:

$$A = \begin{pmatrix} a_{11} & a_{12} \\ a_{21} & a_{22} \\ a_{31} & a_{32} \end{pmatrix}$$

Sollen e_1 Mengeneinheiten von E_1 und e_2 Mengeneinheiten von E_2 produziert werden, gilt für die dafür benötigten Mengeneinheiten r_1, r_2 und r_3 an Rohstoffen R_1, R_2 und R_3:

$$\vec{r} = A \cdot \vec{e} \quad \text{mit} \quad \vec{r} = \begin{pmatrix} r_1 \\ r_2 \\ r_3 \end{pmatrix} \quad \text{und} \quad \vec{e} = \begin{pmatrix} e_1 \\ e_2 \end{pmatrix}.$$

Mehrstufige Produktionsprozesse

Werden aus Rohstoffen über eine Zwischenstufe mit Zwischenprodukten Endprodukte hergestellt, so kann man dies als einen **zweistufigen Prozess** auffassen. Bei mehreren Zwischenstufen spricht man von einem **mehrstufigen Prozess.** Wie bei einstufigen Prozessen kann man mit Tabellen, Diagrammen und Matrizen arbeiten.

Zweistufiger Prozess:
Der Bedarf in Mengeneinheiten an den Rohstoffen R_i $(i = 1, 2, \ldots, m)$ für eine Mengeneinheit eines Zwischenproduktes Z_j $(j = 1, 2, \ldots, n)$ sei a_{ij}, der Bedarf in Mengeneinheiten an diesen Zwischenprodukten Z_j für eine Mengeneinheit eines Endproduktes E_k $(k = 1, 2, \ldots, p)$ sei b_{jk}.

Tabelle:

	Z_1	Z_2
R_1	a_{11}	a_{12}
R_2	a_{21}	a_{22}
R_3	a_{31}	a_{32}

	E_1	E_2
Z_1	b_{11}	b_{12}
Z_2	b_{21}	b_{22}

Verflechtungsdiagramm (Gozintograph):

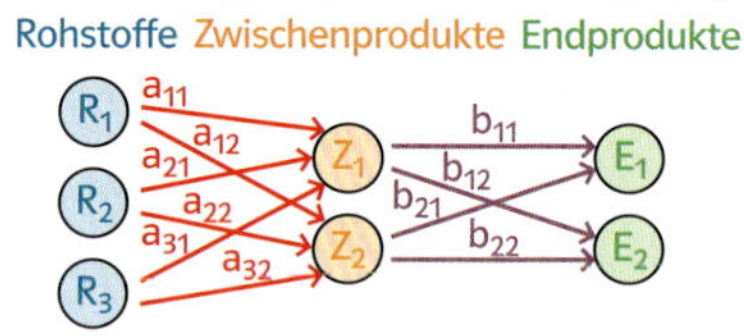

Bedarfsmatrizen: $A = \begin{pmatrix} a_{11} & a_{12} \\ a_{21} & a_{22} \\ a_{31} & a_{32} \end{pmatrix}$ und $B = \begin{pmatrix} b_{11} & b_{12} \\ b_{21} & b_{22} \end{pmatrix}$

Multiplizieren von Matrizen → S. 104

Die Anzahl an Mengeneinheiten der Rohstoffe, die zur Produktion je einer Mengeneinheit der Endprodukte benötigt wird, erhält man aus der Matrix $C = A \cdot B$. Sollen e_1 Mengeneinheiten von E_1 und e_2 Mengeneinheiten von E_2 produziert werden und sind r_1, r_2 und r_3 die dafür benötigten Mengeneinheiten an Rohstoffen R_1, R_2 und R_3 sowie z_1 und z_2 die benötigten Mengeneinheiten an Zwischenprodukten Z_1 und Z_2, so gilt:

$$\vec{r} = A \cdot \vec{z},\ \vec{z} = B \cdot \vec{e},\ \vec{r} = C \cdot \vec{e} \quad \text{mit} \quad \vec{r} = \begin{pmatrix} r_1 \\ r_2 \\ r_3 \end{pmatrix},\ C = A \cdot B,\ \vec{z} = \begin{pmatrix} z_1 \\ z_2 \end{pmatrix} \quad \text{und} \quad \vec{e} = \begin{pmatrix} e_1 \\ e_2 \end{pmatrix}.$$

Austauschprozesse (stochastische Prozesse)

Mehrstufige Prozesse

Austauschprozesse

Prozesse, bei denen sich ein bestehender Zustand ändert, heißen **Austauschprozesse (stochastische Prozesse)**. Hierbei ändert sich nur die Verteilung von Individuen auf einzelne Zustände, nicht jedoch die Gesamtanzahl der Individuen.

Es seien drei Zustände Z_1, Z_2 und Z_3 in Abhängigkeit von der Zeit gegeben. Der Zustand Z_1 gehe in einer Zeiteinheit mit der Wahrscheinlichkeit p_{11} in den Zustand Z_1 über, mit der Wahrscheinlichkeit p_{12} in den Zustand Z_2 und mit der Wahrscheinlichkeit p_{13} in den Zustand Z_3. Analoges gelte für die Zustände Z_2 und Z_3.

Übergangsgraph:

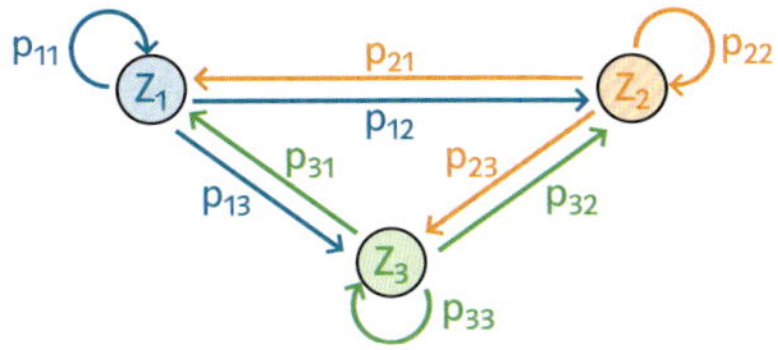

Sind zu einem bestimmten Zeitpunkt die Anzahlen an Individuen in den drei Zuständen durch x_1, x_2 und x_3 gegeben, dann gilt für die Anzahlen y_1, y_2 und y_3 an Individuen in den drei Zuständen nach einer Zeiteinheit

$$\vec{y} = P \cdot \vec{x} \text{ mit } \vec{y} = \begin{pmatrix} y_1 \\ y_2 \\ y_3 \end{pmatrix},\ P = \begin{pmatrix} p_{11} & p_{12} & p_{13} \\ p_{21} & p_{22} & p_{23} \\ p_{31} & p_{32} & p_{33} \end{pmatrix} \text{ und } \vec{x} = \begin{pmatrix} x_1 \\ x_2 \\ x_3 \end{pmatrix}.$$

Die quadratische Matrix P heißt **Übergangsmatrix**.

Quadratische Matrix → S. 102

Stochastische Matrizen

Statt Übergangsmatrix sagt man auch **stochastische Matrix**.
Eine Matrix $P = (p_{ik})$ heißt stochastische Matrix, wenn folgende Bedingungen gelten:
(1) P ist quadratisch.
(2) Für jedes Element p_{ik} gilt $0 \le p_{ik} \le 1$.
(3) Die Summe aller Elemente einer Spalte beträgt 1.

Markow-Ketten

Mithilfe einer Anfangsverteilung $\vec{x_0}$ kann man die Verteilung der Individuen nach n Zeiteinheiten durch $P^n \cdot \vec{x_0}$ bestimmen (P: stochastische Matrix). Man spricht von **Markow-Ketten** bzw. **Markow-Prozessen**.

n-te Potenz einer Matrix → S. 104

Grenzmatrix

Gegeben ist eine stochastische Matrix P. Wenn es unter den Matrizen P, P^2, P^3 … eine Matrix gibt, in der in mindestens einer Zeile alle Elemente positiv sind, dann gibt es eine **stabile Grenzverteilung $\vec{g}$ (Gleichgewichtsverteilung)** und eine **Grenzmatrix** G, bei der alle Spalten gleich sind. Man spricht auch von einer **stationären Verteilung**.
Für $k \to \infty$ wird die Matrix P^k zur Grenzmatrix G. Für jeden Vektor $\vec{x}$ gilt $\vec{g} = G \cdot \vec{x}$.
Der Vektor $\vec{g}$ ist ein Fixvektor zu P, d. h., es gilt $P \cdot \vec{g} = \vec{g}$.

Man erhält die Grenzverteilung $\vec{g}$, indem man das LGS $P \cdot \vec{g} = \vec{g}$ löst unter der Nebenbedingung, dass die Summe der Elemente von $\vec{g}$ die Gesamtanzahl an Individuen ergibt.
Die Grenzmatrix erhält man, indem man einen Fixvektor berechnet, bei dem die Summe seiner Elemente 1 ergibt. Die Elemente dieses Fixvektors entsprechen den Elementen in jeder Spalte der Grenzmatrix G.

LGS → S. 107

Lineare Algebra

Mehrstufige Prozesse

Übergangsmatrix → S. 111
n-te Potenz einer Matrix → S. 104
Einheitsmatrix → S. 102

Populationsprozesse

Ein mehrstufiger **Prozess** heißt **zyklisch**, wenn es ein $n \in \mathbb{N}$ gib, sodass für die zugehörige Übergangsmatrix $P^n = E$ gilt. Für jeden beliebigen Zustand $\vec{x}$ gilt dann $P^n \cdot \vec{x} = \vec{x}$.

Ein Populationsprozess hat eine Übergangsmatrix P der Form $P = \begin{pmatrix} 0 & 0 & v \\ a & 0 & 0 \\ 0 & b & 0 \end{pmatrix}$.

Dabei sind v mit $v > 0$ die Vermehrungsrate und a sowie b mit $0 < a \leq 1$ und $0 < b \leq 1$ Überlebensraten.
Für $a \cdot b \cdot v < 1$ stirbt die Population aus.
Für $a \cdot b \cdot v = 1$ entwickelt sich die Population zyklisch.
Für $a \cdot b \cdot v > 1$ nimmt die Population zu.

Affine Abbildungen der Ebene

Geometrische Abbildungen der Ebene

Eine **geometrische Abbildung** der Ebene ordnet jedem Originalpunkt P einen Bildpunkt P′ zu. Den Zusammenhang zwischen den Koordinaten von Originalpunkt und Bildpunkt kann man häufig durch **Abbildungsgleichungen** beschreiben.

Affine Abbildungen

Eine geradentreue und umkehrbare geometrische Abbildung der Ebene auf sich selbst nennt man **affine Abbildung** oder **Affinität**.
Affine Abbildungen werden meist mit α, β … bezeichnet.

Eigenschaften affiner Abbildungen

Eine affine Abbildung ist **parallelentreu**, d. h., die Bilder zueinander paralleler Geraden sind wieder zueinander parallel.

Teilverhältnis → S. 50

Eine affine Abbildung ist **teilverhältnistreu**, d. h., wenn der Punkt T auf der Strecke $\overline{AB}$ liegt und A′, B′ und T′ die Bildpunkte von A, B und T sind, dann gilt $\overrightarrow{PT} = \lambda \cdot \overrightarrow{TQ}$ und $\overrightarrow{P'T'} = \lambda \cdot \overrightarrow{T'Q'}$.

Es gilt also: Geraden bleiben Geraden, Parallelen bleiben Parallelen und Mittelpunkte bleiben Mittelpunkte.
Im Allgemeinen sind affine Abbildungen nicht längentreu und nicht winkeltreu.

Eine affine Abbildung ist durch Angabe der Eckpunkte eines Dreiecks und der Bildpunkte der Eckpunkte eindeutig festgelegt.

Darstellungen affiner Abbildungen → S. 113

Eine affine Abbildung ist durch eine (Abbildungs-)Matrix und einen (Verschiebungs-)Vektor festgelegt.

Darstellungen affiner Abbildungen

Affine Abbildungen der Ebene

Es ist $\vec{x}$ der Ortsvektor eines Originalpunktes X und $\vec{x}'$ der Ortsvektor des Bildpunktes X'.

Koordinatendarstellung: $\begin{cases} x_1' = a_1x_1 + b_1x_2 + c_1 \\ x_2' = a_2x_1 + b_2x_2 + c_2 \end{cases}$

Vektordarstellung: $\vec{x}' = x_1\vec{a} + x_2\vec{b} + \vec{c}$ bzw. $\begin{pmatrix} x_1' \\ x_2' \end{pmatrix} = x_1\begin{pmatrix} a_1 \\ a_2 \end{pmatrix} + x_2\begin{pmatrix} b_1 \\ b_2 \end{pmatrix} + \begin{pmatrix} c_1 \\ c_2 \end{pmatrix}$

Matrixdarstellung: $\vec{x}' = A \cdot \vec{x} + \vec{c}$ bzw. $\begin{pmatrix} x_1' \\ x_2' \end{pmatrix} = \begin{pmatrix} a_1 & b_1 \\ a_2 & b_2 \end{pmatrix} \cdot \begin{pmatrix} x_1 \\ x_2 \end{pmatrix} + \begin{pmatrix} c_1 \\ c_2 \end{pmatrix}$

Schreibweisen: $\alpha(\vec{x}) = \vec{x}'$ bzw. $\alpha\colon \vec{x}' = A \cdot \vec{x} + \vec{c}$.

Für eine affine Abbildung gilt $\det A = a_1b_2 - a_2b_1 \neq 0$. Dies ist genau dann der Fall, wenn die Vektoren $\begin{pmatrix} a_1 \\ a_2 \end{pmatrix}$ und $\begin{pmatrix} b_1 \\ b_2 \end{pmatrix}$ linear unabhängig sind.

Zweireihige Determinanten → S. 105
Lineare Unabhängigkeit → S. 100

Flächeninhalte

Ist eine Matrix $A = \begin{pmatrix} a_1 & b_1 \\ a_2 & b_2 \end{pmatrix}$ gegeben, dann ist $|\det A| = |a_1b_2 - a_2b_1|$ der **Flächeninhalt** des Parallelogramms, das von den Spaltenvektoren $\begin{pmatrix} a_1 \\ a_2 \end{pmatrix}$ und $\begin{pmatrix} b_1 \\ b_2 \end{pmatrix}$ der Matrix A aufgespannt wird.

Eine Figur mit dem Flächeninhalt F wird bei einer affinen Abbildung mit der Matrix A auf eine Figur mit dem Flächeninhalt $F' = |\det A| \cdot F = |a_1b_2 - a_2b_1| \cdot F$ abgebildet. Der Betrag von det A gibt das Verhältnis der Flächeninhalte von Bildfigur und Urbildfigur an. Ist $|\det A = 1|$, so ist die affine Abbildung **flächeninhaltstreu**.

Umkehren affiner Abbildungen

Die Umkehrabbildung α^{-1} einer affinen Abbildung α ist wieder eine affine Abbildung. Die Umkehrabbildung der affinen Abbildung $\alpha\colon \vec{x}' = A \cdot \vec{x} + \vec{c}$ ist
$\alpha^{-1}\colon \vec{x}' = A^{-1} \cdot \vec{x} - A^{-1} \cdot \vec{c}$.
Dabei ist $A^{-1} = \frac{1}{D}\begin{pmatrix} b_2 & -b_1 \\ -a_2 & a_1 \end{pmatrix}$ die zu $A = \begin{pmatrix} a_1 & b_1 \\ a_2 & b_2 \end{pmatrix}$ inverse Matrix und
$D = \det A = a_1b_2 - a_2b_1 \neq 0$ die Determinante von A.

Inverse Matrix → S. 103

Verketten affiner Abbildungen

Sind zwei affine Abbildungen $\alpha\colon \vec{x}' = A \cdot \vec{x} + \vec{c}$ und $\beta\colon \vec{x}' = B \cdot \vec{x} + \vec{d}$ gegeben, so gilt für die Verkettung $\alpha \circ \beta$ („α nach β"):
$\alpha \circ \beta\colon \vec{x}' = A \cdot B \cdot \vec{x} + A \cdot \vec{d} + \vec{c}$.
Das Verketten von affinen Abbildungen ist nicht kommutativ, aber assoziativ.

Multiplizieren von Matrizen → S. 104

Lineare Algebra

Affine Abbildungen der Ebene

Die zu einer affinen Abbildung gehörende lineare Abbildung (Vektorabbildung)

Gegeben seien zwei Vektorräume V und W. Eine Abbildung $\varphi\colon V \to W$ heißt genau dann **lineare Abbildung**, wenn für alle Vektoren $\vec{x}, \vec{y} \in V$ und alle $r \in \mathbb{R}$ gilt:
(1) $\varphi(\vec{x} + \vec{y}) = \varphi(\vec{x}) + \varphi(\vec{y})$ **(Additivität)**,
(2) $\varphi(r \cdot \vec{x}) = r \cdot \varphi(\vec{x})$ **(Homogenität)**.

Werden den Ortsvektoren $\vec{p}$ und $\vec{q}$ zweier Punkte P und Q durch eine affine Abbildung α die Ortsvektoren $\vec{p}\,'$ und $\vec{q}\,'$ der Bildpunkte P′ und Q′ zugeordnet, so gilt wegen $\vec{p}\,' = A \cdot \vec{p} + \vec{c}$ und $\vec{q}\,' = A \cdot \vec{q} + \vec{c}$:
$\overrightarrow{P'Q'} = \vec{q}\,' - \vec{p}\,' = A \cdot \vec{q} - A \cdot \vec{p} = A \cdot (\vec{q} - \vec{p}) = A \cdot \overrightarrow{PQ}$. Es ist also $\overrightarrow{P'Q'} = A \cdot \overrightarrow{PQ} = \varphi(\overrightarrow{PQ})$.

Ist $\alpha\colon \vec{x}\,' = A \cdot \vec{x} + \vec{c}$ eine affine Abbildung der Ebene, so ist $\varphi\colon \vec{v}\,' = A \cdot \vec{v}$ eine lineare Abbildung des zugehörigen Vektorraums V bzw. die von der affinen Abbildung **induzierte lineare Abbildung**. Man spricht auch von der **induzierten Vektorabbildung**.

Jede affine Abbildung der Ebene $\alpha(\vec{x}) = \vec{x}\,'$ kann man in der Form $\alpha(\vec{x}) = \varphi(x) + \vec{c}$ darstellen, wobei φ die von α induzierte lineare Abbildung des zugehörigen Vektorraums V ist und $\vec{c}$ ein Vektor aus V.

Fixpunkt → S. 115

Jede affine Abbildung der Ebene mit Fixpunkt O ist eine lineare Abbildung und in der Form $\alpha\colon \vec{x}\,' = A \cdot \vec{x}$ darstellbar.

Man kann jede affine Abbildung der Ebene erhalten, indem man zuerst eine affine Abbildung mit Fixpunkt O ausführt und anschließende eine Verschiebung.

Eigenwerte und Eigenvektoren

Gegeben ist eine lineare Abbildung $\varphi\colon \vec{v}\,' = A \cdot \vec{v}$ mit $A = \begin{pmatrix} a_1 & b_1 \\ a_2 & b_2 \end{pmatrix}$. Wenn es einen Vektor $\vec{v} \neq \vec{o}$ gibt, sodass für eine reelle Zahl λ gilt: $\varphi(\vec{v}) = \lambda \cdot \vec{v}$, d.h. $A \cdot \vec{v} = \lambda \cdot \vec{v}$, so heißt **$\lambda$ Eigenwert von φ bzw. der Matrix A zum Eigenvektor $\vec{v}$**.

Zweireihige Determinanten → S. 105

Die quadratische Gleichung

$$\begin{vmatrix} a_1 - \lambda & b_1 \\ a_2 & b_2 - \lambda \end{vmatrix} = \lambda^2 - (a_1 + b_2)\lambda + (a_1 b_2 - a_2 b_1) = \lambda^2 - (a_1 + b_2)\lambda + \det A = 0$$

heißt **charakteristische Gleichung** von φ.
Die Lösungen der charakteristischen Gleichung sind die Eigenwerte von φ bzw. der Matrix A.

Untervektorraum → S. 99

Die Eigenvektoren einer linearen Abbildung bzw. der Matrix A zum Eigenwert λ bilden zusammen mit dem Nullvektor einen Untervektorraum des $\mathbb{R}^2$, den **Eigenraum** von λ.

Sind $\vec{u}$ und $\vec{v}$ Eigenvektoren zum Eigenwert λ, so gilt dies auch für $\vec{u} + \vec{v}$ und $r\vec{u}$ $(r \in \mathbb{R}\setminus\{0\})$:
$A \cdot (\vec{u} + \vec{v}) = \lambda(\vec{u} + \vec{v})$ und $A \cdot (r\vec{u}) = r(\lambda\vec{u})$.

Lineare Unabhängigkeit → S. 100

Wenn eine Vektorabbildung $\varphi\colon \vec{v}\,' = A \cdot \vec{v}$ zwei verschiedene Eigenwerte hat, dann sind die Eigenvektoren zu verschiedenen Eigenwerten linear unabhängig.

Fixpunkte, Fixpunktgeraden und Fixgeraden

Gegeben sind eine affine Abbildung $\alpha: \vec{x}' = A \cdot \vec{x} + \vec{c}$ und die von ihr induzierte lineare Abbildung $\varphi: \vec{v}' = A \cdot \vec{v}$. Punkte, die bei der affinen Abbildung α auf sich selbst abgebildet werden, heißen **Fixpunkte** von α.
Der Punkt P ist genau dann ein Fixpunkt von α, wenn $\alpha(\vec{p}) = \vec{p}$, also $A \cdot \vec{p} + \vec{c} = \vec{p}$ gilt.

Eine Gerade, die ausschließlich aus Fixpunkten von α besteht, heißt **Fixpunktgerade** von α. Die Gerade g mit $\vec{x} = \vec{p} + t \cdot \vec{u}$ ist genau dann eine Fixpunktgerade von α, wenn der zum Ortsvektor $\vec{p}$ gehörende Punkt P ein Fixpunkt von α und $\vec{u}$ ein Eigenvektor zum Eigenwert 1 von φ ist.

Eine Gerade, die bei der affinen Abbildung α auf sich selbst abgebildet wird, heißt **Fixgerade** von α. Die Gerade g mit $\vec{x} = \vec{p} + t \cdot \vec{u}$ ist genau dann eine Fixgerade von α, wenn $\vec{u}$ ein Eigenvektor von φ ist und $A \cdot \vec{p} + \vec{c} - \vec{p} = k\vec{u}$ $(k \in \mathbb{R})$ gilt.
Wenn der zum Ortsvektor $\vec{p}$ gehörende Punkt P ein Fixpunkt von α ist $(A \cdot \vec{p} + \vec{c} = \vec{p})$, dann ist die Gerade g mit $\vec{x} = \vec{p} + t \cdot \vec{u}$ genau dann eine Fixgerade von α, wenn $\vec{u}$ ein Eigenvektor von φ ist.

Jede Fixpunktgerade ist auch eine Fixgerade, aber umgekehrt ist nicht jede Fixgerade auch eine Fixpunktgerade.
Eine affine Abbildung, die von der identischen Abbildung verschieden ist, hat entweder keinen Fixpunkt, genau einen Fixpunkt oder genau eine Fixpunktgerade.
Eine affine Abbildung α besitzt genau dann keinen Fixpunkt oder genau eine Fixpunktgerade, wenn φ den Eigenwert 1 hat.

Klassifizierung affiner Abbildungen

Man kann immer ein Koordinatensystem finden, sodass jede der folgenden affinen Abbildungen die angegebene Normalform hat.

Fixpunktgerade → vgl. oben

Affine Abbildungen mit genau einer Fixpunktgeraden (Achsenaffinitäten)			
Name	**Fixelemente**	**Eigenwerte der zugehörigen linearen Abbildung**	**Normalform**
Scherung	Mindestens ein Fixpunkt und eine Schar von Fixgeraden parallel zur Fixpunktgeraden. Richtungsvektoren der Fixpunktgeraden sind die Eigenvektoren zum Eigenwert $\lambda = 1$.	Es gibt nur einen Eigenwert $\lambda = 1$. Der Eigenraum ist eindimensional.	$\vec{x}' = \begin{pmatrix} 1 & a \\ 0 & 1 \end{pmatrix} \cdot \vec{x}$ mit $a \in \mathbb{R}\setminus\{0\}$
Parallelstreckung	Mindestens ein Fixpunkt und eine Schar von Fixgeraden, die die Fixpunktgerade schneiden. Richtungsvektoren der Fixpunktgeraden sind die Eigenvektoren zum Eigenwert 1.	$\lambda_1 = 1$ und $\lambda_2 \in \mathbb{R}\setminus\{0; 1\}$. Zwei verschiedene Eigenräume.	$\vec{x}' = \begin{pmatrix} 1 & 0 \\ 0 & \lambda_2 \end{pmatrix} \cdot \vec{x}$

Lineare Algebra

Klassifizierung affiner Abbildungen

Fixpunkt → S. 115

Affine Abbildungen mit genau einem Fixpunkt			
Name	**Eigenschaften**	**Eigenwerte der zugehörigen linearen Abbildung**	**Normalform**
Euler-Affinität	Genau zwei Fixgeraden, die durch den Fixpunkt verlaufen und als Richtungsvektoren die Eigenvektoren zu den Eigenwerten λ_1 und λ_2 haben.	$\lambda_1, \lambda_2 \in \mathbb{R}\setminus\{0; 1\}$ und $\lambda_1 \neq \lambda_2$. Zwei verschiedene Eigenräume.	$\vec{x}' = \begin{pmatrix} \lambda_1 & 0 \\ 0 & \lambda_2 \end{pmatrix} \cdot x$
Zentrische Streckung	Alle Geraden durch den Fixpunkt sind Fixgeraden.	Es gibt nur einen Eigenwert $\lambda \in \mathbb{R}\setminus\{0; 1\}$. Der Eigenraum ist zweidimensional.	$\vec{x}' = \begin{pmatrix} \lambda & 0 \\ 0 & \lambda \end{pmatrix} \cdot \vec{x}$
Scherstreckung	Genau eine Fixgerade. Jeder Eigenvektor zum Eigenwert λ ist ein Richtungsvektor der Fixgeraden.	Es gibt nur einen Eigenwert $\lambda \in \mathbb{R}\setminus\{0; 1\}$. Der Eigenraum ist eindimensional.	$\vec{x}' = \begin{pmatrix} \lambda & a \\ 0 & \lambda \end{pmatrix} \cdot \vec{x}$ mit $a \in \mathbb{R}\setminus\{0\}$
Affine Drehstreckung	Keine Fixgeraden.	Keine Eigenwerte.	$\vec{x}' = \begin{pmatrix} a & -b \\ b & a \end{pmatrix} \cdot \vec{x}$ mit $a, b \in \mathbb{R}$ und $b \neq 0$

Affine Abbildungen ohne Fixpunkt			
Name	**Eigenschaften**	**Eigenwerte der zugehörigen linearen Abbildung**	**Normalform**
Translation (Parallelverschiebung)	Schar paralleler Fixgeraden (gleiche Richtung wie Verschiebungsvektor).	Es gibt nur einen Eigenwert $\lambda = 1$. Der Eigenraum ist zweidimensional.	$\vec{x}' = \begin{pmatrix} 1 & 0 \\ 0 & 1 \end{pmatrix} \cdot \vec{x} + \begin{pmatrix} 1 \\ 0 \end{pmatrix}$
Schubparallelstreckung	Genau eine Fixgerade.	$\lambda_1 = 1$ und $\lambda_2 \in \mathbb{R}\setminus\{1\}$. Zwei verschiedene Eigenräume.	$\vec{x}' = \begin{pmatrix} 1 & 0 \\ 0 & \lambda_2 \end{pmatrix} \cdot \vec{x} + \begin{pmatrix} 1 \\ 0 \end{pmatrix}$
Schubscherung	Keine Fixgerade.	Es gibt nur einen Eigenwert $\lambda = 1$. Der Eigenraum ist eindimensional.	$\vec{x}' = \begin{pmatrix} 1 & 1 \\ 0 & 1 \end{pmatrix} \cdot \vec{x} + \begin{pmatrix} 0 \\ 1 \end{pmatrix}$

Kongruenzabbildungen und Ähnlichkeitsabbildungen

Jede längentreue affine Abbildung ist eine Kongruenzabbildung. Solche Abbildungen sind auch winkeltreu.
Jede winkeltreue affine Abbildung ist eine Ähnlichkeitsabbildung.

Kongruenzabbildungen mit Fixpunkt		
Name	**Eigenwerte der zugehörigen linearen Abbildung**	**Normalform**
Orthogonale Achsenspiegelung	Zwei verschiedene Eigenwerte (1 und −1). Zwei orthogonale Eigenräume.	$\vec{x}' = \begin{pmatrix} 1 & 0 \\ 0 & -1 \end{pmatrix} \cdot \vec{x}$
Identische Abbildung	Genau ein Eigenwert (1). Der Eigenraum ist zweidimensional.	$\vec{x}' = k\begin{pmatrix} 1 & 0 \\ 0 & 1 \end{pmatrix} \cdot \vec{x}$
Punktspiegelung	Genau ein Eigenwert (−1). Der Eigenraum ist zweidimensional.	$\vec{x}' = k\begin{pmatrix} -1 & 0 \\ 0 & -1 \end{pmatrix} \cdot \vec{x}$
Drehung	Kein Eigenwert.	$\vec{x}' = \begin{pmatrix} \cos(\varphi) & -\sin(\varphi) \\ \sin(\varphi) & \cos(\varphi) \end{pmatrix} \cdot \vec{x}$

Kongruenzabbildungen ohne Fixpunkt		
Name	**Eigenwerte der zugehörigen linearen Abbildung**	**Normalform**
Translation (Parallelverschiebung)	Genau ein Eigenwert (1). Der Eigenraum ist zweidimensional.	$\vec{x}' = \begin{pmatrix} 1 & 0 \\ 0 & 1 \end{pmatrix} \cdot \vec{x} + \begin{pmatrix} 1 \\ 0 \end{pmatrix}$
Schubspiegelung	Zwei verschiedene Eigenwerte (1 und −1). Zwei orthogonale Eigenräume.	$\vec{x}' = \begin{pmatrix} 1 & 0 \\ 0 & -1 \end{pmatrix} \cdot \vec{x} + \begin{pmatrix} 1 \\ 0 \end{pmatrix}$

Ähnlichkeitsabbildungen mit Fixpunkt			
Name	**Eigenwerte der zugehörigen linearen Abbildung**	**Normalform**	**Sonderfall (Kongruenzabbildung)**
Spiegelstreckung	Zwei verschiedene Eigenwerte (−k, k). Zwei orthogonale Eigenräume.	$\vec{x}' = k\begin{pmatrix} 1 & 0 \\ 0 & -1 \end{pmatrix} \cdot \vec{x}$	$k = 1$: Spiegelung an der x_1-Achse
Zentrische Streckung	Genau ein Eigenwert (k). Der Eigenraum ist zweidimensional.	$\vec{x}' = k\begin{pmatrix} 1 & 0 \\ 0 & 1 \end{pmatrix} \cdot \vec{x}$	$k = 1$: identische Abbildung $k = -1$: Punktspiegelung
Drehstreckung	Kein Eigenwert.	$\vec{x}' = k\begin{pmatrix} \cos(\varphi) & -\sin(\varphi) \\ \sin(\varphi) & \cos(\varphi) \end{pmatrix} \cdot \vec{x}$	$k = 1$: Drehung

Affine Abbildungen der Ebene

Kongruenzabbildung → S. 48
Ähnlichkeitsabbildung → S. 49
Fixpunkt → S. 115

Beschreibende Statistik

Grundbegriffe

Beschreibende Statistik

Statistische Erhebung → vgl. unten

In der **beschreibenden Statistik** plant man statistische Erhebungen, führt diese durch und stellt die erhobenen Daten geeignet dar.

Grundgesamtheit

Eine Menge von Elementen, in der statistische Untersuchungen durchgeführt werden, die man also auf bestimmte Merkmale untersucht, heißt **Grundgesamtheit**.

Stichprobe

Teilmenge → S. 8

Eine **Stichprobe** ist eine **Teilmenge** der Grundgesamtheit vom Umfang n mit $n \leq N$, wenn N die Anzahl an Elementen der Grundgesamtheit ist.

Wenn jedes Element einer Stichprobe zufällig aus der Grundgesamtheit ausgewählt wird, liegt eine **zufällige Stichprobe** vor.

Eine Erhebung vom Umfang $n \leq N$ ist eine **Stichprobenerhebung**. Für $n = N$ spricht man von einer **Vollerhebung**.

Beurteilende Statistik → S. 143 ff.
Wahrscheinlichkeitsrechnung → S. 129 ff.

Mit einer Stichprobenerhebung in der beschreibenden Statistik erhält man zunächst nur Aussagen über diese Teilgesamtheit.
Eine Grundaufgabe in der beurteilenden Statistik ist es, mithilfe der Wahrscheinlichkeitsrechnung von einer Stichprobe auf die Grundgesamtheit zu schließen.

Statistische Erhebung, Merkmale, Merkmalsträger und Merkmalsausprägungen

Bei einer **statistischen Erhebung** beobachtet man an den Elementen der Grundgesamtheit (den **Merkmalsträgern**) das interessierende **Merkmal** in bestimmten **Merkmalsausprägungen**.

Beispiel:
Grundgesamtheit: Einwohner einer Stadt
Merkmalsträger: Personen
Merkmale: Größe einer Person
Merkmalsausprägungen: 169 cm, 179 cm

Arten von Merkmalen → vgl. unten

Dabei sind Merkmalsausprägungen die verschiedenen Werte bzw. Kategorien eines Merkmals.

Man bezeichnet die **Menge von Merkmalsausprägungen** bei statistischen Erhebungen mit S und die Elemente von S mit $a_1, a_2, \ldots, a_k$. Es ist $S = \{a_1, a_2, \ldots, a_k\}$.

Merkmalsarten und Skalierungen

Es gibt **qualitative Merkmale**, für die es verschiedene Kategorien gibt, und **quantitative Merkmale**, die verschiedene Werte annehmen können.

Beispiel:

Qualitatives Merkmal:	Geschlecht einer Person
Quantitatives Merkmal:	Größe einer Person

Für die Beschreibung der Merkmalsausprägungen gibt es verschiedene **Skalierungen.** Qualitative Merkmale beschreibt man mit einer **Nominalskala** oder **Ordinalskala**, quantitative Merkmale mit einer **metrischen Skala (Kardinalskala).**

Bei einem **nominalskalierten Merkmal** dienen die Merkmalsausprägungen nur der Unterscheidung, man kann sie aber nicht sinnvoll ordnen (etwa die Merkmalsausprägungen „weiblich" und „männlich" des Merkmals „Geschlecht einer Person").

Bei einem **ordinalskalierten Merkmal** kann man die Merkmalsausprägungen zusätzlich sinnvoll ordnen (etwa die Merkmalsausprägungen „1", „2", ..., „6" des Merkmals „Note"). Es ist eine Rangfolge möglich.

Bei einem **metrischskalierten Merkmal** kann man die Merkmalsausprägungen nicht nur sinnvoll ordnen, sondern zusätzlich noch Differenzen und Verhältnisse bilden, also z.B. angeben, wie stark sich zwei Merkmalsausprägungen voneinander unterschieden, (etwa die Merkmalsausprägungen des Merkmals „Größe einer Person").

Wenn die Merkmalsausprägungen eines quantitativen Merkmals nur bestimmte Zahlenwerte annehmen können, spricht man von **diskreten Merkmalen.**
Wenn die Merkmalsausprägungen eines quantitativen Merkmals alle Zahlenwerte aus einem Intervall annehmen können, spricht man von **stetigen Merkmalen.**

Merkmalsarten und Skalierungen

Merkmalsausprä-gung → S. 118
Qualitatives Merkmal → S. 118
Quantitatives Merkmal → S. 118
Intervall → S. 9

Urliste

In einer **Urliste** werden die Beobachtungs- oder Messwerte einer statistischen Erhebung in der Reihenfolge, wie sie auftreten, notiert (ungeordnet). Die beobachteten n **Stichprobenwerte** bezeichnet man mit $x_1, x_2, \ldots, x_n$.

Beobachtet man bei einer Stichprobe vom Umfang n ein Merkmal X mit den Merkmalsausprägungen $a_1, a_2, \ldots, a_k$ und den Stichprobenwerten $x_1, x_2, \ldots, x_n$ $(k \leq n)$, so ist das n-Tupel $(x_1, x_2, \ldots, x_n)$ die Urliste.

Jeder Stichprobenwert x_i $(i = 1, 2, \ldots, n)$ ist eine der Merkmalsausprägungen a_j $(j = 1, 2, \ldots, k)$. Die Merkmalsausprägungen sind alle voneinander verschieden, während Stichprobenwerte die gleichen Werte haben können.

Beispiel:
Merkmal: Alter einer Person (in Jahren)
Umfang der Stichprobe (Anzahl an Stichprobenwerten): $n = 8$
Anzahl an Merkmalsausprägungen: $k = 4$
Merkmalsausprägungen:
$a_1 = 39$, $a_2 = 40$, $a_3 = 41$ und $a_4 = 42$
Stichprobenwerte:
$x_1 = 42$, $x_2 = 39$, $x_3 = 41$, $x_4 = 41$, $x_5 = 39$, $x_6 = 40$, $x_7 = 42$ und $x_8 = 40$
Urliste: (42, 39, 41, 41, 39, 40, 42, 40)

Statistische Erhebung → S. 118
Stichprobe → S. 118
Merkmal → S. 118

Strichliste

In einer **Strichliste** werden die bei einer statistischen Erhebung beobachteten Merkmalsausprägungen a_j $(1 \leq j \leq k)$ sortiert notiert. Dabei wird jeder beobachtete Stichprobenwert x_i $(1 \leq i \leq n;\ n \geq k)$ mit einem Strich notiert.

Beschreibende Statistik

Grundbegriffe

Absolute und relative Häufigkeit

Merkmalsausprägung → S. 118
Urliste → S. 119
Stichprobenwert → S. 119

Die **absolute Häufigkeit** $\mathbf{H(a_j)}$ gibt an, wie oft eine Merkmalsausprägung a_j $(1 \leq j \leq k)$ in der Urliste vorkommt.

Enthält die Urliste n Stichprobenwerte, so heißt $h(a_j) = \frac{H(a_j)}{n}$ **relative Häufigkeit**.

Häufigkeitstabelle

In einer **Häufigkeitstabelle** wird für jede Merkmalsausprägung ihre absolute und relative Häufigkeit notiert.

Klasseneinteilung (Klassierung)

Metrische Skala → S. 119

Bei einer **Klasseneinteilung (Klassierung)** der n Stichprobenwerte $x_1, x_2, \ldots, x_n$ eines metrischskalierten Merkmals werden die einzelnen Merkmalsausprägungen zu einer neuen Ausprägung, einer **Klasse** k_j $(j = 1, 2, \ldots, r)$ zusammengefasst.

Intervall → S. 9

Klassen können als Intervall $k_j = (a_j; b_j]$ oder $k_j = [a_j; b_j)$ angegeben werden. Die einzelnen, nicht überlappenden Intervalle können von unterschiedlicher Länge (**Klassenbreite**, also Differenz aus oberer und unterer Klassengrenze) sein. Die **untere Klassengrenze** ist a, die **obere Klassengrenze** b. Die obere Klassengrenze der j-ten Klasse ist gleich der unteren Klassengrenze der (j + 1)-ten Klasse: $b_j = a_j + 1$ $(j = 1, 2, \ldots, r - 1)$.

Ein Stichprobenwert x_i gehört zur Klasse j, wenn $a_j < x_i \leq b_j$ oder $a_j \leq x_i < b_j$ gilt.

Arithmetisches Mittel (Mittelwert) → S. 122

Die **Klassenmitten** $m_1, m_2, \ldots, m_r$ können als arithmetische Mittel aus unterer und oberer Klassengrenze gewählt werden: $m_j = \frac{a_j + b_j}{2}$.

Eine Klasseneinteilung ist insbesondere dann sinnvoll, wenn die Urliste sehr viele Stichprobenwerte umfasst.

Damit die Klasseneinteilung überschaubar bleibt, sollten nicht zu viele Klassen gewählt werden. Es sollten auch nicht zu wenig Klassen sein, da durch die Klasseneinteilung Informationen der Urliste verloren gehen.
Richtwert für die Anzahl an Klassen: $r \approx \sqrt{n}$ für $n \leq 100$ (n: Anzahl der Stichprobenwerte).

Als **Klassenhäufigkeiten** bezeichnet man die Häufigkeiten, mit denen die Stichprobenwerte in den jeweiligen Klassen auftreten.
Die **absolute Klassenhäufigkeit** $H(k_j)$ gibt an, wie viele Stichprobenwerte in der Klasse k_j liegen.
Die **relative Klassenhäufigkeit** $h(k_j) = \frac{H(k_j)}{n}$ gibt den Anteil der Stichprobenwerte in der Klasse k_j an der Gesamtanzahl n der Stichprobenwerte an.

Kreisdiagramm und Säulendiagramm

Liegen nur wenige Merkmalsausprägungen vor, so eignen sich **Kreis- und Säulendiagramme** meist gut zur grafischen Darstellung der jeweiligen Häufigkeiten.

Bei einem Kreisdiagramm stehen die Größen der Mittelpunktswinkel bzw. die Flächeninhalte der Kreisausschnitte für die jeweiligen Häufigkeiten, bei einem Säulendiagramm die Höhen der Säulen. Kreisdiagramme eignen sich besonders zur Darstellung relativer Häufigkeiten.

Ordnet man die Säulen übereinander an statt aufrecht nebeneinander, spricht man von einem **Balkendiagramm**.

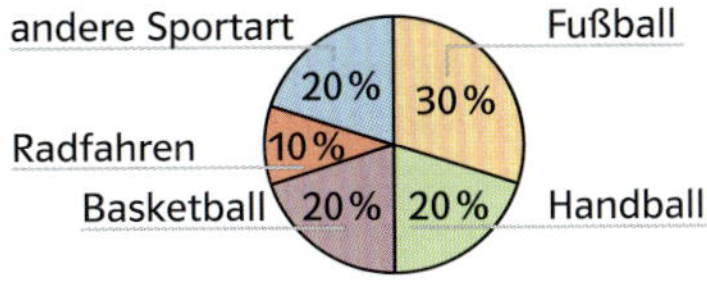

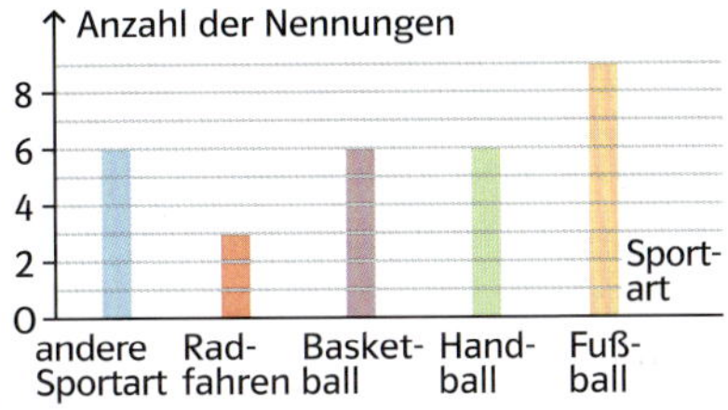

Histogramm

Mit einem **Histogramm** kann man für metrischskalierte Merkmale (absolute oder relative) Häufigkeitsverteilungen bei Klasseneinteilungen darstellen.
Dabei stehen die Flächeninhalte der Rechtecke für (absolute oder relative) Klassenhäufigkeiten. Die Höhe der Rechtecke steht für die (absolute oder relative) Häufigkeitsdichte und ergibt sich aus dem Quotienten aus (absoluter oder relativer) Häufigkeit und Breite der jeweiligen Klasse. Die Breiten der Klassen können unterschiedlich sein.

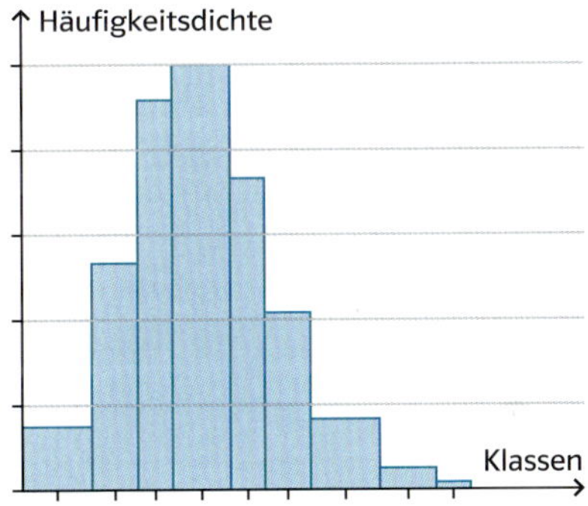

Boxplot (Box-Whisker-Plot)

Mithilfe eines **Boxplots** (Box-Whisker-Plots) kann man die Verteilung eines mindestens ordinalskalierten Merkmals grafisch darstellen.
Es werden der Zentralwert (Median) x_{med}, das obere Quartil $Q_{0,75}$ und das untere Quartil $Q_{0,25}$ sowie der minimale Wert x_{min} und der maximale Wert x_{max} dargestellt.

Innerhalb der Box liegt die Hälfte aller Werte, im Bereich einer jeden Antenne ungefähr je ein Viertel.

Die Länge der Box ist der Interquartilsabstand.

Je kürzer die Box ist, desto weniger sind die Werte um den Zentralwert verstreut.

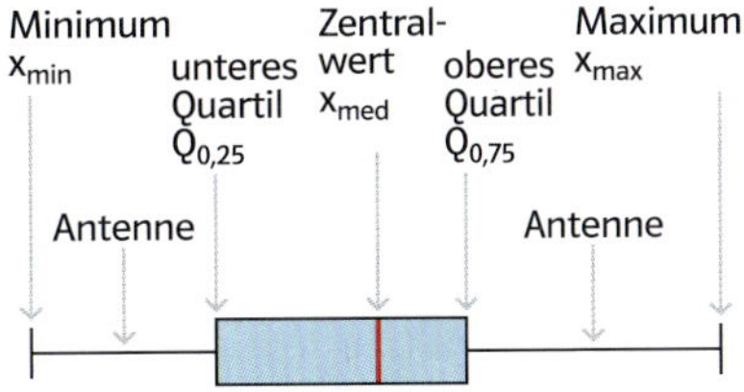

Diagramme

Merkmalsausprägung → S. 118
Absolute und relative Häufigkeit → S. 120

Mittelpunktswinkel → S. 45
Kreisausschnitt → S. 46

Metrische Skala → S. 119
Klasseneinteilung → S. 120

Klassenhäufigkeit → S. 120

Klassenbreite → S. 120

Ordinalskala → S. 119
Zentralwert → S. 122
Oberes und unteres Quartil → S. 123

Interquartilsabstand → S. 125

Beschreibende Statistik

Lagemaße

Urliste → S. 119
Nominalskala → S. 119
Absolute Häufigkeit → S. 120

Modalwert (Modus)

Gegeben ist die Urliste $(x_1, x_2, \ldots, x_n)$ eines nominalskalierten Merkmals mit den Merkmalsausprägungen $a_1, a_2, \ldots, a_k$ $(k \leq n)$ und den absoluten Häufigkeiten $H(a_1)$, $H(a_2), \ldots, H(a_k)$. Dann heißt jede Merkmalsausprägung a_m **Modalwert (Modus)** x_{mod} von $x_1, x_2, \ldots, x_n$, wenn $H(a_m) \geq H(a_i)$ für alle $i = 1, 2, \ldots, k$ gilt.
Ein Modalwert ist also eine Merkmalsausprägung mit der größten Häufigkeit.

Merkmalsausprägung → S. 118

Wenn die größte Häufigkeit für mehrere Merkmalsausprägungen auftritt, ist der Modalwert nicht eindeutig. Liegt nur ein Modalwert vor, spricht man von einer **unimodalen (eingipfligen) Häufigkeitsverteilung**, bei zwei Modalwerten von einer **bimodalen (zweigipfligen) Häufigkeitsverteilung** und bei mehreren Modalwerten (maximal n Stück) von einer **multimodalen (mehrgipfligen) Häufigkeitsverteilung.**

Für nur nominalskalierte Merkmale ist der Modalwert das einzige Lagemaß, das man bilden kann.

Zentralwert (Median)

Ordinalskala → S. 119
Stichprobenwert → S. 119

Gegeben ist die Urliste $(x_1, x_2, \ldots, x_n)$ eines mindestens ordinalskalierten Merkmals. Dann heißt jede Zahl x_{med} **Zentralwert (Median)** von $x_1, x_2, \ldots, x_n$, für die mindestens die Hälfte alle Stichprobenwerte kleiner oder gleich x_{med} und mindestens die Hälfte alle Stichprobenwerte größer oder gleich x_{med} ist.
Ein Zentralwert ist also ein Wert in der Mitte der der Größe nach geordneten Stichprobenwerte der Urliste.

Im Gegensatz zum Modalwert muss ein Zentralwert mit keinem beobachteten Wert übereinstimmen.

Um einen Zentralwert zu bestimmen, ordnet man die Stichprobenwerte der Urliste der Größe nach: $x_1^* \leq x_2^* \leq \ldots \leq x_n^*$. Wenn n gerade ist, gilt $x_{med} = \frac{x^*_{\frac{n}{2}} + x^*_{\frac{n}{2}+1}}{2}$. Wenn n ungerade ist, gilt $x_{med} = x^*_{\frac{n+1}{2}}$.

Arithmetisches Mittel (Mittelwert)

Metrische Skala → S. 119

Gegeben ist die Urliste $(x_1, x_2, \ldots, x_n)$ eines metrischskalierten Merkmals. Dann heißt $\overline{x} = \frac{x_1 + x_2 + \ldots + x_n}{n} = \frac{1}{n} \sum_{i=1}^{n} x_i$ **arithmetisches Mittel (Mittelwert)** von $x_1, x_2, \ldots, x_n$.

Im Gegensatz zum Modalwert muss das arithmetische Mittel mit keinem beobachteten Wert übereinstimmen.

Relative Häufigkeit → S. 120

Treten bei einer Stichprobe vom Umfang n mit den Stichprobenwerten $x_1, x_2, \ldots, x_n$ eines metrischskalierten Merkmals die Merkmalsausprägungen $a_1, a_2, \ldots, a_k$ mit den absoluten Häufigkeiten $H(a_1), H(a_2), \ldots, H(a_k)$ und den relativen Häufigkeiten $h(a_1)$, $h(a_2), \ldots, h(a_k)$ auf $(k \leq n)$, dann gilt

$$\overline{x} = \frac{H(a_1) \cdot a_1 + H(a_2) \cdot a_2 + \ldots + H(a_k) \cdot a_k}{n} = \frac{1}{n} \sum_{i=1}^{k} H(a_i) \cdot a_i$$

$$= h(a_1) \cdot a_1 + h(a_2) \cdot a_2 + \ldots + h(a_k) \cdot a_k = \sum_{i=1}^{k} h(a_i) \cdot a_i.$$

Sind bei einer Stichprobe vom Umfang n die Stichprobenwerte $x_1, x_2, \ldots, x_n$ eines metrischskalierten Merkmals in r Klassen $k_1, k_2, \ldots, k_r$ mit den Klassenmitten $m_1, m_2, \ldots, m_r$ eingeteilt, so gilt

$$\overline{x} \approx \frac{H(k_1) \cdot m_1 + H(k_2) \cdot m_2 + \ldots + H(k_r) \cdot m_r}{n} = \frac{1}{n} \sum_{i=1}^{r} H(k_i) \cdot m_i$$

$$= h(k_1) \cdot m_1 + h(k_2) \cdot m_2 + \ldots + h(k_r) \cdot m_r = \sum_{i=1}^{r} h(k_i) \cdot m_i$$

mit den absoluten Klassenhäufigkeiten $H(k_i)$ und relativen Klassenhäufigkeiten $h(k_i)$.

Arithmetisches Mittel (Mittelwert)

Stichprobe → S. 118
Stichprobenwert → S. 119
Metrische Skala → S. 119
Klasseneinteilung → S. 120

Geometrisches Mittel

Gegeben ist die Urliste $(x_1, x_2, \ldots, x_n)$ eines metrischskalierten Merkmals. Dann heißt

$$x_g = \sqrt[n]{x_1 \cdot x_2 \cdot \ldots \cdot x_n} = \sqrt[n]{\prod_{i=1}^{n} x_i}$$

geometrisches Mittel.

Urliste → S. 119

Harmonisches Mittel

Gegeben ist die Urliste $(x_1, x_2, \ldots, x_n)$ eines metrischskalierten Merkmals mit $x_i \neq 0$, $1 \leq i \leq n$. Dann heißt

$$x_h = \frac{1}{\frac{1}{n}\left(\frac{1}{x_1} + \frac{1}{x_2} + \ldots + \frac{1}{x_n}\right)} = \frac{1}{\frac{1}{n}\sum_{i=1}^{n}\frac{1}{x_i}} \quad (x_i \neq 0)$$

harmonisches Mittel.

Quantil

Gegeben sind die Urliste $(x_1, x_2, \ldots, x_n)$ eines mindestens ordinalskalierten Merkmals sowie eine Zahl $p \in \mathbb{R}$ mit $0 < p < 1$. Dann heißt jede Zahl x_p, für die der Anteil der Werte, die kleiner als x_p sind, mindestens p beträgt und für die der Anteil der Werte, die größer als x_p sind, mindestens $1 - p$ beträgt, **p-Quantil.**
Statt x_p schreibt man auch Q_p.

Ordinalskala → S. 119

Der Median **(mittleres Quartil)** ist das 0,5-Quantil ($Q_{0,5}$). Das **untere Quartil** ist das 0,25-Quantil ($Q_{0,25}$), das **obere Quartil** das 0,75-Quantil ($Q_{0,75}$).

Median → S. 122

Wenn die Urliste geordnet und $n \cdot p$ ganzzahlig ist, gilt $Q_p = \frac{x_{n \cdot p} + x_{n \cdot p + 1}}{2}$.

Ist die Urliste geordnet und $n \cdot p$ nicht ganzzahlig ist, gilt $Q_p = x_{[n p]+1}$, wobei die **Gauß-Klammer** [x] die größte ganze Zahl liefert, die kleiner oder gleich x ist.

Beschreibende Statistik

Streumaße

Stichprobe → S. 118
Metrische Skala → S. 119
Stichprobenwert → S. 119
Mittelwert (arithmetisches Mittel) → S. 122
Zentralwert (Median) → S. 122

Im Folgenden werden nur Stichproben vom Umfang n mit den metrischskalierten Stichprobenwerten $x_1, x_2, \ldots, x_n$ betrachtet.

Mittlere absolute Abweichung

Die **mittlere absolute Abweichung vom Mittelwert** $\overline{x}$ ist

$$d_{\overline{x}} = \frac{|x_1 - \overline{x}| + |x_2 - \overline{x}| + \ldots + |x_n - \overline{x}|}{n} = \frac{1}{n}\sum_{i=1}^{n} |x_i - \overline{x}|.$$

Die **mittlere absolute Abweichung vom Zentralwert** x_{med} ist

$$d_{x_{med}} = \frac{|x_1 - x_{med}| + |x_2 - x_{med}| + \ldots + |x_n - x_{med}|}{n} = \frac{1}{n}\sum_{i=1}^{n} |x_i - x_{med}|.$$

Merkmalsausprägung → S. 118
Absolute und relative Häufigkeit → S. 120

Treten die Merkmalsausprägungen $a_1, a_2, \ldots, a_k$ mit den absoluten Häufigkeiten $H(a_1), H(a_2), \ldots, H(a_k)$ und den relativen Häufigkeiten $h(a_1), h(a_2), \ldots, h(a_k)$ auf $(k \leq n)$, dann gilt

$$d_{\overline{x}} = \frac{H(a_1) \cdot |a_1 - \overline{x}| + H(a_2) \cdot |a_2 - \overline{x}| + \ldots + H(a_k) \cdot |a_k - \overline{x}|}{n} = \frac{1}{n}\sum_{i=1}^{k} H(a_i) \cdot |a_i - \overline{x}|$$

$$= h(a_1) \cdot |a_1 - \overline{x}| + h(a_2) \cdot |a_2 - \overline{x}| + \ldots + h(a_k) \cdot |a_k - \overline{x}| = \sum_{i=1}^{k} h(a_i) \cdot |a_i - \overline{x}|$$

und

$$d_{x_{med}} = \frac{H(a_1) \cdot |a_1 - x_{med}| + H(a_2) \cdot |a_2 - x_{med}| + \ldots + H(a_k) \cdot |a_k - x_{med}|}{n} = \frac{1}{n}\sum_{i=1}^{k} H(a_i) \cdot |a_i - x_{med}|$$

$$= h(a_1) \cdot |a_1 - x_{med}| + h(a_2) \cdot |a_2 - x_{med}| + \ldots + h(a_k) \cdot |a_k - x_{med}|$$

$$= \sum_{i=1}^{k} h(a_i) \cdot |a_i - x_{med}|.$$

Empirische Varianz (mittlere quadratische Abweichung)

Die Zahl $\overline{s}^2 = \frac{(x_1 - \overline{x})^2 + (x_2 - \overline{x})^2 + \ldots + (x_n - \overline{x})^2}{n} = \frac{1}{n}\sum_{i=1}^{n} (x_i - \overline{x})^2$ heißt **empirische Varianz** von $x_1, x_2, \ldots, x_n$ und ist ein Maß für die Streuung dieser Werte um den Mittelwert $\overline{x}$.

Treten die Merkmalsausprägungen $a_1, a_2, \ldots, a_k$ mit den absoluten Häufigkeiten $H(a_1), H(a_2), \ldots, H(a_k)$ und den relativen Häufigkeiten $h(a_1), h(a_2), \ldots, h(a_k)$ auf $(k \leq n)$, dann gilt

$$\overline{s}^2 = \frac{H(a_1) \cdot (a_1 - \overline{x})^2 + H(a_2) \cdot (a_2 - \overline{x})^2 + \ldots + H(a_k) \cdot (a_k - \overline{x})^2}{n} = \frac{1}{n}\sum_{i=1}^{k} H(a_i) \cdot (a_i - \overline{x})^2$$

$$= h(a_1) \cdot (a_1 - \overline{x})^2 + h(a_2) \cdot (a_2 - \overline{x})^2 + \ldots + h(a_k) \cdot (a_k - \overline{x})^2 = \sum_{i=1}^{k} h(a_i) \cdot (a_i - \overline{x})^2.$$

Wegen $\overline{x} = \frac{1}{n}\sum_{i=1}^{n} x_i$ gilt

$$\overline{s}^2 = \frac{1}{n}\left[\sum_{i=1}^{n} x_i^2 - \frac{1}{n}\left(\sum_{i=1}^{n} x_i\right)^2\right] \text{ bzw.}$$

$$\overline{s}^2 = \frac{1}{n}\left[\sum_{i=1}^{k} H(a_i) \cdot a_i^2 - \frac{1}{n}\left(\sum_{i=1}^{k} H(a_i) \cdot x_i\right)^2\right] = \sum_{i=1}^{k} h(a_i) \cdot a_i^2 - \left(\sum_{i=1}^{k} h(a_i) \cdot x_i\right)^2.$$

Klassenmitte → S. 120

Sind die n Stichprobenwerte $x_1, x_2, \ldots, x_n$ in r Klassen $k_1, k_2, \ldots, k_r$ mit den Klassenmitten $m_1, m_2, \ldots, m_r$ eingeteilt, so gilt

$$\overline{s}^2 \approx \frac{H(k_1) \cdot (m_1 - \overline{x})^2 + H(k_2) \cdot (m_2 - \overline{x})^2 + \ldots + H(k_r) \cdot (m_r - \overline{x})^2}{n} = \frac{1}{n} \cdot \sum_{i=1}^{r} H(k_i) \cdot (m_i - \overline{x})^2$$

$$= h(k_1) \cdot (m_1 - \overline{x})^2 + h(k_2) \cdot (m_2 - \overline{x})^2 + \ldots + h(k_r) \cdot (m_r - \overline{x})^2 = \sum_{i=1}^{r} h(k_i) \cdot (m_i - \overline{x})^2$$

Klassenhäufigkeit → S. 120

mit den absoluten Klassenhäufigkeiten $H(k_i)$ und relativen Klassenhäufigkeiten $h(k_i)$.

Standardabweichung

Für die Standardabweichung $\bar{s}$ gilt

$$\bar{s} = \sqrt{\bar{s}^2} = \sqrt{\frac{(x_1 - \bar{x})^2 + (x_2 - \bar{x})^2 + \ldots + (x_n - \bar{x})^2}{n}} = \sqrt{\frac{1}{n}\sum_{i=1}^{n}(x_i - \bar{x})^2}.$$

Spannweite

Die Spannweite R ist die Differenz zwischen dem größten und dem kleinsten beobachteten Stichprobenwert: $R = x_{max} - x_{min}$.

Quantilsabstand

Der **Quantilsabstand** QA_p ist die Differenz zwischen dem p-Quantil und dem (1 – p)-Quantil: $QA_p = Q_{1-p} - Q_p$ mit $p \in [0; 0{,}5)$.
Der Quantilsabstand gibt die Länge des Intervalls an, in dem der Anteil $1 - 2p$ der beobachteten Werte liegt.

Interquartilsabstand (Halbweite)

Der **Interquartilsabstand** IQR ist die Differenz zwischen dem oberen und dem unteren Quartil, also die Spannweite des oberen und unteren Quartils: $IQR = Q_{0,75} - Q_{0,25}$.
Der Interquartilsabstand ist der Quantilsabstand für $p = 0{,}25$.
Der Interquartilsabstand gibt die Länge des Intervalls an, in dem 50 % der beobachteten Werte liegen.

Korrelationskoeffizient

Der **Korrelationskoeffizient** r_{xy} ist ein Maß für die lineare Abhängigkeit zweier metrischskalierter Merkmale X und Y.
Wenn für X und Y die n Wertepaare $(x_1; y_1), (x_2; y_2), \ldots, (x_n; y_n)$ vorliegen, dann gilt

$$r_{xy} = \frac{(x_1 - \bar{x})(y_1 - \bar{y}) + (x_2 - \bar{x})(y_2 - \bar{y}) + \ldots + (x_n - \bar{x})(y_n - \bar{y})}{\sqrt{\left((x_1 - \bar{x})^2 + (x_2 - \bar{x})^2 + \ldots + (x_n - \bar{x})^2\right) \cdot \left((y_1 - \bar{y})^2 + (y_2 - \bar{y})^2 + \ldots + (y_n - \bar{y})^2\right)}}$$

$$= \frac{\sum_{i=1}^{n}(x_i - \bar{x})(y_i - \bar{y})}{\sqrt{\sum_{i=1}^{n}(x_i - \bar{x})^2 \cdot \sum_{i=1}^{n}(y_i - \bar{y})^2}} \quad (-1 \le r_{xy} \le 1),$$

wobei $\bar{x}$ bzw. $\bar{y}$ die arithmetischen Mittel von $x_1, x_2, \ldots, x_n$ bzw. $y_1, y_2, \ldots, y_n$ sind.

Regressionsgerade

Zu zwei metrischskalierten Merkmalen X und Y liegen die n Wertepaare $(x_1; y_1), (x_2; y_2), \ldots, (x_n; y_n)$ vor. Für die **Regressionsgerade** (Ausgleichsgerade) zu diesen Wertepaaren gilt

$$y(x) = \frac{r_{xy}\bar{s}_y}{\bar{s}_x}(x - \bar{x}) + \bar{y},$$

wobei $\bar{x}$ bzw. $\bar{y}$ die arithmetischen Mittel von $x_1, x_2, \ldots, x_n$ bzw. $y_1, y_2, \ldots, y_n$ sind, r_{xy} der Korrelationskoeffizient und $\bar{s}_x$ bzw. $\bar{s}_y$ die Standardabweichungen von $x_1, x_2, \ldots, x_n$ bzw. $y_1, y_2, \ldots, y_n$.

Streumaße

Empirische Varianz $\bar{s}^2$ → S. 124

Stichprobenwert → S. 119

Quantil → S. 123

Oberes und unteres Quartil → S. 123

Korrelationskoeffizient und Regressionsgerade

Metrische Skala → S. 119

Arithmetisches Mittel (Mittelwert) → S. 122

Korrelationskoeffizient → vgl. oben
Standardabweichung → vgl. oben

Kombinatorik

Grundbegriffe

Fakultät

Für alle $n \in \mathbb{N}^*$ gilt $n! = 1 \cdot 2 \cdot 3 \cdot \ldots \cdot n = \prod_{k=1}^{n} k$ bzw. $n! = n \cdot (n-1)!$ („n **Fakultät**“).
Man definiert $0! = 1$.

Binomialkoeffizienten

$\binom{n}{k} = \frac{n!}{k! \cdot (n-k)!} = \frac{n \cdot (n-1) \cdot (n-2) \cdot \ldots \cdot (n-k+1)}{k!}$ heißt **Binomialkoeffizient** („n über k“)
$(n, k \in \mathbb{N}^*;\ k \le n)$. Für $n \in \mathbb{N}$ gilt $\binom{n}{0} = 1$, für $n < k$ gilt $\binom{n}{k} = 0$.

Formeln zur Berechnung von Binomialkoeffizienten:

$$\binom{n}{k} = \binom{n}{n-k} \qquad \binom{n}{1} = n$$

$$\binom{n}{n-1} = n \qquad \binom{n}{n} = 1$$

$$\binom{n}{k} = \binom{n-1}{k-1} + \binom{n-1}{k}$$

$$\binom{n+1}{k+1} = \binom{n}{k} + \binom{n-1}{k} + \binom{n-2}{k} + \ldots + \binom{k+1}{k} + \binom{k}{k}$$

Für $r \in \mathbb{R}$ und $k \in \mathbb{N}^*$ gilt $\binom{r}{k} = \frac{r \cdot (r-1) \cdot (r-2) \cdot \ldots \cdot (r-k+1)}{k!}$ sowie $\binom{r}{0} = 1$.

Binomischer Lehrsatz $(a, b \in \mathbb{R};\ n \in \mathbb{N})$

$$(a+b)^n = a^n b^0 + \binom{n}{1} a^{n-1} b^1 + \binom{n}{2} a^{n-2} b^2 + \ldots + \binom{n}{n-1} a^1 b^{n-1} + \binom{n}{n} a^0 b^n$$
$$= \sum_{k=0}^{n} \binom{n}{k} a^{n-k} b^k$$

Terme der Form $(a+b)^n$ kann man mithilfe des Pascal'schen Dreiecks umformen:

	Pascal'sches Dreieck	
$n = 0$	1	$(a+b)^0 = 1$
$n = 1$	1 1	$(a+b)^1 = a + b$
$n = 2$	1 2 1	$(a+b)^2 = a^2 + 2ab + b^2$
$n = 3$	1 3 3 1	$(a+b)^3 = a^3 + 3a^2b + 3ab^2 + b^3$
$n = 4$	1 4 6 4 1	$(a+b)^4 = a^4 + 4a^3b + 6a^2b^2 + 4ab^3 + b^4$
$n = 5$	1 5 10 10 5 1	$(a+b)^5 = a^5 + 5a^4b + 10a^3b^2 + 10a^2b^3 + 5ab^4 + b^5$
…	…	…

Das Pascal'sche Dreieck lässt sich auch mithilfe der Binomialkoeffizienten schreiben.

$$\binom{0}{0}$$
$$\binom{1}{0} \quad \binom{1}{1}$$
$$\binom{2}{0} \quad \binom{2}{1} \quad \binom{2}{2}$$
$$\binom{3}{0} \quad \binom{3}{1} \quad \binom{3}{2} \quad \binom{3}{3}$$
$$\binom{4}{0} \quad \binom{4}{1} \quad \binom{4}{2} \quad \binom{4}{3} \quad \binom{4}{4}$$
$$\binom{5}{0} \quad \binom{5}{1} \quad \binom{5}{2} \quad \binom{5}{3} \quad \binom{5}{4} \quad \binom{5}{5}$$
$$\ldots$$

Permutationen

Jede Anordnung von n Elementen in einer bestimmten Reihenfolge, wobei alle n Elemente verwendet werden, heißt **Permutation** dieser Elemente.

Fakultät → S. 126

Permutation ohne Wiederholung ($n \in \mathbb{N}^*$)
Anzahl an Permutationen von n verschiedenen Elementen:
$P_n = n!$

Permutation mit Wiederholung ($k, n \in \mathbb{N}^*$)
Anzahl an Permutationen von n Elementen, wobei k Elemente gleich sind:
$P_n^W = \frac{n!}{k!}$ $(k \leq n)$

Anzahl an Permutationen von n Elementen, wobei es m Gruppen mit jeweils $k_1, k_2, \ldots, k_m$ $(k_i \geq 1)$ gleichen Elementen gibt $(k_1 + k_2 + \ldots + k_m = n)$:

$$P_n^W = \frac{n!}{k_1! \cdot k_2! \cdot \ldots \cdot k_m!} \quad (k \leq n)$$

Variationen

Jede Auswahl von k Elementen aus einer Menge von n verschiedenen Elementen unter Berücksichtigung der Reihenfolge heißt **Variation** dieser Elemente oder Variation von n Elementen zur k-ten Klasse.

Variation ohne Wiederholung ($k, n \in \mathbb{N}^*$)
Anzahl an Möglichkeiten, aus n verschiedenen Elementen k Elemente unter Berücksichtigung der Reihenfolge auszuwählen, wobei jedes Element nur einmal auftreten darf:

$$V_n = \frac{n!}{(n-k)!} = \binom{n}{k} \cdot k! = n \cdot (n-1) \cdot (n-2) \cdot \ldots \cdot (n-k+1) \quad (k \leq n)$$

Binomialkoeffizient → S. 126

Im Urnenmodell zieht man k-mal aus n verschiedenen Kugeln unter Beachtung der Reihenfolge und ohne Zurücklegen und bestimmt die Anzahl verschiedener Anordnungen.

Variation mit Wiederholung ($k, n \in \mathbb{N}^*$)
Anzahl an Möglichkeiten, aus n verschiedenen Elementen k Elemente unter Berücksichtigung der Reihenfolge auszuwählen, wobei einzelne Elemente auch mehrfach auftreten dürfen:
$V_n^W = n^k$ $(k \leq n)$

Im Urnenmodell zieht man k-mal aus n verschiedenen Kugeln unter Beachtung der Reihenfolge und mit Zurücklegen und bestimmt die Anzahl verschiedener Anordnungen.

Kombinationen

Jede Auswahl von k Elementen aus einer Menge von n verschiedenen Elementen ohne Berücksichtigung der Reihenfolge heißt **Kombination** dieser Elemente oder Kombination von n Elementen zur k-ten Klasse.

Kombination ohne Wiederholung ($k, n \in \mathbb{N}^*$)
Anzahl an Möglichkeiten, aus n verschiedenen Elementen k Elemente ohne Berücksichtigung der Reihenfolge auszuwählen, wobei jedes Element nur einmal auftreten darf:

$$C_n = \frac{n!}{k! \cdot (n-k)!} = \binom{n}{k} = \binom{n}{n-k} = \frac{n \cdot (n-1) \cdot (n-2) \cdot \ldots \cdot (n-k+1)}{k!} \quad (k \leq n)$$

Im Urnenmodell zieht man k-mal aus n verschiedenen Kugeln ohne Beachtung der Reihenfolge und ohne Zurücklegen und bestimmt die Anzahl verschiedener Anordnungen.

Kombinatorik

Kombinationen

Kombination mit Wiederholung $(k, n \in \mathbb{N}^*)$
Anzahl an Möglichkeiten, aus n verschiedenen Elementen k Elemente ohne Berücksichtigung der Reihenfolge auszuwählen, wobei einzelne Elemente auch mehrfach auftreten dürfen:

Fakultät und Binomialkoeffizient → S. 126

$$C_n^W = \frac{(n+k-1)!}{k! \cdot (n-1)!} = \binom{n+k-1}{k} \quad (k \leq n)$$

Im Urnenmodell zieht man k-mal aus n verschiedenen Kugeln ohne Beachtung der Reihenfolge und mit Zurücklegen und bestimmt die Anzahl verschiedener Anordnungen.

Übersicht Permutation – Variation – Kombination

$(k, n \in \mathbb{N}^*;\ k \leq n)$

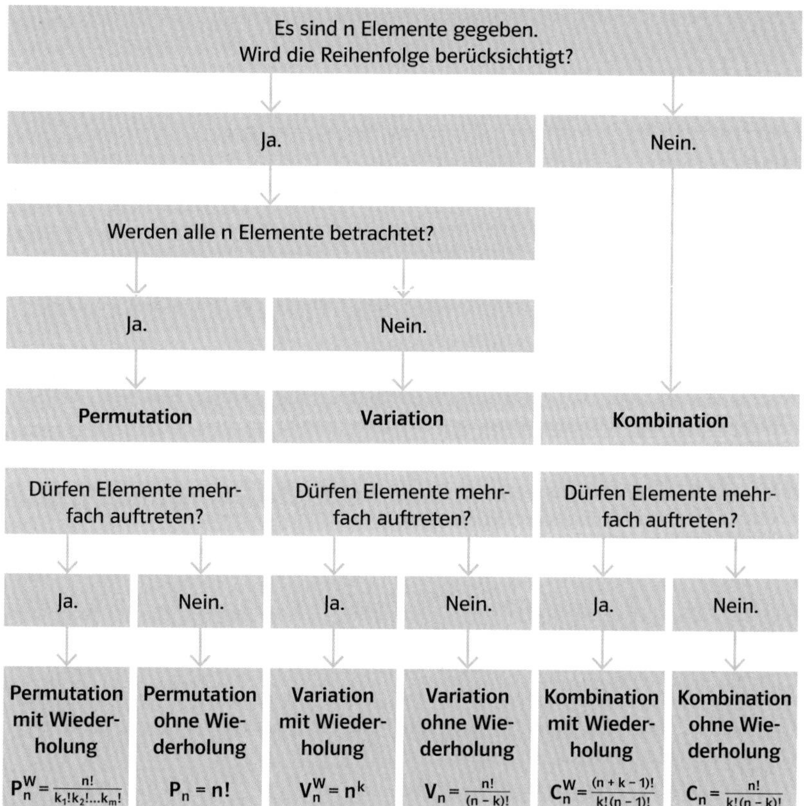

Wenn man aus n verschiedenen Elementen k Elemente $(k \leq n)$ auswählt, gilt für die möglichen Anzahlen:

	Ziehen mit Zurücklegen	Ziehen ohne Zurücklegen
Mit Beachtung der Reihenfolge	$V_n^W = n^k$	$V_n = \frac{n!}{(n-k)!} = \binom{n}{k} \cdot k!$
Ohne Beachtung der Reihenfolge	$C_n^W = \frac{(n+k-1)!}{k! \cdot (n-1)!} = \binom{n+k-1}{k}$	$C_n = \frac{n!}{k! \cdot (n-k)!} = \binom{n}{k}$

Grundbegriffe

Zufallsexperiment (Zufallsversuch), Ergebnis und Ergebnismenge

Führt man ein Zufallsexperiment durch, tritt genau eines der **Ergebnisse** $e_1, e_2, \ldots, e_k$ aus der **Ergebnismenge** $S = \{e_1, e_2, \ldots, e_k\}$ $(k \in \mathbb{N}^*)$ ein. Manchmal schreibt man auch Ω statt S. Die Ergebnismenge nennt man auch **Stichprobenraum** oder **Ergebnisraum.** Statt Ergebnis sagt man auch **Ausgang**.
Welches der möglichen Ergebnisse auftreten wird, lässt sich nicht vorhersagen.
Unter gleichen Bedingungen lässt sich ein Zufallsexperiment beliebig oft wiederholen.

Ereignis und Ereignisraum

Jede Teilmenge E der Ergebnismenge S heißt **Ereignis** über S: $E \subseteq S$.
Ein Ereignis E ist eingetreten, wenn e_i ein Ergebnis des Zufallsexperiments ist und $e_i \in E$ gilt $(i = 1, 2, \ldots, k;\ k \in \mathbb{N}^*)$.
Der **Ereignisraum** des Zufallsexperiments ist die Potenzmenge $P(S) = \{E \mid E \subseteq S\}$, also die Menge aller Teilmengen von S bzw. die Menge aller Ereignisse, die zum Zufallsexperiment gehören. Der Ereignisraum enthält 2^k Elemente, also 2^k Ereignisse.

Teilmenge → S. 8

Potenzmenge → S. 8

Spezielle Ereignisse

Das Ereignis $E = \emptyset = \{\,\}$ heißt **unmögliches Ereignis.** Es tritt nie ein.
Das Ereignis $E = S$ heißt **sicheres Ereignis.** Es tritt immer ein.
Ein **Elementarereignis** $E_i = \{e_i\}$ $(i = 1, 2, \ldots, k;\ k \in \mathbb{N}^*)$ ist eine einelementige Teilmenge von S. Es enthält also nur ein Element aus S.

Leere Menge → S. 8

Absolute Häufigkeit und relative Häufigkeit

Die **absolute Häufigkeit** $H_n(e_i)$ eines Ergebnisses e_i gibt an, wie oft das Ergebnis bei n Durchführungen eines Zufallsexperiments eintritt.
Die **relative Häufigkeit** $h_n(e_i)$ eines Ergebnisses e_i ist der Quotient aus der absoluten Häufigkeit und der Anzahl der Durchführungen: $h_n(e_i) = \frac{H_n(e_i)}{n}$.
Die **absolute Häufigkeit** $H_n(E)$ eines Ereignisses E gibt an, wie oft das Ereignis bei n Durchführungen des Zufallsexperiments eintritt.
Die **relative Häufigkeit** $h_n(E)$ eines Ereignisses E ist der Quotient aus der absoluten Häufigkeit und der Anzahl der Durchführungen: $h_n(E) = \frac{H_n(E)}{n}$.

Eigenschaften der relativen Häufigkeit

(1) Für jedes Ereignis E gilt $0 \le h_n(E) \le 1$.
(2) Für das sichere Ereignis gilt $h_n(S) = 1$, für das unmögliche Ereignis $h_n(\emptyset) = 0$.
(3) Für ein beliebiges Ereignis E, also eine beliebige Teilmenge der Ergebnismenge S mit den Elementen $e_1, e_2, \ldots, e_r$, ist die relative Häufigkeit von E gleich der Summe der relativen Häufigkeiten der Elementarereignisse, aus denen sich E zusammensetzt: $h_n(E) = h_n(\{e_1\}) + h_n(\{e_2\}) + \ldots + h_n(\{e_r\}) = \sum_{i=1}^{r} h_n(\{e_i\})$.
(4) Für zwei Ereignisse A und B gilt $h_n(A \cup B) = h_n(A) + h_n(B) - h_n(A \cap B)$.
Sind A und B unvereinbar $(A \cap B = \emptyset)$, gilt $h_n(A \cup B) = h_n(A) + h_n(B)$.
(5) Für ein Ereignis A und sein Gegenereignis $\overline{A}$ gilt
$h_n(A \cup \overline{A}) = h_n(A) + h_n(\overline{A}) = h_n(S) = 1$.

Mengenverknüpfungen → S. 8
Unvereinbare Ereignisse → S. 130
Gegenereignis → S. 130

Wahrscheinlichkeitsrechnung

Grundbegriffe

Relative Häufigkeit, Ereignis und Ergebnis → S. 129
Axiomatische Definition der Wahrscheinlichkeit → S. 131

Empirisches Gesetz der großen Zahlen

Wenn man ein Zufallsexperiment hinreichend oft wiederholt, dann ist die ermittelte relative Häufigkeit für das Eintreten eines Ereignisses E ein Schätzwert für die **Wahrscheinlichkeit** P(E) des Ereignisses. Für große Werte von n gilt $P(E) \approx h_n(E)$.

Bernoulli-Experiment

Ein Zufallsexperiment mit genau zwei Ergebnissen (meist Treffer und Niete bzw. Erfolg und Misserfolg genannt) heißt **Bernoulli-Experiment**.

Rechnen mit Ereignissen

Verknüpfen von Ereignissen

Teilmenge → S. 8

Teilereignis

Ein Ereignis B ist eine Teilmenge eines Ereignisses A genau dann, wenn $B \subseteq A$ gilt. Das Ereignis B ist ein **Teilereignis** von A.
Wenn das Ereignis B eintritt, dann tritt auch das Ereignis A ein.

Durchschnitt von Ereignissen

Schnittmenge → S. 8

Ein Ereignis C heißt **Durchschnitt** zweier Ereignisse A und B genau dann, wenn $A \cap B$ gilt. C ist die Schnittmenge der Ereignisse A und B.
Das Ereignis $C = A \cap B$ („A und B") tritt genau dann ein, wenn sowohl A als auch B eintritt.

Vereinigung von Ereignissen

Vereinigungsmenge → S. 8

Ein Ereignis C heißt **Vereinigung** zweier Ereignisse A und B genau dann, wenn $A \cup B$ gilt. C ist die Vereinigungsmenge der Ereignisse A und B.
Das Ereignis $C = A \cup B$ („A oder B") tritt genau dann ein, wenn mindestens eines der Ereignisse A, B eintritt.

Gegenereignis (komplementäres Ereignis)

Ergebnismenge → S. 129
Komplementmenge → S. 8

Das Ereignis $\overline{E}$ heißt **Gegenereignis (komplementäres Ereignis)** zu einem Ereignis E genau dann, wenn $\overline{E} \cup E = S$ und $\overline{E} \cap E = \emptyset$ gelten (S: Ergebnismenge).
$\overline{E}$ ist die Komplementmenge zu E.
Das **Gegenereignis** $\overline{E}$ zum Ereignis E tritt genau dann ein, wenn E nicht eintritt.

Unvereinbare Ereignisse bzw. einander ausschließende Ereignisse

Zwei Ereignisse A und B heißen **unvereinbar** genau dann, wenn $A \cap B = \emptyset$ gilt.
Die Ereignisse A und B können nicht gleichzeitig eintreten.

Rechenregeln für Ereignisse (Ereignisalgebra)

Gegeben seien beliebige Ereignisse A, B und C sowie eine Ergebnismenge S. Es gilt:

Kommutativgesetze:	$A \cup B = B \cup A$	$A \cap B = B \cap A$
Assoziativgesetze:	$(A \cup B) \cup C = A \cup (B \cup C)$	$(A \cap B) \cap C = A \cap (B \cap C)$
Distributivgesetze:	$A \cup (B \cap C) = (A \cup B) \cap (A \cup C)$	$A \cap (B \cup C) = (A \cap B) \cup (A \cap C)$
Idempotenzgesetze:	$A \cup A = A$	$A \cap A = A$
Absorptionsgesetze:	$A \cup (A \cap B) = A$	$A \cap (A \cup B) = A$
De-Morgan-Gesetze:	$\overline{A \cup B} = \overline{A} \cap \overline{B}$	$\overline{A \cap B} = \overline{A} \cup \overline{B}$
Neutrale Elemente:	$A \cup \emptyset = A$	$A \cap S = A$
Dominante Elemente:	$A \cup S = S$	$A \cap \emptyset = \emptyset$
Komplemente:	$A \cup \overline{A} = S$	$A \cap \overline{A} = \emptyset$
	$\overline{\emptyset} = S$, $\overline{S} = \emptyset$, $\overline{\overline{A}} = A$	

Wahrscheinlichkeit und Wahrscheinlichkeitsverteilung

Ergebnismenge → S. 129
Elementarereignis → S. 129
Ereignis → S. 129

Axiomatische Definition der Wahrscheinlichkeit nach Kolmogorow

Ein Zufallsexperiment habe die Ergebnismenge $S = \{e_1, e_2, \ldots, e_k\}$ $(k \in \mathbb{N}^*)$.
Ist jedem Elementarereignis $E_i = \{e_i\}$ $(i = 1, 2, \ldots, k)$ eine reelle Zahl $P(E_i)$ so zugeordnet, dass

(1) $0 \leq P(E_i)$ für $i = 1, 2, \ldots, k$ (Nichtnegativität) und
(2) $P(E_1) + P(E_2) + \ldots + P(E_k) = 1$ (Normiertheit)

gilt, dann heißt $P(E_i)$ die **Wahrscheinlichkeit des Elementarereignisses E_i**.
Eine Funktion P, die jedem Elementarereignis E_i eine Wahrscheinlichkeit zuordnet, heißt **Wahrscheinlichkeitsverteilung**.
Ist $E = \{e_1, e_2, \ldots, e_r\} \subseteq S$ mit $1 \leq r \leq k$ ein Ereignis aus S und P eine Wahrscheinlichkeitsfunktion, dann gilt

(3) $P(E) = P(E_1) + P(E_1) + \ldots + P(E_r)$ (Additivität).

Für $A = \varnothing$ setzt man $P(A) = 0$.
$P(A)$ heißt die **Wahrscheinlichkeit des Ereignisses A**.

Rechnen mit Wahrscheinlichkeiten

Unvereinbare Ereignisse → S. 130

Folgerungen aus der Definition der Wahrscheinlichkeit

$0 \leq P(A) \leq 1$ $\qquad P(\overline{A}) = 1 - P(A)$

Sind A und B zwei unvereinbare Ereignisse $(A \cap B = \varnothing)$, so gilt $P(A \cup B) = P(A) + P(B)$.
Für $A \subseteq B$ gilt $P(A) \leq P(B)$.

Additionssatz

Für zwei Ereignisse A und B: $P(A \cup B) = P(A) + P(B) - P(A \cap B)$

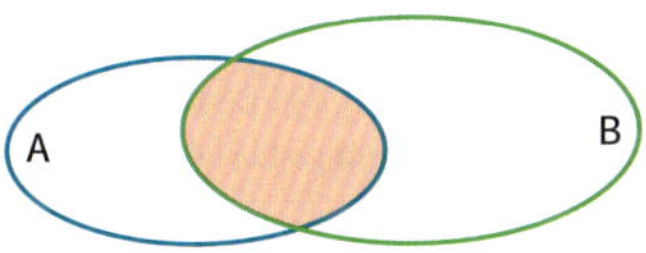

$A \cap B$

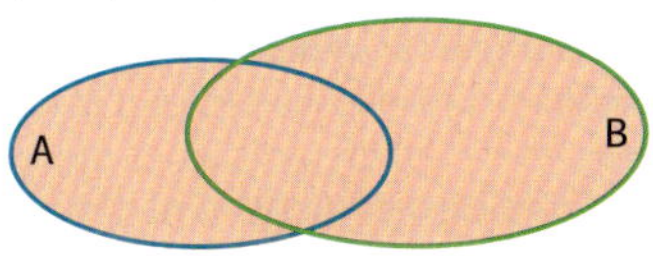

$A \cup B$

Für drei Ereignisse A, B und C: $P(A \cup B \cup C) = P(A) + P(B) + P(C)$
$- P(A \cap B) - P(A \cap C) - P(B \cap C)$
$+ P(A \cap B \cap C)$

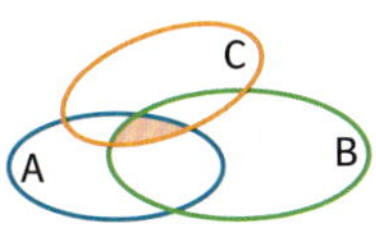

$A \cap B \cap C$

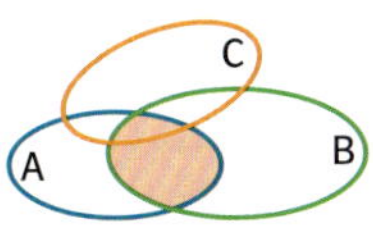

$A \cap B$

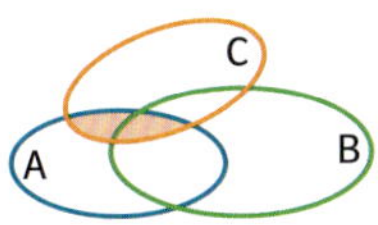

$A \cap C$

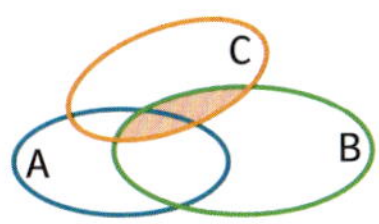

$B \cap C$

Laplace-Experiment und Gleichverteilung

Ein **Laplace-Experiment** ist ein Zufallsexperiment, bei dem man eine Ergebnismenge so angeben kann, dass alle Ergebnisse gleich wahrscheinlich sind.
Bei einem Laplace-Experiment haben alle Elementarereignisse $E_i = \{e_i\}$ $(i = 1, 2, \ldots, k;$ $k \in \mathbb{N}^*)$ die gleiche Wahrscheinlichkeit $P(E_i) = \frac{1}{k}$. Eine solche Wahrscheinlichkeitsverteilung heißt **Gleichverteilung**.
Für ein Ereignis $E = \{e_1, e_2, \ldots, e_r\} \subseteq S$ mit $1 \leq r \leq k$ gilt dann $P(E) = \frac{r}{k}$.
Bei einem Laplace-Experiment gilt für die Wahrscheinlichkeit eines Ereignisses E:

$$P(E) = \frac{\text{Anzahl der für E günstigen Ergebnisse}}{\text{Anzahl aller möglichen Ergebnisse}}.$$

Wahrscheinlichkeitsrechnung

Mehrstufige Zufallsexperimente

n-stufiges Zufallsexperiment

Bei einem **n-stufigen Zufallsexperiment** fasst man n unabhängige Zufallsexperimente, die nacheinander ablaufen, zu einem einzigen Zufallsexperiment zusammen.

Baumdiagramm und Pfadregeln

Baumdiagramm

Ergebnismenge → S. 129

Die Ergebnismenge eines mehrstufigen Zufallsexperiments kann man mit **Baumdiagrammen** darstellen.

Ergebnis → S. 129

Jeder **Pfad** in einem Baumdiagramm entspricht genau einem möglichen Ergebnis des Zufallsexperiments.

Ereignis → S. 129

Zu einem Ereignis gehören alle Pfade derjenigen Ergebnisse, die zum betrachteten Ereignis gehören.

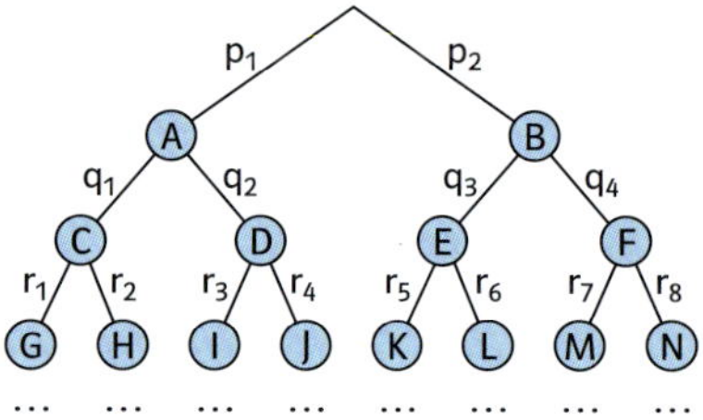

1. Pfadregel (Produktregel)

Elementarereignis → S. 129

Die Wahrscheinlichkeit für ein Ergebnis (Elementarereignis) eines mehrstufigen Zufallsexperiments erhält man durch Multiplizieren der Wahrscheinlichkeiten längs des entsprechenden Pfades im Baumdiagramm.

$P(\{(A; D; I)\}) = p_1 \cdot q_2 \cdot r_3$

$P(\{(B; E; K)\}) = p_2 \cdot q_3 \cdot r_5$

2. Pfadregel (Summenregel)

Die Wahrscheinlichkeit für ein (zusammengesetztes) Ereignis eines mehrstufigen Zufallsexperiments erhält man durch Addieren der Wahrscheinlichkeiten der zugehörigen Pfade im Baumdiagramm.

Ereignis T: $T = \{(A; C; H); (A; D; J); (B; F; N)\}$

$P(T) = p_1 \cdot q_1 \cdot r_2 + p_1 \cdot q_2 \cdot r_4 + p_2 \cdot q_4 \cdot r_8$

Bernoulli-Kette

Bernoulli-Experiment → S. 130

Wenn man ein Bernoulli-Experiment n-mal unabhängig voneinander durchführt, so liegt eine **Bernoulli-Kette** der Länge n vor.

Formel von Bernoulli

Gegeben sei eine Bernoulli-Kette der Länge n. Die Wahrscheinlichkeit für einen Treffer bei dem einzelnen Bernoulli-Experiment sei p. Die Wahrscheinlichkeit für genau k Treffer bei der Durchführung der Bernoulli-Kette ist

Binomialkoeffizient → S. 126

$P(\text{genau k Treffer}) = \binom{n}{k} \cdot p^k \cdot (1-p)^{n-k}$ $(k = 0, 1, 2, \ldots, n)$.

Bedingte Wahrscheinlichkeit

Ergebnismenge S → S. 129

Bedingte Wahrscheinlichkeit

A und B seien zwei beliebige Ereignisse mit $A \subseteq S$, $B \subseteq S$ und $P(A) > 0$. Die Wahrscheinlichkeit, dass B eintritt unter der Bedingung, dass A bereits eingetreten ist, heißt **durch A bedingte Wahrscheinlichkeit von B**. Man schreibt dafür $P_A(B)$ oder $P(B \mid A)$. Es gilt

$P_A(B) = \frac{P(A \cap B)}{P(A)}$.

Wahrscheinlichkeitsrechnung

Unabhängigkeit von Ereignissen (A, B ⊆ S)

Zwei Ereignisse A und B mit $P(A) > 0$ und $P(B) > 0$ heißen voneinander **unabhängig**, wenn für die bedingten Wahrscheinlichkeiten $P_A(B)$ und $P_B(A)$ gilt: $P_A(B) = P(B)$ und $P_B(A) = P(A)$. Andernfalls heißen sie voneinander **abhängig**.
Zwei Ereignisse A und B sind genau dann voneinander **unabhängig**, wenn $P(A \cap B) = P(A) \cdot P(B)$ gilt.
Das Eintreten des einen Ereignisses beeinflusst nicht die Wahrscheinlichkeit für das Eintreten des anderen Ereignisses.

Wenn A und B voneinander unabhängig sind, dann sind auch A und $\overline{B}$, $\overline{A}$ und B sowie $\overline{A}$ und $\overline{B}$ voneinander unabhängig.

Mehr als zwei Ereignisse heißen genau dann voneinander unabhängig, wenn sie paarweise voneinander unabhängig sind und jedes der Ereignisse unabhängig von allen Schnitten ist, die man aus den restlichen Ereignissen bilden kann.

Bedingte Wahrscheinlichkeit

Ergebnismenge S → S. 129
Bedingte Wahrscheinlichkeit → S. 132

Gegenereignis → S. 130

Vierfeldertafel (A, B ⊆ S)

Trägt man Wahrscheinlichkeiten in eine **Vierfeldertafel** ein, kann man daraus bedingte Wahrscheinlichkeiten berechnen und Ereignisse auf Unabhängigkeit untersuchen.

	A	$\overline{A}$	
B	$P(A \cap B)$	$P(\overline{A} \cap B)$	$P(B) = P(A \cap B) + P(\overline{A} \cap B)$
$\overline{B}$	$P(A \cap \overline{B})$	$P(\overline{A} \cap \overline{B})$	$P(\overline{B}) = P(A \cap \overline{B}) + P(\overline{A} \cap \overline{B})$
	$P(A) = P(A \cap B) + P(A \cap \overline{B})$	$P(\overline{A}) = P(\overline{A} \cap B) + P(\overline{A} \cap \overline{B})$	1

Aus den Werten einer Vierfeldertafel kann man bedingte Wahrscheinlichkeiten wie $P_A(B) = \frac{P(A \cap B)}{P(A)}$ berechnen. Mithilfe einer Vierfeldertafel kann man auch prüfen, ob zwei Ereignisse voneinander unabhängig sind. So sind z. B. die Ereignisse A und B voneinander unabhängig, wenn $P(A \cap B) = P(A) \cdot P(B)$ gilt.

Voneinander unabhängige Ereignisse → vgl. oben

Der allgemeine Multiplikationssatz ($A, B, A_1, A_2, \ldots, A_n \subseteq S$)

Ist $P(A) > 0$ und $P(B) > 0$, so gilt für die Wahrscheinlichkeit, dass sowohl das Ereignis A als auch das Ereignis B eintritt: $P(A \cap B) = P(A) \cdot P_A(B) = P(B) \cdot P_B(A)$.

Für n Ereignisse $A_1, A_2, \ldots, A_n$ mit $P(A_1 \cap A_2 \cap \ldots \cap A_{n-1}) \neq 0$ gilt
$P(A_1 \cap A_2 \cap \ldots \cap A_n) = P(A_1) \cdot P_{A_1}(A_2) \cdot P_{A_1 \cap A_2}(A_3) \cdot \ldots \cdot P_{A_1 \cap \ldots \cap A_{n-1}}(A_n)$.

Der spezielle Multiplikationssatz ($A, B, A_1, A_2, \ldots, A_n \subseteq S$)

Sind die Ereignisse A und B voneinander unabhängig, dann gilt für die Wahrscheinlichkeit, dass sowohl A als auch B eintritt: $P(A \cap B) = P(A) \cdot P(B)$.

Sind n Ereignisse $A_1, A_2, \ldots, A_n$ voneinander unabhängig, dann gilt
$P(A_1 \cap A_2 \cap \ldots \cap A_n) = P(A_1) \cdot P(A_2) \cdot \ldots \cdot P(A_n)$.

Bedingte Wahrscheinlichkeit

Ergebnismenge → S. 129
Ereignis → S. 129

Satz von der totalen Wahrscheinlichkeit ($A_1, A_2, \ldots, A_n \subseteq S$)

Die Ergebnismenge S sei in die Ereignisse $A_1, A_2, \ldots, A_n$ zerlegt, d. h., es gelte $A_1 \cup A_2 \cup \ldots \cup A_n = S$ und $A_i \cap A_j = \varnothing$ für $i \neq j$ $(i, j = 1, 2, \ldots, n)$.
Ist $P(A_i) > 0$ für $i = 1, 2, \ldots, n$, dann gilt für ein beliebiges Ereignis $B \subseteq S$:

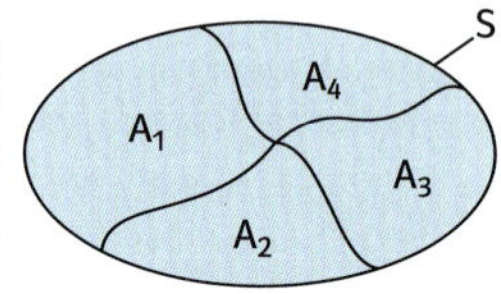

$$P(B) = P(A_1) \cdot P_{A_1}(B) + P(A_2) \cdot P_{A_2}(B) + \ldots + P(A_n) \cdot P_{A_n}(B) = \sum_{i=1}^{n} P(A_i) \cdot P_{A_i}(B).$$

Für die spezielle Zerlegung $S = A \cup \overline{A}$ gilt für $P(A) > 0$ und $P(\overline{A}) > 0$:
$P(B) = P(A) \cdot P_A(B) + P(\overline{A}) \cdot P_{\overline{A}}(B)$.

Satz von Bayes ($A_1, A_2, \ldots, A_n, B \subseteq S$)

Die Ergebnismenge S sei in die Ereignisse $A_1, A_2, \ldots, A_n$ zerlegt, d. h., es gelte $A_1 \cup A_2 \cup \ldots \cup A_n = S$ und $A_i \cap A_j = \varnothing$ für $i \neq j$ $(i, j = 1, 2, \ldots, n)$.
Ist $P(A_i) > 0$ für $i = 1, 2, \ldots, n$, dann gilt für ein beliebiges Ereignis B mit $P(B) > 0$:

$$P_B(A_i) = \frac{P(A_i) \cdot P_{A_i}(B)}{P(A_1) \cdot P_{A_1}(B) + P(A_2) \cdot P_{A_2}(B) + \ldots + P(A_n) \cdot P_{A_n}(B)} = \frac{P(A_i) \cdot P_{A_i}(B)}{\sum_{j=1}^{n} P(A_j) \cdot P_{A_j}(B)}.$$

Für die spezielle Zerlegung $S = A \cup \overline{A}$ gilt für $P(A) > 0$, $P(\overline{A}) > 0$ und $P(B) > 0$:

$$P_B(A) = \frac{P(A) \cdot P_A(B)}{P(A) \cdot P_A(B) + P(\overline{A}) \cdot P_{\overline{A}}(B)}.$$

Gauß'sche Glockenfunktionen

Gauß'sche Glockenfunktionen

Funktionen $\varphi_{\mu;\sigma}$ mit $\varphi_{\mu;\sigma}(x) = \frac{1}{\sigma\sqrt{2\pi}} \cdot e^{-\frac{1}{2}\left(\frac{x-\mu}{\sigma}\right)^2}$ $(x \in \mathbb{R})$ heißen **Gauß'sche Glockenfunktionen** mit den Parametern μ und σ.

Gauß-Funktion und Gauß'sche Summenfunktion

Euler'sche Zahl → S. 6

Die Funktion φ mit
$\varphi(x) = \varphi_{0;1}(x) = \frac{1}{\sqrt{2\pi}} \cdot e^{-\frac{1}{2}x^2}$ $(x \in \mathbb{R})$
heißt **Gauß-Funktion** oder **Standard-Glockenfunktion**, wobei e die Euler'sche Zahl ist. Der Graph der Gauß-Funktion heißt Gauß-Kurve oder **Gauß'sche Glockenkurve**.

Die Funktion Φ mit
$\Phi(x) = \int_{-\infty}^{x} \varphi(t)\,dt = \frac{1}{\sqrt{2\pi}} \int_{-\infty}^{x} e^{-\frac{1}{2}t^2}\,dt$ $(x \in \mathbb{R})$
heißt **Gauß'sche Summenfunktion**, wobei φ die Gauß-Funktion ist. Der Graph der Gauß'schen Summenfunktion heißt **Gauß'sche Summenkurve**. Es gilt
$\int_a^b \varphi(x)\,dx = \Phi(b) - \Phi(a)$, $\int_{-\infty}^{\infty} \varphi(x)\,dx = 1$,
$\Phi(0) = 0{,}5$ und $\Phi(-x) = 1 - \Phi(x)$.

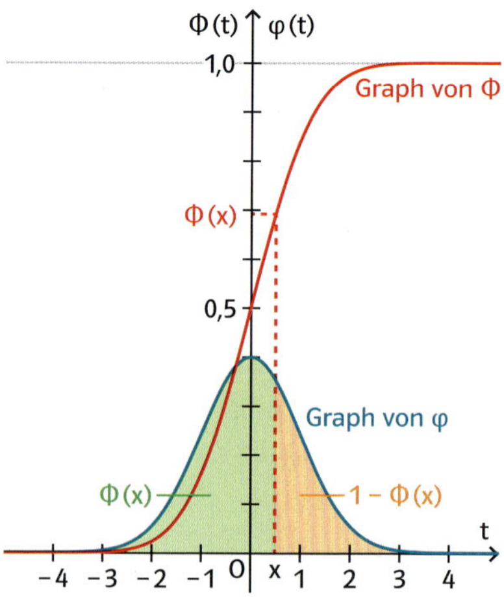

Für eine Stammfunktion zur Gauß-Funktion kann kein geschlossener Funktionsterm angegeben werden. Zur numerischen Integration benutzt man Tabellen oder Taschenrechner mit entsprechenden Funktionen.

Gauß-Funktion und Gauß'sche Summenfunktion

Stammfunktion → S. 72
Tabelle zur Gauß'schen Summenfunktion → S. 155
Gauß'sche Glockenfunktion → S. 134
Achsensymmetrie → S. 25
Hoch- und Wendepunkte → S. 68

Eigenschaften der Gauß'schen Glockenfunktionen und ihrer Graphen

Die Gauß'schen Glockenfunktionen $\varphi_{\mu;\sigma}$ haben an der Stelle $x = \mu$ ein Maximum. Die Stellen $x = \mu \pm \sigma$ sind Wendestellen. Die Graphen der Gauß'schen Glockenfunktionen $\varphi_{\mu;\sigma}$ sind achsensymmetrisch.

Für den Hochpunkt gilt $H\left(\mu \,\middle|\, \frac{1}{\sigma\sqrt{2\pi}}\right)$, für die Wendepunkte $W_1\left(\mu - \sigma \,\middle|\, \frac{1}{\sigma\sqrt{2\pi}} \cdot e^{-\frac{1}{2}}\right)$ und $W_2\left(\mu + \sigma \,\middle|\, \frac{1}{\sigma\sqrt{2\pi}} \cdot e^{-\frac{1}{2}}\right)$.

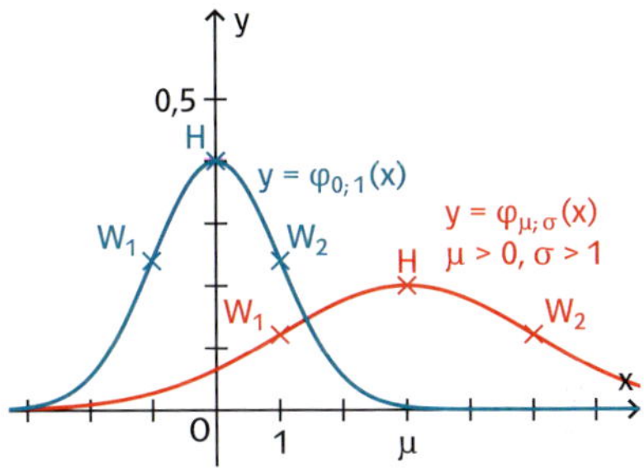

Die Graphen der Gauß'schen Glockenfunktionen $\varphi_{\mu;\sigma}$ entstehen aus dem Graphen der Gauß-Funktion (Standard-Glockenfunktion) $\varphi = \varphi_{0;1}$ durch
- Strecken in x-Richtung mit dem Faktor σ,
- Strecken in y-Richtung mit dem Faktor $\frac{1}{\sigma}$ und
- Verschieben um μ in x-Richtung.

Gauß-Funktion → S. 134
Verschieben und Strecken von Graphen → S. 26

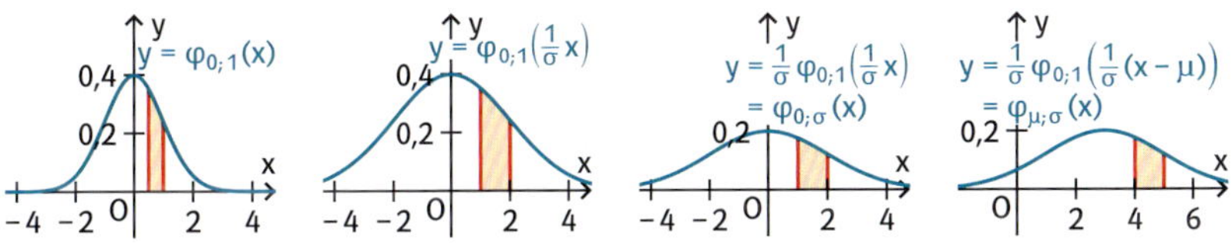

Die Fläche unter dem Graphen von $\varphi_{\mu;\sigma}$ im Intervall $[a; b]$ ist gleich der Fläche unter dem Graphen von $\varphi = \varphi_{0;1}$ im Intervall $\left[\frac{a-\mu}{\sigma}; \frac{b-\mu}{\sigma}\right]$. Es gilt also

$$\int_a^b \varphi_{\mu;\sigma}(x)\,dx = \int_{\frac{a-\mu}{\sigma}}^{\frac{b-\mu}{\sigma}} \varphi(x)\,dx.$$ Außerdem gilt:

$$\int_a^b \varphi_{\mu;\sigma}(x)\,dx = \int_{\frac{a-\mu}{\sigma}}^{\frac{b-\mu}{\sigma}} \varphi(x)\,dx = \Phi\left(\frac{b-\mu}{\sigma}\right) - \Phi\left(\frac{a-\mu}{\sigma}\right), \quad \int_{-\infty}^{x} \varphi_{\mu;\sigma}(t)\,dt = \Phi\left(\frac{x-\mu}{\sigma}\right),$$

$$\int_x^{\infty} \varphi_{\mu;\sigma}(t)\,dt = 1 - \Phi\left(\frac{x-\mu}{\sigma}\right) \text{ und } \int_{-\infty}^{\infty} \varphi_{\mu;\sigma}(x)\,dx = 1.$$

Zufallsgrößen und ihre Verteilung

Zufallsgröße X

Eine Funktion $X\colon S \to \mathbb{R}$, die jedem Ergebnis eines Zufallsexperiments eine reelle Zahl zuordnet, heißt **Zufallsgröße** (oder **Zufallsvariable**).
Die Zufallsgröße X heißt **diskret**, wenn die Wertemenge endlich oder abzählbar ist, ansonsten **stetig**.

Wertemenge → S. 24

Wahrscheinlichkeitsrechnung

Zufallsgrößen und ihre Verteilung
Ergebnismenge → S. 129
Wahrscheinlichkeitsverteilung → S. 131
Diskrete und stetige Zufallsgrößen → S. 135
Abszisse → S. 24

Wahrscheinlichkeitsfunktion, Dichtefunktion und Verteilungsfunktion

Über der Ergebnismenge S eines Zufallsexperiments mit der Wahrscheinlichkeitsverteilung P sei eine diskrete Zufallsgröße X definiert, die die Werte $x_1, x_2, \ldots, x_n$ annehmen kann. Dann heißt die Funktion $x_i \mapsto P(X = x_i)$, die jedem Wert x_i seine Wahrscheinlichkeit $P(X = x_i)$ zuordnet, **Wahrscheinlichkeitsfunktion** der Zufallsgröße X.
Im Falle einer stetigen Zufallsgröße betrachtet man eine **Dichtefunktion**. Ihre Funktionswerte können auch größer als eins sein. Sie können nicht als Wahrscheinlichkeiten interpretiert werden und heißen **Wahrscheinlichkeitsdichten**. Die Fläche zwischen der Abszissenachse und dem Graphen der Dichtefunktion in einem Intervall entspricht der Wahrscheinlichkeit, dass X einen Wert aus diesem Intervall annimmt.

Diskrete Zufallsgrößen

Wahrscheinlichkeitsfunktion f:

$f(x_i) = P(X = x_i) = p_i$ mit $f(x_i) \geq 0$ und $\sum_{i=1}^{n} f(x_i) = 1$

Verteilungsfunktion F:

$F(x) = P(X \leq x) = \sum_{x_i \leq x} f(x_i)$

Es gilt
$P(a < X \leq b) = F(b) - F(a)$ und
$P(X > a) = 1 - P(X \leq a) = 1 - F(a)$.

Stetige Zufallsgrößen

Dichtefunktion f:

$\int_{-\infty}^{\infty} f(x)\,dx = 1$ und $f(x) \geq 0$ für alle $x \in \mathbb{R}$

Verteilungsfunktion F:

$F(x) = P(X \leq x) = \int_{-\infty}^{x} f(t)\,dt = P(X < x)$

Es gilt
$P(a < X \leq b) = P(a \leq X < b) = P(a \leq X \leq b)$
$= P(a < X < b) = F(b) - F(a) = \int_a^b f(t)\,dt$ und
$P(X > a) = 1 - P(X \leq a) = 1 - F(a)$.

Bei einer stetigen Zufallsgröße gilt $P(X = c) = 0$ für $c \in \mathbb{R}$, obwohl $X = c$ nicht das unmögliche Ereignis ist. Die Wahrscheinlichkeit, dass X einen Wert aus einem Intervall annimmt, z. B. $P(c - 0{,}5 \leq X \leq c + 0{,}5)$, ist ungleich null.

Maßzahlen von Wahrscheinlichkeitsverteilungen

Dichtefunktion → vgl. oben

Diskrete Zufallsgrößen:
Eine diskrete Zufallsgröße X nehme die Werte $x_1, x_2, \ldots, x_n$ mit den Wahrscheinlichkeiten $P(X = x_i) = p_i$ $(i = 1, 2, \ldots, n)$ an.

Erwartungswert von X

$$E(X) = \mu = x_1 \cdot p_1 + x_2 \cdot p_2 + \ldots + x_n \cdot p_n = \sum_{i=1}^{n} x_i \cdot p_i$$

Varianz von X

$$V(X) = (x_1 - \mu)^2 \cdot p_1 + (x_2 - \mu)^2 \cdot p_2 + \ldots + (x_n - \mu)^2 \cdot p_n = \sum_{i=1}^{n} (x_i - \mu)^2 \cdot p_i = E\left((X - \mu)^2\right) = E(X^2) - (E(X))^2 = E(X^2) - \mu^2$$

Standardabweichung von X

$\sigma(X) = \sqrt{V(X)}$

Stetige Zufallsgrößen:
Eine stetige Zufallsgröße X habe die Dichtefunktion $f(x)$.

Erwartungswert von X

$$E(X) = \mu = \int_{-\infty}^{\infty} x \cdot f(x)\,dx$$

Varianz von X

$$V(X) = \int_{-\infty}^{\infty} (x - \mu)^2 \cdot f(x)\,dx = E\left((X - \mu)^2\right) = E(X^2) - (E(X))^2 = E(X^2) - \mu^2$$

Standardabweichung von X

$\sigma(X) = \sqrt{V(X)}$

Wahrscheinlichkeitsrechnung

Standardisierte Zufallsgröße

Wenn X eine Zufallsgröße mit dem Erwartungswert $E(X) = \mu$ und der Varianz $V(X) = \sigma^2$ (σ: Standardabweichung) ist, dann ergibt sich die zu X gehörende **standardisierte Zufallsgröße** Z durch $Z = \frac{X - \mu}{\sigma}$. Für Z gilt $E(Z) = 0$ und $V(Z) = 1$.

Zufallsgrößen und ihre Verteilung
Zufallsgröße → S. 135
Erwartungswert, Varianz und Standardabweichung → S. 136

Tschebyscheff'sche Ungleichung

Ist $E(X) = \mu$ der Erwartungswert, $V(X) = \sigma^2$ die Varianz und $\sigma(X)$ die Standardabweichung einer Zufallsgröße X, dann gilt für jede positive reelle Zahl c die **Tschebyscheff'sche Ungleichung** $P(|X - \mu| \geq c) \leq \frac{\sigma^2}{c^2}$.

Für $c = k \cdot \sigma$ erhält man $P(|X - \mu| \geq k \cdot \sigma) \leq \frac{1}{k^2}$.

Gemeinsame Wahrscheinlichkeitsverteilung, Unabhängigkeit von Zufallsgrößen

Wenn über der Ergebnismenge S eines Zufallsexperiments mit der Wahrscheinlichkeitsverteilung P die Zufallsgrößen X und Y definiert sind, die die Werte $x_1, x_2, \ldots, x_n$ bzw. $y_1, y_2, \ldots, y_m$ annehmen, dann heißt die Funktion $P(X = x_j; Y = y_k)$ die **gemeinsame Wahrscheinlichkeitsverteilung** von X und Y.

Ergebnismenge → S. 129
Wahrscheinlichkeitsverteilung → S. 131

Die beiden Zufallsgrößen X und Y heißen genau dann voneinander **unabhängig**, wenn für alle Paare $(x_j; y_k)$ gilt: $P(X = x_j; Y = y_k) = P(X = x_j) \cdot P(Y = y_k)$, andernfalls voneinander **abhängig**. Entsprechendes gilt für n Zufallsgrößen.

Spezielle Verteilungen

Diskrete Verteilungen

Binomialverteilung

Eine diskrete Zufallsgröße X ordne bei einer Bernoulli-Kette der Länge n und der Trefferwahrscheinlichkeit p jedem Ergebnis die Anzahl k an Treffern zu ($k = 0, 1, 2, \ldots, n$).
Dann ist X **binomialverteilt** mit den Parametern n und p. Für die Wahrscheinlichkeitsfunktion gilt

$$f_B(k; n; p) = P_p^n(X = k) = P(X = k) = \binom{n}{k} \cdot p^k \cdot (1 - p)^{n-k} \quad \text{mit } k = 0, 1, 2, \ldots, n.$$

Rekursive Berechnung: $f_B(k + 1; n; p) = \frac{p}{1 - p} \cdot \frac{n - k}{k + 1} \cdot f_B(k; n; p)$; $f_B(0; n; p) = (1 - p)^n$

Diskrete Zufallsgröße → S. 135
Bernoulli-Kette → S. 132
Wahrscheinlichkeitsfunktion → S. 136
Binomialkoeffizient → S. 126

Verteilungsfunktion: $F_B(k; n; p) = P(X \leq k) = \sum_{i=0}^{k} f_B(i; n; p) = \sum_{i=0}^{k} \binom{n}{i} \cdot p^i \cdot (1 - p)^{n-i}$
Erwartungswert: $E(X) = \mu = n \cdot p$
Varianz: $V(X) = n \cdot p \cdot (1 - p)$ Standardabweichung: $\sigma(X) = \sqrt{n \cdot p \cdot (1 - p)}$

Verteilungsfunktion → S. 136

Zusammenhänge:
$P_p^n(X = k) = F_B(k; n; p) - F_B(k - 1; n; p)$ $\quad F_B(n; n; p) = 1$
$P_p^n(X \geq k) = 1 - F_B(k - 1; n; p)$ $\quad P_p^n(X > k) = 1 - F_B(k; n; p)$
$P_p^n(k_1 \leq X \leq k_2) = F_B(k_2; n; p) - F_B(k_1 - 1; n; p)$
$P_p^n(k_1 < X \leq k_2) = F_B(k_2; n; p) - F_B(k_1; n; p)$

Zusammenhang mit dem Urnenmodell:
Eine Urne enthalte Kugeln mit den Farben f_1 und f_2. Der Anteil der Kugeln der Farbe f_1 betrage p. Es werden n Kugeln mit Zurücklegen gezogen. Wenn die Zufallsgröße X die Anzahl an gezogenen Kugeln mit Farbe f_1 angibt, dann gilt

$$P_p^n(X = k) = \binom{n}{k} \cdot p^k \cdot (1 - p)^{n-k}.$$

Binomialverteilung

Poisson-Verteilung → vgl. unten

Näherungsformel von Poisson

Bei einer Binomialverteilung nehme n große Werte an und p kleine Werte. Wenn $n \cdot p$ weder null noch unendlich ist, kann die Binomialverteilung durch eine Poisson-Verteilung angenähert werden:

$$P_p^n(X = k) = f_B(k; n; p) = \binom{n}{k} \cdot p^k \cdot (1 - p)^{n-k}$$

$$\approx f_P(k; \mu) = \frac{\mu^k}{k!} \cdot e^{-\mu} = F_P(k; \mu) - F_P(k - 1; \mu) \text{ mit } \lambda = \mu = n \cdot p.$$

Faustregel: Diese Näherung ist für $n \geq 50$ und $p \leq 0{,}05$ brauchbar.

Binomialverteilung → S. 137
Normalverteilung → S. 140

Näherungsformeln von de Moivre und Laplace

Eine Binomialverteilung kann für große Werte von n durch eine Normalverteilung mit dem Erwartungswert $\mu = n \cdot p$ und der Varianz $\sigma^2 = n \cdot p \cdot (1 - p)$ angenähert werden. Für $\sigma^2 > 9$ **(Laplace-Bedingung)** ist eine solche Approximation brauchbar. Es gilt dann

$$P_p^n(X = k) \approx \frac{1}{\sigma} \cdot \varphi\left(\frac{k - \mu}{\sigma}\right) \text{ mit } \varphi(z) = \frac{1}{\sqrt{2\pi}} \cdot e^{-\frac{1}{2}z^2}$$ (lokale Näherungsformel),

$$P_p^n(X \leq k) \approx \Phi\left(\frac{k + 0{,}5 - \mu}{\sigma}\right)$$ (globale Näherungsformel) und

$$P_p^n(k_1 \leq X \leq k_2) \approx \Phi\left(\frac{k_2 + 0{,}5 - \mu}{\sigma}\right) - \Phi\left(\frac{k_1 - 0{,}5 - \mu}{\sigma}\right)$$ (globale Näherungsformel).

Gauß-Funktion und Gauß'sche Summenfunktion → S. 134

Dabei ist $\varphi(z) = \frac{1}{\sqrt{2\pi}} \cdot e^{-\frac{1}{2}z^2}$ die Gauß-Funktion und $\Phi(z) = \int_{-\infty}^{z} \varphi(t)\,dt$ die Gauß'sche Summenfunktion.

Glockenkurven → S. 134

Ist die Laplace-Bedingung erfüllt, können die Histogramme einer Binomialverteilung durch Glockenkurven approximiert werden.

Für hinreichend große Werte von n gilt

$$P_p^n(X \leq k) \approx \Phi\left(\frac{k - \mu}{\sigma}\right) \quad \text{und} \quad P_p^n(k_1 \leq X \leq k_2) \approx \Phi\left(\frac{k_2 - \mu}{\sigma}\right) - \Phi\left(\frac{k_1 - \mu}{\sigma}\right).$$

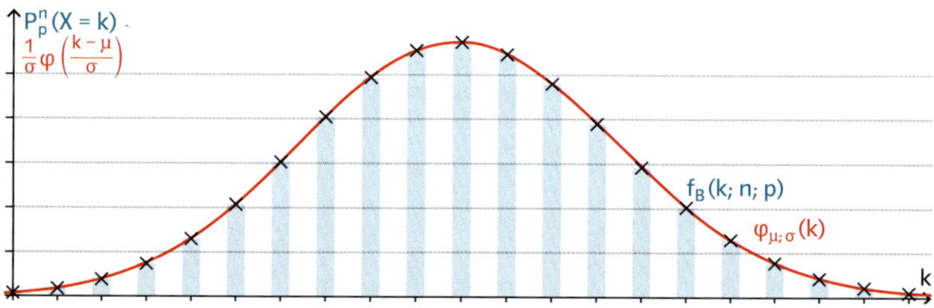

Diskrete Zufallsgröße → S. 135
Wahrscheinlichkeitsfunktion, Verteilungsfunktion, Erwartungswert, Varianz und Standardabweichung → S. 136

Poisson-Verteilung

Eine diskrete Zufallsgröße X nehme die Werte $k = 0, 1, 2, \ldots$ an. Wenn X eine Wahrscheinlichkeitsfunktion der Form

$$f_P(k; \lambda) = P(X = k) = \frac{\lambda^k}{k!} \cdot e^{-\lambda} \text{ mit } \lambda \in \mathbb{R},\ \lambda > 0$$

hat, dann liegt eine **Poisson-Verteilung** mit dem Parameter λ vor.

Rekursive Berechnung: $f_P(k + 1; \lambda) = \frac{\lambda}{k+1} \cdot f_P(k; \lambda)$; $f_P(0; \lambda) = e^{-\lambda}$

Verteilungsfunktion: $F_P(k; \lambda) = P(X \leq k) = \sum_{i=0}^{k} f_P(i; \lambda) = \sum_{i=0}^{k} \frac{\lambda^i}{i!} \cdot e^{-\lambda}$

Erwartungswert: $E(X) = \mu = \lambda$

Varianz: $V(X) = \lambda$

Standardabweichung: $\sigma(X) = \sqrt{\lambda}$

Diskrete Gleichverteilung

Für eine diskrete Zufallsgröße X gelte, dass sie n verschiedene Werte $x_1, x_2, \ldots, x_n$ mit gleicher Wahrscheinlichkeit annehmen kann. Wenn X eine Wahrscheinlichkeitsfunktion der Form

$$f_{DG}(x_k) = P(X = x) = \begin{cases} \frac{1}{n} & \text{für } x = x_i,\ i = 1, 2, \ldots, n \\ 0 & \text{sonst} \end{cases}$$

hat, dann liegt eine **diskrete Gleichverteilung** vor.

Verteilungsfunktion: $F_{DG}(x_k) = P(X \le x) = \frac{|\{i \mid x_i \le x\}|}{n}$
(Die Betragsstriche bedeuten hier, dass man die Anzahl aller Ausprägungen x_i bestimmt, die kleiner oder gleich x_k sind.)

	Allgemeiner Fall	Spezialfall: $x_1 = 1,\ x_2 = 2,\ \ldots,\ x_n = n$
Erwartungswert:	$E(X) = \mu = \frac{1}{n} \sum_{i=1}^{n} x_i$	$E(X) = \mu = \frac{n+1}{2}$
Varianz:	$V(X) = \frac{1}{n}\left(\sum_{i=1}^{n} x_i^2 - \frac{1}{n}\left(\sum_{i=1}^{n} x_i\right)^2\right)$	$V(X) = \frac{n^2-1}{12}$
Standardabweichung:	$\sigma(X) = \sqrt{V(X)}$	$\sigma(X) = \frac{n^2-1}{2\sqrt{3}}$

Diskrete Verteilungen

Diskrete Zufallsgröße → S. 135
Wahrscheinlichkeitsfunktion, Verteilungsfunktion, Erwartungswert, Varianz und Standardabweichung → S. 136

Hypergeometrische Verteilung

Eine diskrete Zufallsgröße X nehme die Werte $k = 0, 1, 2, \ldots, n$ an. Wenn X eine Wahrscheinlichkeitsfunktion der Form

$$f_H(k; N; M; n) = P(X = k) = \frac{\binom{M}{k} \cdot \binom{N-M}{n-k}}{\binom{N}{n}} \quad \text{mit } 0 \le k \le n \le N,\ k \le M \le N \text{ und } n - k \le N - M$$

hat, dann liegt eine **hypergeometrische Verteilung** mit den Parametern N, M und n vor. Dabei ist n der Stichprobenumfang, N die Anzahl der Elemente der Grundgesamtheit und M die Anzahl an Elementen in der Grundgesamtheit mit einer bestimmten Eigenschaft.

Stichprobe → S. 118
Grundgesamtheit → S. 118

Rekursive Berechnung: $f_H(k+1; N; M; n) = \frac{(n-k) \cdot (M-k)}{(k+1) \cdot (N - M - n + k + 1)} \cdot f_H(k; N; M; n)$;

$$f_H(0; N; M; n) = \frac{\binom{N-M}{n}}{\binom{N}{n}}$$

Verteilungsfunktion: $F_H(k; N; M; n) = P(X \le k) = \sum_{i=0}^{k} f_H(i; N; M; n) = \sum_{i=0}^{k} \frac{\binom{M}{i} \cdot \binom{N-M}{n-i}}{\binom{N}{n}}$

Erwartungswert: $E(X) = \mu = n \cdot \frac{M}{N}$

Varianz: $V(X) = n \cdot \frac{M}{N} \cdot \left(1 - \frac{M}{N}\right) \cdot \frac{N-n}{N-1}$

Standardabweichung: $\sigma(X) = \sqrt{n \cdot \frac{M}{N} \cdot \left(1 - \frac{M}{N}\right) \cdot \frac{N-n}{N-1}}$

Zusammenhang mit dem Urnenmodell:
Eine Urne enthalte insgesamt N Kugeln zweier Sorten (M Stück von Sorte 1 und (N − M) Stück von Sorte 2). Es werden n Kugeln ohne Zurücklegen gezogen. Wenn die Zufallsgröße X die Anzahl an gezogenen Kugeln der Sorte 1 angibt, dann gilt

$$P(X = k) = \frac{\binom{M}{k} \cdot \binom{N-M}{n-k}}{\binom{N}{n}}.$$

Spezielle Verteilungen

Stetige Zufallsgröße → S. 135
Erwartungswert, Varianz, Dichtefunktion, Verteilungsfunktion und Standardabweichung → S. 136
Gauß'sche Glockenfunktionen $\varphi_{\mu;\sigma}$, Gauß-Funktion φ und Gauß'sche Summenfunktion Φ → S. 134

Stetige Verteilungen

Normalverteilung (Gauß-Verteilung)

Eine stetige Zufallsgröße X besitzt eine **Normalverteilung (Gauß-Verteilung)** mit dem Erwartungswert μ und der Varianz σ^2, wenn für ihre Dichtefunktion gilt:

$f_N(x) = \frac{1}{\sigma\sqrt{2\pi}} \cdot e^{-\frac{1}{2}\left(\frac{x-\mu}{\sigma}\right)^2} = \varphi_{\mu;\sigma}(x) = \frac{1}{\sigma}\varphi\left(\frac{x-\mu}{\sigma}\right)$, $x \in \mathbb{R}$. Die Zufallsgröße X ist dann **normalverteilt** mit den Parametern μ und σ^2 bzw. **N(μ; σ^2)-verteilt**.

Verteilungsfunktion: $F_N(x) = P(X \le x) = \int_{-\infty}^{x} f_N(t)\,dt = \frac{1}{\sigma}\int_{-\infty}^{x} \varphi\left(\frac{t-\mu}{\sigma}\right)dt$

$= \int_{-\infty}^{\frac{x-\mu}{\sigma}} \varphi(u)\,du = \Phi\left(\frac{x-\mu}{\sigma}\right)$

Erwartungswert: $E(X) = \mu = \int_{-\infty}^{\infty} x \cdot f_N(x)\,dx = \frac{1}{\sigma\sqrt{2\pi}}\int_{-\infty}^{\infty} x \cdot e^{-\frac{1}{2}\left(\frac{x-\mu}{\sigma}\right)^2} dx$

Varianz: $V(X) = \sigma^2 = \frac{1}{\sigma\sqrt{2\pi}}\int_{-\infty}^{\infty} (x-\mu)^2 \cdot e^{-\frac{1}{2}\left(\frac{x-\mu}{\sigma}\right)^2} dx$

Standardabweichung: $\sigma(X) = \sqrt{\frac{1}{\sigma\sqrt{2\pi}}\int_{-\infty}^{\infty} (x-\mu)^2 \cdot e^{-\frac{1}{2}\left(\frac{x-\mu}{\sigma}\right)^2} dx}$

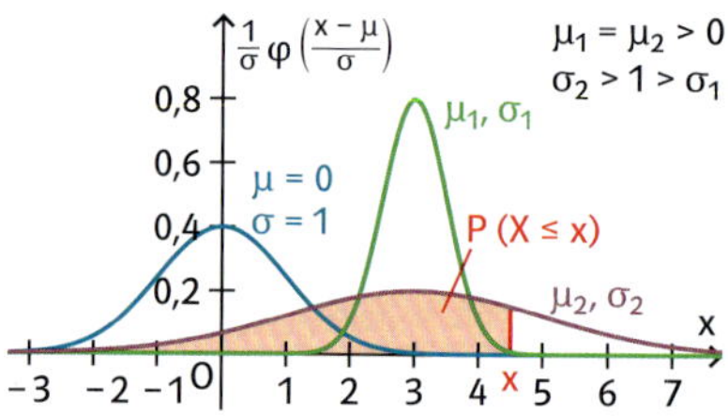

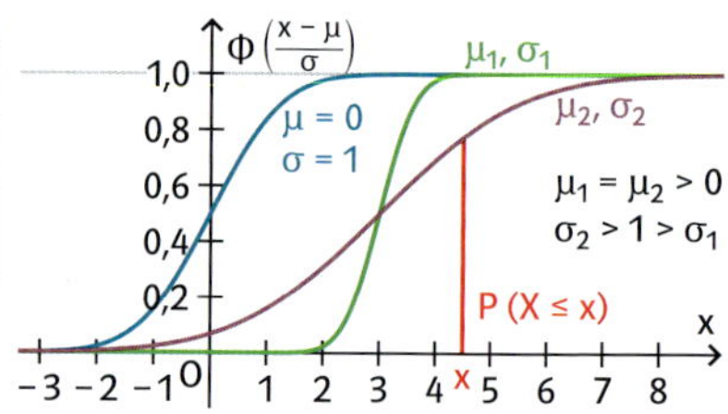

Es gilt
$P(X < x) = P(X \le x) = \Phi\left(\frac{x-\mu}{\sigma}\right)$, $P(x_1 < X \le x_2) = \Phi\left(\frac{x_2-\mu}{\sigma}\right) - \Phi\left(\frac{x_1-\mu}{\sigma}\right) = P(x_1 \le X \le x_2)$,
$P(X > x) = 1 - P(X \le x) = 1 - \Phi\left(\frac{x-\mu}{\sigma}\right)$, $P(|X-\mu| \le c) = 2\Phi\left(\frac{c}{\sigma}\right) - 1$ und
$P(|X-\mu| > c) = 2\left[1 - \Phi\left(\frac{c}{\sigma}\right)\right]$.

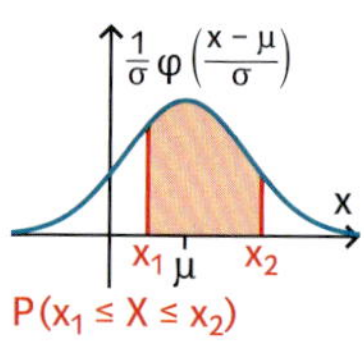

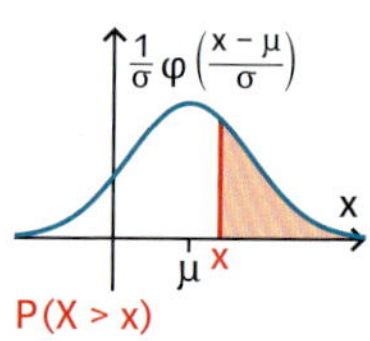

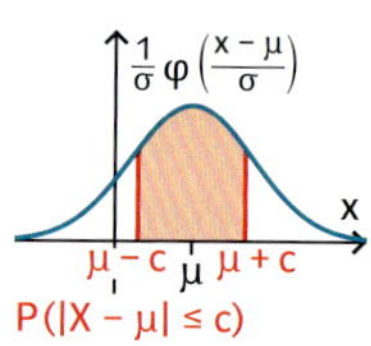

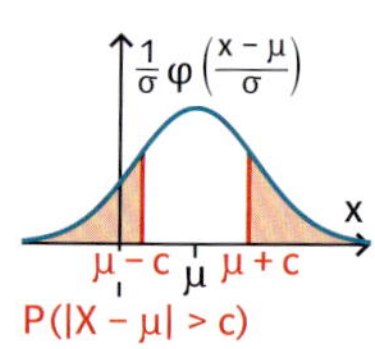

Standardnormalverteilung

Standardisierte Zufallsgröße → S. 137

Ersetzt man die Zufallsgröße X durch die standardisierte Zufallsgröße $Z = \frac{X-\mu}{\sigma}$, so ergibt sich eine Normalverteilung mit $\mu = 0$ und $\sigma^2 = 1$, die **Standardnormalverteilung** oder **N(0; 1)-Verteilung**.

Ihre Dichtefunktion

$f_{SN}(z) = \varphi(z) = \frac{1}{\sqrt{2\pi}} \cdot e^{-\frac{1}{2}z^2}$ ist die Gauß-Funktion, ihre Verteilungsfunktion

$F_{SN}(z) = P(Z \le z) = \frac{1}{\sqrt{2\pi}}\int_{-\infty}^{z} e^{-\frac{1}{2}t^2} dt = \Phi(z)$

die Gauß'sche Summenfunktion.

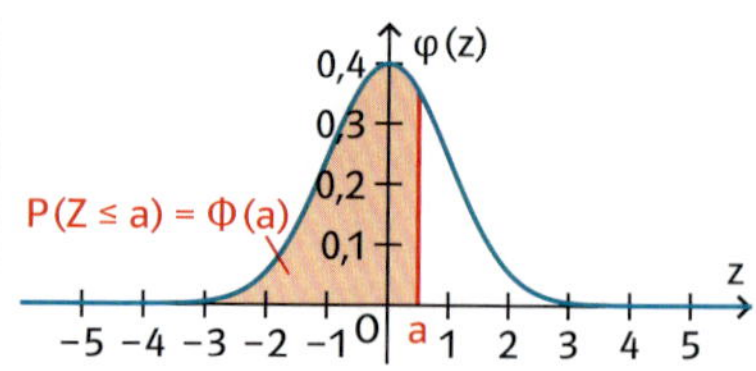

Exponentialverteilung

Eine stetige Zufallsgröße X besitzt eine **Exponentialverteilung** mit dem Parameter $\lambda \in \mathbb{R}$ $(\lambda > 0)$, wenn für ihre Dichtefunktion gilt: $f_E(x) = \begin{cases} \lambda \cdot e^{-\lambda x} & \text{für } x \geq 0 \\ 0 & \text{sonst} \end{cases}$.

Verteilungsfunktion: $F_E(x) = P(X \leq x) = \begin{cases} 1 - e^{-\lambda x} & \text{für } x \geq 0 \\ 0 & \text{sonst} \end{cases}$

Erwartungswert: $E(X) = \mu = \frac{1}{\lambda}$

Varianz: $V(X) = \frac{1}{\lambda^2}$

Standardabweichung: $\sigma(X) = \frac{1}{\lambda}$

Es gilt
$P(X > x) = 1 - P(X \leq x) = e^{-\lambda x}$ und
$P(x_1 < X \leq x_2) = F_E(x_2) - F_E(x_1) = \lambda \int_{x_1}^{x_2} e^{-\lambda t}\,dt = [-e^{-\lambda t}]_{x_1}^{x_2} = e^{-\lambda x_1} - e^{-\lambda x_2}$.

Stetige Gleichverteilung

Eine stetige Zufallsgröße X besitzt auf einem Intervall [a; b] eine **stetige Gleichverteilung**, wenn für ihre Dichtefunktion gilt: $f_{SG}(x) = \begin{cases} \frac{1}{b-a} & \text{für } a \leq x \leq b \\ 0 & \text{sonst} \end{cases}$.

Verteilungsfunktion: $F_{SG}(x) = P(X \leq x) = \int_{-\infty}^{x} f_{SG}(t)\,dt = \begin{cases} 0 & \text{für } x \leq a \\ \frac{x-a}{b-a} & \text{für } a < x < b \\ 1 & \text{für } x \geq b \end{cases}$

Erwartungswert: $E(X) = \mu = \frac{a+b}{2}$

Varianz: $V(X) = \frac{(b-a)^2}{12}$

Standardabweichung: $\sigma(X) = \frac{b-a}{2\sqrt{3}}$

Stetige Verteilungen
Stetige Zufallsgröße → S. 135
Dichtefunktion, Verteilungsfunktion, Erwartungswert, Varianz und Standardabweichung → S. 136

Zentraler Grenzwertsatz

Die Zufallsgröße X sei die Summe von n unabhängigen Zufallsgrößen $X_1, X_2, \ldots, X_n$, die alle dieselbe Wahrscheinlichkeitsverteilung haben (man sagt, die X_i sind unabhängig und identisch verteilt). Die X_i haben alle denselben Erwartungswert μ^* und dieselbe Standardabweichung $\sigma^* > 0$. Dann hat $X = X_1 + X_2 + \ldots + X_n$ den Erwartungswert $E(X) = \mu = n \cdot \mu^*$ sowie die Standardabweichung $\sigma = \sqrt{n} \cdot \sigma^*$ und ist für hinreichend große Werte von n $(n > 50)$ näherungsweise $N\left(n \cdot \mu^*; n \cdot \sigma^{*2}\right)$-verteilt bzw. $N(\mu; \sigma^2)$-verteilt:

$P(X \leq x) \approx \Phi\left(\frac{x-\mu}{\sigma}\right) = \Phi\left(\frac{x - n \cdot \mu^*}{\sqrt{n} \cdot \sigma^*}\right)$.

Je größer n ist, umso besser ist die Näherung.

Voneinander unabhängige Zufallsgrößen → S. 137

Normalverteilung → S. 140

Wahrscheinlichkeitsrechnung

Spezielle Verteilungen
Normalverteilung → S. 140

Sigma-Regeln

Normalverteilung

Aus $P(|X - \mu| \leq c) = 2\Phi\left(\frac{c}{\sigma}\right) - 1$ erhält man für $c = k\sigma$:
$P(\mu - k\sigma \leq X \leq \mu + k\sigma) = 2\Phi(k) - 1$.
Für eine $N(\mu; \sigma^2)$-verteilte Zufallsgröße mit dem Erwartungswert μ und der Standardabweichung σ gilt
$P(\mu - \sigma \leq X \leq \mu + \sigma) = 68{,}2689\ldots\,\% \approx 68{,}3\,\%$,
$P(\mu - 2\sigma \leq X \leq \mu + 2\sigma) = 95{,}4499\ldots\,\% \approx 95{,}4\,\%$,
$P(\mu - 3\sigma \leq X \leq \mu + 3\sigma) = 99{,}7300\ldots\,\% \approx 99{,}7\,\%$,

$P(\mu - 1{,}64\sigma \leq X \leq \mu + 1{,}64\sigma) \approx 90\,\%$,
$P(\mu - 1{,}96\sigma \leq X \leq \mu + 1{,}96\sigma) \approx 95\,\%$,
$P(\mu - 2{,}58\sigma \leq X \leq \mu + 2{,}58\sigma) \approx 99\,\%$.

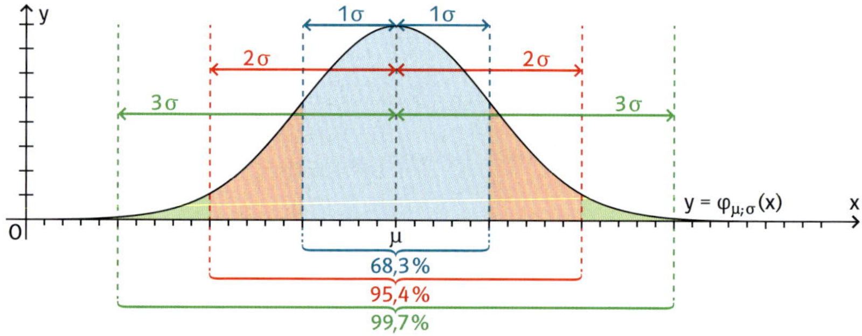

Binomialverteilung → S. 137

Näherungsformeln von de Moivre und Laplace → S. 138

Binomialverteilung

Gilt für eine binomialverteilte Zufallsgröße die Laplace-Bedingung $\sigma^2 > 9$, so kann die Binomialverteilung durch eine $N(\mu; \sigma^2)$-Verteilung angenähert werden. Wenn n hinreichend groß ist, erhält man mithilfe der Näherungsformeln von de Moivre und Laplace $P_p^n(\mu - k\sigma \leq X \leq \mu + k\sigma) \approx \Phi(k) - \Phi(-k) = 2\Phi(k) - 1$ und damit
$P_p^n(\mu - \sigma \leq X \leq \mu + \sigma) \approx 68{,}3\,\%$,
$P_p^n(\mu - 2\sigma \leq X \leq \mu + 2\sigma) \approx 95{,}4\,\%$,
$P_p^n(\mu - 3\sigma \leq X \leq \mu + 3\sigma) \approx 99{,}7\,\%$,

$P_p^n(\mu - 1{,}64\sigma \leq X \leq \mu + 1{,}64\sigma) \approx 90\,\%$,
$P_p^n(\mu - 1{,}96\sigma \leq X \leq \mu + 1{,}96\sigma) \approx 95\,\%$,
$P_p^n(\mu - 2{,}58\sigma \leq X \leq \mu + 2{,}58\sigma) \approx 99\,\%$.

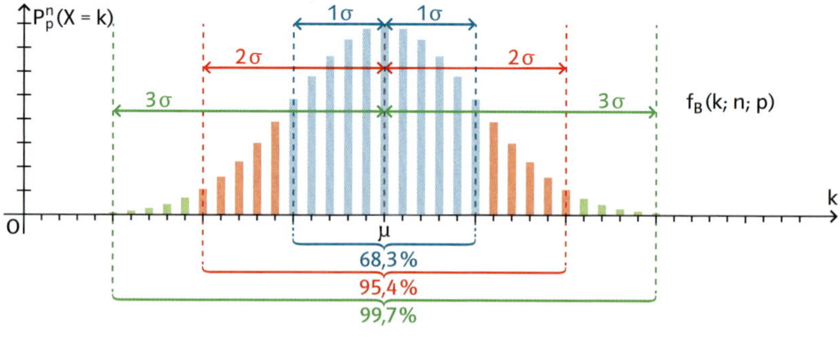

Grundbegriffe

Beurteilende Statistik
Die Grundaufgabe in der beurteilenden Statistik besteht darin, aus den Ergebnissen, die beim mehrmaligen Durchführen eines Zufallsexperiments auftreten, auf die dem Zufallsexperiment zugrunde liegende Wahrscheinlichkeitsverteilung zu schließen. Durch das mehrmalige Durchführen des Zufallsexperiments erhält man eine Stichprobe.

Hypothese
Eine **Hypothese** ist eine Vermutung, die auf der Grundlage empirischer Daten geprüft wird.

Nullhypothese H_0
Die zu überprüfende Hypothese über eine Wahrscheinlichkeitsverteilung heißt **Nullhypothese** und wird mit H_0 abgekürzt.
Die Nullhypothese wird so gewählt, dass ihre Verwerfung auf kleinem Signifikanzniveau die gegenteilige Hypothese stützt.
Ist H_0 von der Form $p = p_0$, so spricht man von einer **einfachen Hypothese**, andernfalls von einer **zusammengesetzten Hypothese** (z. B. $p \neq p_0$).

Gegenhypothese H_1
Die Alternative zur Nullhypothese H_0 heißt **Gegenhypothese** bzw. **Alternativhypothese** und wird mit H_1 abgekürzt.

Irrtumswahrscheinlichkeit α^*
Die Wahrscheinlichkeit dafür, die Nullhypothese zu verwerfen, obwohl sie zutrifft, heißt **Irrtumswahrscheinlichkeit** und wird mit α^* abgekürzt. Sie ist gleich der Wahrscheinlichkeit für den Fehler 1. Art.

Statistische Sicherheit
Als **statistische Sicherheit** bezeichnet man $1 - \alpha^*$.

Prüfgröße
Um zu prüfen, ob die Nullhypothese H_0 verworfen wird, führt man eine geeignete Zufallsgröße X ein, die man **Prüfgröße** nennt.

Verwerfungsbereich V
Die Menge der Werte der Prüfgröße, bei deren Eintreten die Nullhypothese H_0 verworfen (abgelehnt) wird, heißt **Verwerfungsbereich** V bzw. **Ablehnungsbereich**.

Entscheidungsregel
Eine **Entscheidungsregel** ist eine Vorschrift, die angibt, wann die Nullhypothese H_0 verworfen und die Gegenhypothese H_1 angenommen wird.
Liegt der durch eine Stichprobe gewonnene Wert für die Prüfgröße im Verwerfungsbereich V, so wird H_0 verworfen und H_1 angenommen.

Hypothesentest
Ein **Hypothesentest** ist ein Test mit dem Ziel, aufgrund einer Stichprobe zu entscheiden, ob die Nullhypothese H_0 verworfen, also nicht beibehalten wird.

Signifikanztest
Ein Hypothesentest mit einer oberen Grenze für die Irrtumswahrscheinlichkeit α^* heißt **Signifikanztest**. Die oberen Grenze heißt **Signifikanzniveau** α.

Testen von Hypothesen

Wahrscheinlichkeitsverteilung → S. 131
Stichprobe → S. 118

Signifikanzniveau → vgl. unten

Fehler 1. Art → S. 144

Zufallsgröße → S. 135

Grundbegriffe

Signifikanztest, Nullhypothese, Gegenhypothese und zusammengesetzte Hypothese → S. 143

Einseitiger Signifikanztest

Bei einem **einseitigen Signifikanztest** sind sowohl die Nullhypothese H_0 als auch die Gegenhypothese H_1 zusammengesetzt. Ein einseitiger Signifikanztest ist entweder linksseitig oder rechtsseitig.
Bei einem **linksseitigen Signifikanztest** ist die Nullhypothese H_0: $p \geq p_0$ und die Gegenhypothese H_1: $p < p_0$.
Bei einem **rechtsseitigen Signifikanztest** ist die Nullhypothese H_0: $p \leq p_0$ und die Gegenhypothese H_1: $p > p_0$.

Einfache Hypothese → S. 143

Zweiseitiger Signifikanztest

Bei einem **zweiseitigen Signifikanztest** ist die Nullhypothese H_0: $p = p_0$ einfach und die Gegenhypothese H_1: $p \neq p_0$ zusammengesetzt.

Alternativtest

Wenn bei einem Signifikanztest sowohl die Nullhypothese H_0 als auch die Gegenhypothese H_1 einfache Hypothesen sind, spricht man von einem **Alternativtest**.

Vorgehen bei einem Signifikanztest

Signifikanzniveau → S. 143
Zufallsgröße → S. 135
Verwerfungsbereich und Entscheidungsregel → S. 143

1. Man stellt die Nullhypothese H_0 und die Gegenhypothese H_1 auf. Dabei wird H_0 so gewählt, dass H_1 durch das Verwerfen von H_0 gestützt wird.
2. Der Stichprobenumfang n und das Signifikanzniveau α werden festgelegt.
3. Es wird eine geeignete Zufallsgröße X mit bekannter Wahrscheinlichkeitsverteilung als Prüfgröße festgelegt.
4. Es wird der Verwerfungsbereich V festgelegt.
5. Man wendet eine Entscheidungsregel an.

Fehler bei Signifikanztests

Ob bei einem Signifikanztest die Nullhypothese verworfen wird, entscheidet man aufgrund der Ergebnisse eines Zufallsexperiments. Daher können bei Signifikanztests Fehler auftreten.

Fehler 1. Art

Die Nullhypothese H_0 wird verworfen, da die Prüfgröße einen Wert aus dem Verwerfungsbereich V annimmt, obwohl H_0 wahr ist. Die Wahrscheinlichkeit für den Fehler 1. Art ist die Irrtumswahrscheinlichkeit α^* und heißt **Risiko 1. Art**.

Irrtumswahrscheinlichkeit → S. 143

Fehler 2. Art

Die Nullhypothese H_0 wird beibehalten, also nicht verworfen, da die Prüfgröße keinen Wert aus dem Verwerfungsbereich V annimmt, obwohl H_0 falsch ist. Die Wahrscheinlichkeit β für den Fehler 2. Art heißt **Risiko 2. Art**.

Bedingte Wahrscheinlichkeit → S. 132

Bei den Wahrscheinlichkeiten für Fehler 1. und 2. Art handelt es sich um bedingte Wahrscheinlichkeiten.

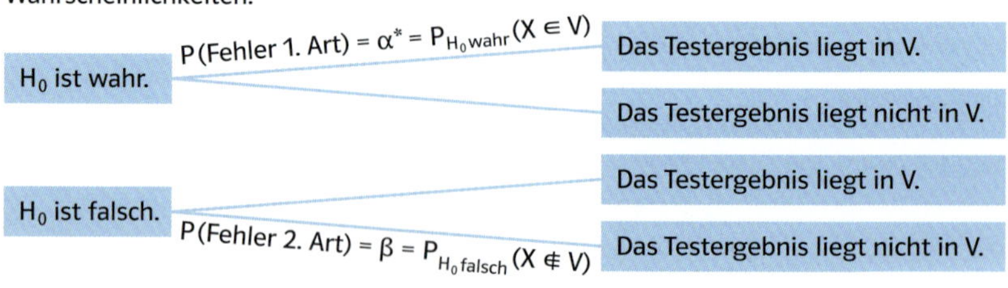

Signifikanztest bei binomialverteilten Zufallsgrößen

Zufallsgröße → S. 135
Binomialverteilung → S. 137
Verwerfungsbereich → S. 143
Normalverteilung → S. 140
Näherungsformeln von de Moivre und Laplace → S. 138
Nullhypothese und Gegenhypothese → S. 143
Signifikanzniveau α → S. 143
Fehler 1. und 2. Art → S. 144

Die Zufallsgröße X ist binomialverteilt mit den Parametern n und p. Ist die Laplace-Bedingung $\sigma^2 = n \cdot p \cdot (1 - p) > 9$ erfüllt, so kann man den Verwerfungsbereich näherungsweise mithilfe der zugehörigen Normalverteilung berechnen.

Zweiseitiger Signifikanztest

Nullhypothese H_0: $p = p_0$
Gegenhypothese H_1: $p \neq p_0$
Verwerfungsbereich für H_0:
$V = \{0, 1, \ldots, m_l\} \cup \{m_r, m_{r+1}, \ldots, n\}$
m_l: linke Signifikanzgrenze
m_r: rechte Signifikanzgrenze

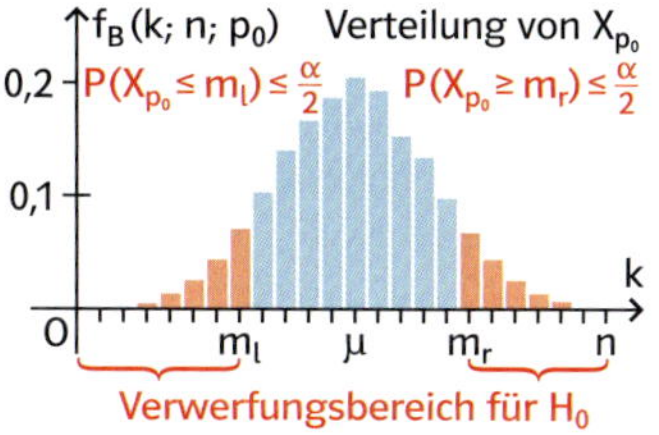

Dabei ist m_l die größte natürliche Zahl und m_r die kleinste natürliche Zahl mit
$P(X_{p_0} \le m_l) = F_B(m_l; n; p_0) \le \frac{\alpha}{2}$,
$P(X_{p_0} \ge m_r) = 1 - P(X_{p_0} < m_r) = 1 - F_B(m_r - 1; n; p_0) \le \frac{\alpha}{2}$.

Wahrscheinlichkeit für den Fehler 1. Art:
$\alpha^*_{p_0} = P(X_{p_0} \in V) = F_B(V; n; p_0) = 1 - F_B(\overline{V}; n; p_0) \le \alpha$
Die Wahrscheinlichkeit β_p für den Fehler 2. Art kann nur in Abhängigkeit von $p \neq p_0$ berechnet werden.

Einseitiger Signifikanztest

Linksseitiger Signifikanztest

Nullhypothese H_0: $p \ge p_0$
Gegenhypothese H_1: $p < p_0$
Verwerfungsbereich für H_0: $V = \{0, 1, \ldots, m\}$

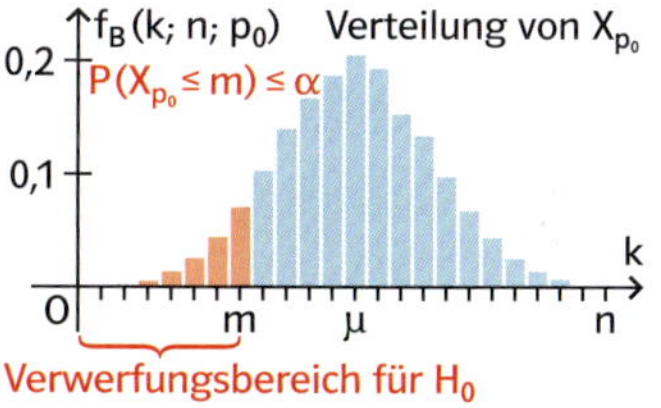

Dabei ist m die größte natürliche Zahl mit
$P(X_p \le m) \le P(X_{p_0} \le m) = F_B(m; n; p_0) \le \alpha$
für $p \ge p_0$.

Die Wahrscheinlichkeit α^*_p für den Fehler 1. Art ist nicht berechenbar. Ist H_0 wahr, dann gilt $\alpha^*_p = P(X_p \in V) \le P(X_{p_0} \in V) = \alpha^*_{p_0} = F_B(V; n; p_0) = 1 - F_B(\overline{V}; n; p_0) \le \alpha$.
Die Wahrscheinlichkeit β_p für den Fehler 2. Art kann nur in Abhängigkeit von $p < p_0$ berechnet werden.

Rechtsseitiger Signifikanztest

Nullhypothese H_0: $p \le p_0$
Gegenhypothese H_1: $p > p_0$
Verwerfungsbereich für H_0: $V = \{m, m + 1, \ldots, n\}$

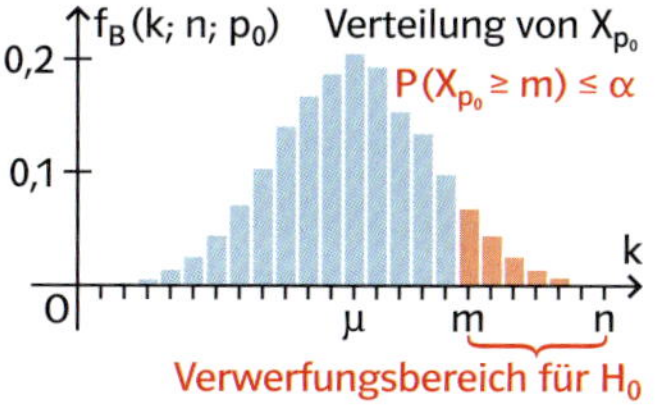

Dabei ist m die kleinste natürliche Zahl mit
$P(X_p \ge m) \le P(X_{p_0} \ge m) = 1 - P(X_{p_0} < m)$
$= 1 - F_B(m - 1; n; p_0) \le \alpha$ für $p \le p_0$.

Die Wahrscheinlichkeit α^*_p für den Fehler 1. Art ist nicht berechenbar. Ist H_0 wahr, dann gilt $\alpha^*_p = P(X_p \in V) \le P(X_{p_0} \in V) = \alpha^*_{p_0} = F_B(V; n; p_0) = 1 - F_B(\overline{V}; n; p_0) \le \alpha$.
Die Wahrscheinlichkeit β_p für den Fehler 2. Art kann nur in Abhängigkeit von $p > p_0$ berechnet werden.

Beurteilende Statistik

Alternativtest

Nullhypothese, Gegenhypothese, Verwerfungsbereich und Signifikanzniveau α → S. 143
Fehler 1. und 2. Art → S. 144

Nullhypothese H_0: $p = p_0$
Gegenhypothese H_1: $p = p_1$

Linksseitiger Verwerfungsbereich für H_0
für $p_0 > p_1$: $V = \{0, 1, \ldots, m\}$
Dabei ist m die größte natürliche Zahl mit
$P(X_{p_0} \le m) = F_B(m; n; p_0) \le \alpha$.

Rechtsseitiger Verwerfungsbereich für H_0
für $p_0 < p_1$: $V = \{m, m+1, \ldots, n\}$
Dabei ist m die kleinste natürliche Zahl mit
$P(X_{p_0} \ge m) = 1 - P(X_{p_0} < m)$
$= 1 - F_B(m-1; n; p_0) \le \alpha$.

Komplementmenge → S. 8

Wahrscheinlichkeit für den Fehler 1. Art:
$\alpha^*_{p_0} = F_B(V; n; p_0) = 1 - F_B(\overline{V}; n; p_0)$
Wahrscheinlichkeit für den Fehler 2. Art:
$\beta_{p_1} = F_B(\overline{V}; n; p_1) = 1 - F_B(V; n; p_1)$

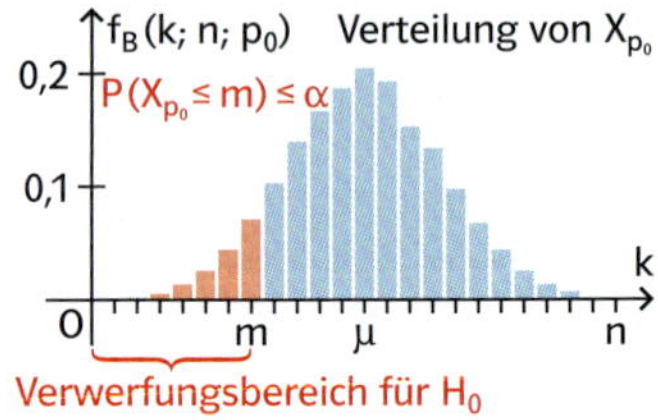

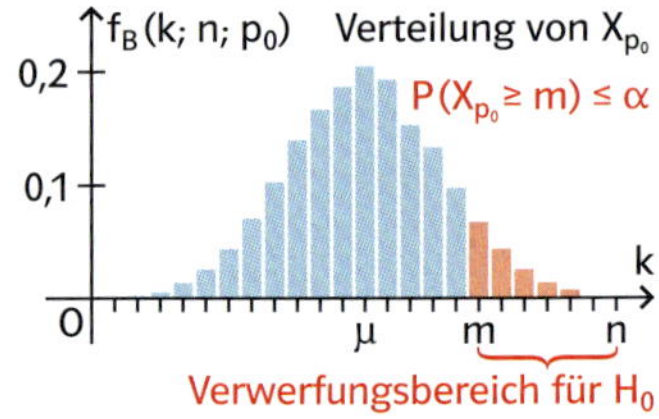

Konfidenzintervalle (Vertrauensintervalle)

Konfidenzintervalle

Führt man einen Test durch, so erhält man ein Testergebnis. Von einer beobachteten relativen Häufigkeit möchte man auf die unbekannte Wahrscheinlichkeit p schließen.

Ein **Konfidenzintervall** oder **Vertrauensintervall** enthält all diejenigen Wahrscheinlichkeiten, die mit einem beobachteten Testergebnis verträglich sind. Verträglich bedeutet dabei: Das Stichprobenergebnis ist mit einer Wahrscheinlichkeit p_0 verträglich, wenn die Hypothese $H: p = p_0$ bei dem beobachteten Testergebnis nicht verworfen wird. Gleichwertig hierzu ist, dass das Testergebnis nicht zum Verwerfen der Hypothese H führt bzw. dass das Testergebnis im Annahmebereich der Hypothese H liegt.

Die Wahrscheinlichkeit $\gamma = 1 - \alpha$ heißt **Vertrauensniveau** oder **Vertrauenszahl**.
Für z. B. $\gamma = 95\,\%$ spricht man von einem 95 %-Konfidenzintervall.

Binomialverteilung → S. 137
Relative Häufigkeit → S. 120

Ist bei einer binomialverteilten Zufallsgröße n hinreichend groß, die Laplace-Bedingung $\sigma^2 = n \cdot p \cdot (1-p) > 9$ erfüllt und h die beobachtete relative Häufigkeit, so erhält man das Konfidenzintervall $I = [p_1; p_2]$ zu einem Vertrauensniveau γ durch

$$I \approx \left[\frac{\frac{c^2}{2n} + h - c\sqrt{\frac{c^2}{4n^2} + \frac{h(1-h)}{n}}}{\frac{c^2}{n} + 1};\ \frac{\frac{c^2}{2n} + h + c\sqrt{\frac{c^2}{4n^2} + \frac{h(1-h)}{n}}}{\frac{c^2}{n} + 1}\right].$$

Für sehr große Werte von n erhält man durch nochmalige Näherung $I \approx \left[h - c\sqrt{\frac{h(1-h)}{n}};\ h + c\sqrt{\frac{h(1-h)}{n}}\right]$.

Gauß'sche Summenfunktion Φ → S. 134

Der Wert von c ergibt sich bei vorgegebenem Vertrauensniveau γ aus $\Phi(c) = \frac{1+\gamma}{2}$.
Übliche Werte zeigt die Tabelle.

γ	90 %	95 %	99 %
c	≈ 1,64	≈ 1,96	≈ 2,58

Mindestgröße des Stichprobenumfangs

Vertrauensniveau γ → vgl. oben

Ein Konfidenzintervall für eine unbekannte Wahrscheinlichkeit p hat höchstens die Länge d, wenn für den Stichprobenumfang n die Ungleichung $n \ge \frac{c^2}{d^2}$ gilt.
Dabei ergibt sich der Wert von c aus $\gamma = 2\Phi(c) - 1$, wobei γ das Vertrauensniveau ist.

Fakultäten

Fakultät → S. 126

n	n!
0	1
1	1
2	2
3	6
4	24
5	120
6	720
7	5040
8	40 320
9	362 880
10	3 628 800
11	39 916 800
12	479 001 600
13	6 227 020 800
14	87 178 291 200
15	1 307 674 368 000
16	20 922 789 888 000
17	355 687 428 096 000
18	6 402 373 705 728 000
19	121 645 100 408 832 000
20	2 432 902 008 176 640 000

Binomialkoeffizienten

Binomialkoeffizient → S. 126

Es gilt $\binom{n}{k} = \binom{n}{n-k}$.

n \ k	0	1	2	3	4	5	6	7	8	9	10
0	1										
1	1	1									
2	1	2	1								
3	1	3	3	1							
4	1	4	6	4	1						
5	1	5	10	10	5	1					
6	1	6	15	20	15	6	1				
7	1	7	21	35	35	21	7	1			
8	1	8	28	56	70	56	28	8	1		
9	1	9	36	84	126	126	84	36	9	1	
10	1	10	45	120	210	252	210	120	45	10	1
11	1	11	55	165	330	462	462	330	165	55	11
12	1	12	66	220	495	792	924	792	495	220	66
13	1	13	78	286	715	1287	1716	1716	1287	715	286
14	1	14	91	364	1001	2002	3003	3432	3003	2002	1001
15	1	15	105	455	1365	3003	5005	6435	6435	5005	3003
16	1	16	120	560	1820	4368	8008	11 440	12 870	11 440	8808
17	1	17	136	680	2380	6188	12 376	19 448	24 310	24 310	19 448
18	1	18	153	816	3060	8568	18 564	31 824	43 758	48 620	43 758
19	1	19	171	969	3876	11 628	27 132	50 388	75 582	92 378	92 378
20	1	20	190	1140	4845	15 504	38 760	77 520	125 970	167 960	184 756

Beispiele: $\binom{9}{4} = 126$ und $\binom{20}{13} = \binom{20}{7} = 77\,520$.

Binomialverteilung
→ S. 137

Binomialverteilung – Wahrscheinlichkeitsfunktion

$$f_B(k;\,n;\,p) = P_p^n(X = k) = \binom{n}{k} \cdot p^k \cdot (1-p)^{n-k}$$

							p							
n	k	0,02	0,03	0,04	0,05	0,10	1/6	0,20	0,30	1/3	0,40	0,50	k	n
	0	0,9604	9409	9216	9025	8100	6944	6400	4900	4444	3600	2500	2	
2	1	0392	0582	0768	0950	1800	2778	3200	4200	4444	4800	5000	1	2
	2	0004	0009	0016	0025	0100	0278	0400	0900	1111	1600	2500	0	
	0	0,9412	9127	8847	8574	7290	5787	5120	3430	2963	2160	1250	3	
3	1	0576	0847	1106	1354	2430	3472	3840	4410	4444	4320	3750	2	3
	2	0012	0026	0046	0071	0270	0694	0960	1890	2222	2880	3750	1	
	3			0001	0001	0010	0046	0080	0270	0370	0640	1250	0	
	0	0,9224	8853	8493	8145	6561	4823	4096	2401	1975	1296	0625	4	
	1	0753	1095	1416	1715	2916	3858	4096	4116	3951	3456	2500	3	
4	2	0023	0051	0088	0135	0486	1157	1536	2646	2963	3456	3750	2	4
	3		0001	0002	0005	0036	0154	0256	0756	0988	1536	2500	1	
	4					0001	0008	0016	0081	0123	0256	0625	0	
	0	0,9039	8587	8154	7738	5905	4019	3277	1681	1317	0778	0313	5	
	1	0922	1328	1699	2036	3281	4019	4096	3602	3292	2592	1563	4	
5	2	0038	0082	0142	0214	0729	1608	2048	3087	3292	3456	3125	3	5
	3	0001	0003	0006	0011	0081	0322	0512	1323	1646	2304	3125	2	
	4					0005	0032	0064	0284	0412	0768	1563	1	
	5						0001	0003	0024	0041	0102	0313	0	
	0	0,8858	8330	7828	7351	5314	3349	2621	1176	0878	0467	0156	6	
	1	1085	1546	1957	2321	3543	4019	3932	3025	2634	1866	0938	5	
	2	0055	0120	0204	0305	0984	2009	2458	3241	3292	3110	2344	4	
6	3	0002	0005	0011	0021	0146	0536	0819	1852	2195	2765	3125	3	6
	4				0001	0012	0080	0154	0595	0823	1382	2344	2	
	5					0001	0006	0015	0102	0165	0369	0938	1	
	6							0001	0007	0014	0041	0156	0	
	0	0,8681	8080	7514	6983	4783	2791	2097	0824	0585	0280	0078	7	
	1	1240	1749	2192	2573	3720	3907	3670	2471	2048	1306	0547	6	
	2	0076	0162	0274	0406	1240	2344	2753	3177	3073	2613	1641	5	
7	3	0003	0008	0019	0036	0230	0781	1147	2269	2561	2903	2734	4	7
	4			0001	0002	0026	0156	0287	0972	1280	1935	2734	3	
	5					0002	0019	0043	0250	0384	0774	1641	2	
	6						0001	0004	0036	0064	0172	0547	1	
	7								0002	0005	0016	0078	0	
	0	0,8508	7837	7214	6634	4305	2326	1678	0576	0390	0168	0039	8	
	1	1389	1939	2405	2793	3826	3721	3355	1977	1561	0896	0313	7	
	2	0099	0210	0351	0515	1488	2605	2936	2965	2731	2090	1094	6	
	3	0004	0013	0029	0054	0331	1042	1468	2541	2731	2787	2188	5	
8	4		0001	0002	0004	0046	0260	0459	1361	1707	2322	2734	4	8
	5					0004	0042	0092	0467	0683	1239	2188	3	
	6						0004	0011	0100	0171	0413	1094	2	
	7							0001	0012	0024	0079	0313	1	
	8								0001	0002	0007	0039	0	
	0	0,8337	7602	6925	6302	3874	1938	1342	0404	0260	0101	0020	9	
	1	1531	2116	2597	2985	3874	3489	3020	1556	1171	0605	0176	8	
	2	0125	0262	0433	0629	1722	2791	3020	2668	2341	1612	0703	7	
	3	0006	0019	0042	0077	0446	1302	1762	2668	2731	2508	1641	6	
9	4		0001	0003	0006	0074	0391	0661	1715	2048	2508	2461	5	9
	5					0008	0078	0165	0735	1024	1672	2461	4	
	6					0001	0010	0028	0210	0341	0743	1641	3	
	7						0001	0003	0039	0073	0212	0703	2	
	8								0004	0009	0035	0176	1	
	9	Nicht aufgeführte Werte sind auf 4 Dezimalen gerundet 0,0000.								0001	0003	0020	0	
n	k	0,98	0,97	0,96	0,95	0,90	5/6	0,80	0,70	2/3	0,60	0,50	k	n
							p							

Beispiele: $f_B(3;\,8;\,0{,}05) = 0{,}0054$ und $f_B(5;\,7;\,0{,}80) = 0{,}2753$.

Binomialverteilung – Wahrscheinlichkeitsfunktion

Binomialverteilung → S. 137

$$f_B(k;\, n;\, p) = P_p^n(X = k) = \binom{n}{k} \cdot p^k \cdot (1 - p)^{n-k}$$

n	k	p: 0,02	0,03	0,04	0,05	0,10	1/6	0,20	0,30	1/3	0,40	0,50	k	n
	0	0,8171	7374	6648	5987	3487	1615	1074	0282	0173	0060	0010	10	
	1	1667	2281	2770	3151	3874	3230	2684	1211	0867	0403	0098	9	
	2	0153	0317	0519	0746	1937	2907	3020	2335	1951	1209	0439	8	
	3	0008	0026	0058	0105	0574	1550	2013	2668	2601	2150	1172	7	
	4		0001	0004	0010	0112	0543	0881	2001	2276	2508	2051	6	
10	5				0001	0015	0130	0264	1029	1366	2007	2461	5	10
	6					0001	0022	0055	0368	0569	1115	2051	4	
	7						0002	0008	0090	0163	0425	1172	3	
	8							0001	0014	0030	0106	0439	2	
	9								0001	0003	0016	0098	1	
	10										0001	0010	0	
	0	0,7386	6333	5421	4633	2059	0649	0352	0047	0023	0005	0000	15	
	1	2261	2938	3388	3658	3432	1947	1319	0305	0171	0047	0005	14	
	2	0323	0636	0988	1348	2669	2726	2309	0916	0599	0219	0032	13	
	3	0029	0085	0178	0307	1285	2363	2501	1700	1299	0634	0139	12	
	4	0002	0008	0022	0049	0428	1418	1876	2186	1948	1268	0417	11	
	5		0001	0002	0006	0105	0624	1032	2061	2143	1859	0916	10	
	6					0019	0208	0430	1472	1786	2066	1527	9	
15	7					0003	0053	0138	0811	1148	1771	1964	8	15
	8						0011	0035	0348	0574	1181	1964	7	
	9						0002	0007	0116	0223	0612	1527	6	
	10							0001	0030	0067	0245	0916	5	
	11								0006	0015	0074	0417	4	
	12								0001	0003	0016	0139	3	
	13										0003	0032	2	
	14											0005	1	
	15												0	
	0	0,6676	5438	4420	3585	1216	0261	0115	0008	0003	0000	0000	20	
	1	2725	3364	3683	3774	2702	1043	0576	0068	0030	0005	0000	19	
	2	0528	0988	1458	1887	2852	1982	1369	0278	0143	0031	0002	18	
	3	0065	0183	0364	0596	1901	2379	2054	0716	0429	0123	0011	17	
	4	0006	0024	0065	0133	0898	2022	2182	1304	0911	0350	0046	16	
	5		0002	0009	0022	0319	1294	1746	1789	1457	0746	0148	15	
	6			0001	0003	0089	0647	1091	1916	1821	1244	0370	14	
	7					0020	0259	0545	1643	1821	1659	0739	13	
	8					0004	0084	0222	1144	1480	1797	1201	12	
20	9					0001	0022	0074	0654	0987	1597	1602	11	20
	10						0005	0020	0308	0543	1171	1762	10	
	11						0001	0005	0120	0247	0710	1602	9	
	12							0001	0039	0092	0355	1201	8	
	13								0010	0028	0146	0739	7	
	14								0002	0007	0049	0370	6	
	15									0001	0013	0148	5	
	16										0003	0046	4	
	17											0011	3	
	18											0002	2	
	19	Nicht aufgeführte Werte sind auf 4 Dezimalen gerundet 0,0000.											1	
n	k	0,98	0,97	0,96	0,95	0,90	5/6	0,80	0,70	2/3	0,60	0,50	k	n
		p												

Beispiele: $f_B(7;\, 15;\, 0{,}30) = 0{,}0811$ und $f_B(15;\, 20;\, 0{,}96) = 0{,}0009$.

Anhang: Tabellen

Binomialverteilung → S. 137

Binomialverteilung – Verteilungsfunktion

$$F_B(k; n; p) = P_p^n(X \leq k) = \sum_{i=0}^{k} f_B(i; n; p) = \sum_{i=0}^{k} \binom{n}{i} \cdot p^i \cdot (1-p)^{n-i}$$

		p												
n	**k**	**0,02**	**0,03**	**0,04**	**0,05**	**0,10**	**1/6**	**0,20**	**0,30**	**1/3**	**0,40**	**0,50**	**k**	**n**
2	0	0,9604	9409	9216	9025	8100	6944	6400	4900	4444	3600	2500	1	2
	1	9996	9991	9984	9975	9900	9722	9600	9100	8889	8400	7500	0	
3	0	0,9412	9127	8847	8574	7290	5787	5120	3430	2963	2160	1250	2	3
	1	9988	9974	9953	9928	9720	9259	8960	7840	7407	6480	5000	1	
	2			9999	9999	9990	9954	9920	9730	9630	9360	8750	0	
4	0	0,9224	8853	8493	8145	6561	4823	4096	2401	1975	1296	0625	3	4
	1	9977	9948	9909	9860	9477	8681	8192	6517	5926	4752	3125	2	
	2		9999	9998	9995	9963	9838	9728	9163	8889	8208	6875	1	
	3					9999	9992	9984	9919	9877	9744	9375	0	
5	0	0,9039	8587	8154	7738	5905	4019	3277	1681	1317	0778	0313	4	5
	1	9962	9915	9852	9774	9185	8038	7373	5282	4609	3370	1875	3	
	2	9999	9997	9994	9988	9914	9645	9421	8369	7901	6826	5000	2	
	3					9995	9967	9933	9692	9547	9130	8125	1	
	4						9999	9997	9976	9959	9898	9688	0	
6	0	0,8858	8330	7828	7351	5314	3349	2621	1176	0878	0467	0156	5	6
	1	9943	9875	9784	9672	8857	7368	6554	4202	3512	2333	1094	4	
	2	9998	9995	9988	9978	9842	9377	9011	7443	6804	5443	3438	3	
	3				9999	9987	9913	9830	9295	8999	8208	6563	2	
	4					9999	9993	9984	9891	9822	9590	8906	1	
	5							9999	9993	9986	9959	9844	0	
7	0	0,8681	8080	7514	6983	4783	2791	2097	0824	0585	0280	0078	6	7
	1	9921	9829	9706	9556	8503	6698	5767	3294	2634	1586	0625	5	
	2	9997	9991	9980	9962	9743	9042	8520	6471	5706	4199	2266	4	
	3			9999	9998	9973	9824	9667	8740	8267	7102	5000	3	
	4					9998	9980	9953	9712	9547	9037	7734	2	
	5						9999	9996	9962	9931	9812	9375	1	
	6								9998	9995	9984	9922	0	
8	0	0,8508	7837	7214	6634	4305	2326	1678	0576	0390	0168	0039	7	8
	1	9897	9777	9619	9428	8131	6047	5033	2553	1951	1064	0352	6	
	2	9996	9987	9969	9942	9619	8652	7969	5518	4682	3154	1445	5	
	3		9999	9998	9996	9950	9693	9437	8059	7414	5941	3633	4	
	4					9996	9954	9896	9420	9121	8263	6367	3	
	5						9996	9988	9887	9803	9502	8555	2	
	6							9999	9987	9974	9915	9648	1	
	7								9999	9998	9993	9961	0	
9	0	0,8337	7602	6925	6302	3874	1938	1342	0404	0260	0101	0020	8	9
	1	9869	9718	9222	9288	7748	5427	4362	1960	1431	0705	0195	7	
	2	9994	9980	9955	9916	9470	8217	7382	4628	3772	2318	0898	6	
	3		9999	9997	9994	9917	9520	9144	7297	6503	4826	2539	5	
	4					9991	9911	9804	9012	8552	7334	5000	4	
	5					9999	9989	9969	9747	9576	9006	7461	3	
	6						9999	9997	9957	9917	9750	9102	2	
	7								9996	9990	9962	9805	1	
	8	Nicht aufgeführte Werte sind auf 4 Dezimalen gerundet 1,0000.								9999	9997	9980	0	
n	**k**	**0,98**	**0,97**	**0,96**	**0,95**	**0,90**	**5/6**	**0,80**	**0,70**	**2/3**	**0,60**	**0,50**	**k**	**n**
		p												

Für die dunkelblau unterlegten Werte ($p \geq 0{,}5$) gilt $F_B(k; n; p) = 1 -$ abgelesener Wert.

Beispiele: $F_B(3; 8; 0{,}20) = 0{,}9437$ und $f_B(7; 9; 0{,}97) = 1 - 0{,}9718 = 0{,}0282$.

Binomialverteilung
→ S. 137

Binomialverteilung – Verteilungsfunktion

$$F_B(k;\, n;\, p) = P_p^n(X \le k) = \sum_{i=0}^{k} f_B(i;\, n;\, p) = \sum_{i=0}^{k} \binom{n}{i} \cdot p^i \cdot (1-p)^{n-i}$$

		p												
n	k	0,02	0,03	0,04	0,05	0,10	1/6	0,20	0,30	1/3	0,40	0,50	k	n
10	0	0,8171	7374	6648	5987	3487	1615	1074	0282	0173	0060	0010	9	10
	1	9838	9655	9418	9139	7361	4845	3758	1493	1040	0464	0107	8	
	2	9991	9972	9938	9885	9298	7752	6778	3828	2991	1673	0547	7	
	3		9999	9996	9990	9872	9303	8791	6496	5593	3823	1719	6	
	4				9999	9984	9845	9672	8497	7869	6331	3770	5	
	5					9999	9976	9936	9527	9234	8338	6230	4	
	6						9997	9991	9894	9803	9452	8281	3	
	7							9999	9984	9966	9877	9453	2	
	8								9999	9996	9983	9893	1	
	9										9999	9990	0	
15	0	0,7386	6333	5421	4633	2059	0649	0352	0047	0023	0005	0000	14	15
	1	9647	9270	8809	8290	5490	2596	1671	0353	0194	0052	0005	13	
	2	9970	9906	9797	9638	8159	5322	3980	1268	0794	0271	0037	12	
	3	9998	9992	9976	9945	9444	7685	6482	2969	2092	0905	0176	11	
	4		9999	9998	9994	9873	9102	8358	5155	4041	2173	0592	10	
	5				9999	9978	9726	9389	7216	6184	4032	1509	9	
	6					9997	9934	9819	8689	7970	6098	3036	8	
	7						9987	9958	9500	9118	7869	5000	7	
	8						9998	9992	9848	9692	9050	6964	6	
	9							9999	9963	9915	9662	8491	5	
	10								9993	9982	9907	9408	4	
	11								9999	9997	9981	9824	3	
	12										9997	9963	2	
	13											9995	1	
	14												0	
20	0	0,6676	5438	4420	3585	1216	0261	0115	0008	0003	0000	0000	19	20
	1	9401	8802	8103	7358	3917	1304	0692	0076	0033	0005	0000	18	
	2	9929	9790	9561	9245	6769	3287	2061	0355	0176	0036	0002	17	
	3	9994	9973	9926	9841	8670	5665	4114	1071	0604	0160	0013	16	
	4		9997	9990	9974	9568	7687	6296	2375	1515	0510	0059	15	
	5			9999	9997	9887	8982	8042	4164	2972	1256	0207	14	
	6					9976	9629	9133	6080	4793	2500	0577	13	
	7					9996	9887	9679	7723	6615	4159	1316	12	
	8					9999	9972	9900	8867	8095	5956	2517	11	
	9						9994	9974	9520	9081	7553	4119	10	
	10						9999	9994	9829	9624	8725	5881	9	
	11							9999	9949	9870	9435	7483	8	
	12								9987	9963	9790	8684	7	
	13								9997	9991	9935	9423	6	
	14									9998	9984	9793	5	
	15										9997	9941	4	
	16											9987	3	
	17	Nicht aufgeführte Werte sind auf 4 Dezimalen gerundet 1,0000.										9998	2	
n	k	0,98	0,97	0,96	0,95	0,90	5/6	0,80	0,70	2/3	0,60	0,50	k	n
		p												

Für die dunkelblau unterlegten Werte $(p \ge 0{,}5)$ gilt $F_B(k;\, n;\, p) = 1 -$ abgelesener Wert.

Beispiele: $F_B(4;\, 10;\, 0{,}40) = 0{,}6331$ und $f_B(8;\, 20;\, 0{,}70) = 1 - 0{,}9949 = 0{,}0051$.

Binomialverteilung
→ S. 137
Beispiele zum Gebrauch der Tabelle
→ S. 151

Binomialverteilung – Verteilungsfunktion

$$F_B(k; n; p) = P_p^n(X \le k) = \sum_{i=0}^{k} f_B(i; n; p) = \sum_{i=0}^{k} \binom{n}{i} \cdot p^i \cdot (1-p)^{n-i}$$

		p												
n	k	0,02	0,03	0,04	0,05	0,10	1/6	0,20	0,30	1/3	0,40	0,50	k	n
50	0	0,3642	2181	1299	0769	0052	0001	0000	0000	0000	0000	0000	49	50
	1	7358	5553	4005	2794	0338	0012	0002	0000	0000	0000	0000	48	
	2	9216	8108	6767	5405	1117	0066	0013	0000	0000	0000	0000	47	
	3	9822	9372	8609	7604	2503	0238	0057	0000	0000	0000	0000	46	
	4	9968	9832	9510	8964	4312	0643	0185	0002	0000	0000	0000	45	
	5	9995	9963	9856	9622	6161	1388	0480	0007	0001	0000	0000	44	
	6	9999	9993	9964	9882	7702	2506	1034	0025	0005	0000	0000	43	
	7		9999	9992	9968	8779	3911	1904	0073	0017	0000	0000	42	
	8			9999	9992	9421	5421	3073	0183	0050	0002	0000	41	
	9				9998	9755	6830	4437	0402	0127	0008	0000	40	
	10					9906	7986	5836	0789	0284	0022	0000	39	
	11					9968	8827	7107	1390	0570	0057	0000	38	
	12					9990	9373	8139	2229	1035	0133	0002	37	
	13					9997	9693	8894	3279	1715	0280	0005	36	
	14					9999	9862	9393	4468	2612	0540	0013	35	
	15						9943	9692	5692	3690	0955	0033	34	
	16						9978	9856	6839	4868	1561	0077	33	
	17						9992	9937	7822	6046	2369	0164	32	
	18						9998	9975	8594	7126	3356	0325	31	
	19						9999	9991	9152	8036	4465	0595	30	
	20							9997	9522	8741	5610	1013	29	
	21							9999	9749	9244	6701	1611	28	
	22								9877	9576	7660	2399	27	
	23								9944	9778	8438	3359	26	
	24								9976	9892	9022	4439	25	
	25								9991	9951	9427	5561	24	
	26								9997	9979	9686	6641	23	
	27								9999	9992	9840	7601	22	
	28									9997	9924	8389	21	
	29									9999	9960	8987	20	
	30										9986	9405	19	
	31										9995	9675	18	
	32										9998	9836	17	
	33										9999	9923	16	
	34											9967	15	
	35											9987	14	
	36											9995	13	
	37	Nicht aufgeführte Werte sind auf 4 Dezimalen gerundet 1,0000.										9998	12	
100	0	0,1326	0476	0169	0059	0000	0000	0000	0000	0000	0000	0000	99	100
	1	4033	1946	0872	0371	0003	0000	0000	0000	0000	0000	0000	98	
	2	6767	4198	2321	1183	0019	0000	0000	0000	0000	0000	0000	97	
	3	8590	6472	4295	2578	0078	0000	0000	0000	0000	0000	0000	96	
	4	9492	8179	6289	4360	0237	0001	0000	0000	0000	0000	0000	95	
	5	9845	9192	7884	6160	0576	0004	0000	0000	0000	0000	0000	94	
	6	9959	9688	8936	7660	1172	0013	0001	0000	0000	0000	0000	93	
	7	9991	9894	9525	8720	2061	0038	0003	0000	0000	0000	0000	92	
	8	9998	9968	9810	9369	3209	0095	0009	0000	0000	0000	0000	91	
	9		9991	9932	9718	4513	0213	0023	0000	0000	0000	0000	90	
	10		9998	9978	9885	5832	0427	0057	0000	0000	0000	0000	89	
	11			9993	9957	7030	0777	0126	0000	0000	0000	0000	88	
	12			9998	9985	8018	1297	0253	0000	0000	0000	0000	87	
	13				9995	8761	2000	0469	0001	0000	0000	0000	86	
n	k	0,98	0,97	0,96	0,95	0,90	5/6	0,80	0,70	2/3	0,60	0,50	k	n
		p												

Für die dunkelblau unterlegten Werte $(p \ge 0{,}5)$ gilt $F_B(k; n; p) = 1 -$ abgelesener Wert.

Binomialverteilung – Verteilungsfunktion

$$F_B(k;n;p) = P_p^n(X \le k) = \sum_{i=0}^{k} f_B(i;n;p) = \sum_{i=0}^{k} \binom{n}{i} \cdot p^i \cdot (1-p)^{n-i}$$

n	k	0,02	0,03	0,04	0,05	0,10	1/6	0,20	0,30	1/3	0,40	0,50	k	n
							p							
	14				0,9999	9274	2874	0804	0002	0000	0000	0000	85	
	15					9601	3877	1285	0004	0000	0000	0000	84	
	16					9794	4942	1923	0010	0001	0000	0000	83	
	17					9900	5994	2712	0022	0002	0000	0000	82	
	18					9954	6965	3621	0045	0005	0000	0000	81	
	19					9980	7803	4602	0089	0011	0000	0000	80	
	20					9992	8481	5595	0165	0024	0000	0000	79	
	21					9997	8998	6540	0288	0048	0000	0000	78	
	22					9999	9370	7389	0479	0091	0001	0000	77	
	23						9621	8109	0755	0164	0003	0000	76	
	24						9783	8686	1136	0281	0006	0000	75	
	25						9881	9125	1631	0458	0012	0000	74	
	26						9938	9442	2244	0715	0024	0000	73	
	27						9969	9658	2964	1066	0046	0000	72	
	28						9985	9800	3768	1524	0084	0000	71	
	29						9993	9888	4623	2093	0148	0000	70	
	30						9997	9939	5491	2766	0248	0000	69	
	31						9999	9969	6331	3525	0398	0001	68	
	32							9985	7107	4344	0615	0002	67	
	33							9993	7793	5188	0913	0004	66	
	34							9997	8371	6019	1303	0009	65	
	35							9999	8839	6803	1795	0018	64	
	36							9999	9201	7511	2386	0033	63	
	37								9470	8123	3068	0060	62	
	38								9660	8630	3822	0105	61	
	39								9790	9034	4621	0176	60	
	40								9875	9341	5433	0284	59	
100	41								9928	9566	6225	0443	58	100
	42								9960	9724	6967	0666	57	
	43								9979	9831	7635	0967	56	
	44								9989	9900	8211	1356	55	
	45								9995	9943	8689	1841	54	
	46								9997	9969	9070	2421	53	
	47								9999	9983	9362	3087	52	
	48								9999	9991	9577	3822	51	
	49									9996	9729	4602	50	
	50									9998	9832	5398	49	
	51									9999	9900	6178	48	
	52										9942	6914	47	
	53										9968	7579	46	
	54										9983	8159	45	
	55										9991	8644	44	
	56										9996	9033	43	
	57										9998	9334	42	
	58										9999	9557	41	
	59											9716	40	
	60											9824	39	
	61											9895	38	
	62											9940	37	
	63											9967	36	
	64											9982	35	
	65											9991	34	
	66											9996	33	
	67											9998	32	
	68											9999	31	
n	k	0,98	0,97	0,96	0,95	0,90	5/6	0,80	0,70	2/3	0,60	0,50	k	n
							p							

Für die dunkelblau unterlegten Werte ($p \ge 0{,}5$) gilt
$F_B(k;n;p) = 1 -$ abgelesener Wert.
Nicht aufgeführte Werte sind auf 4 Dezimalen gerundet 1,0000.

Binomialverteilung
→ S. 137
Beispiele zum Gebrauch der Tabelle
→ S. 151

Anhang: Tabellen

Gauß-Funktion → S. 134
Standardnormalverteilung → S. 140

Gauß-Funktion (Dichtefunktion der Standardnormalverteilung)

Es gilt $\varphi(x) = \frac{1}{\sqrt{2\pi}} \cdot e^{-\frac{1}{2}x^2}$ und $\varphi(-x) = \varphi(x)$.

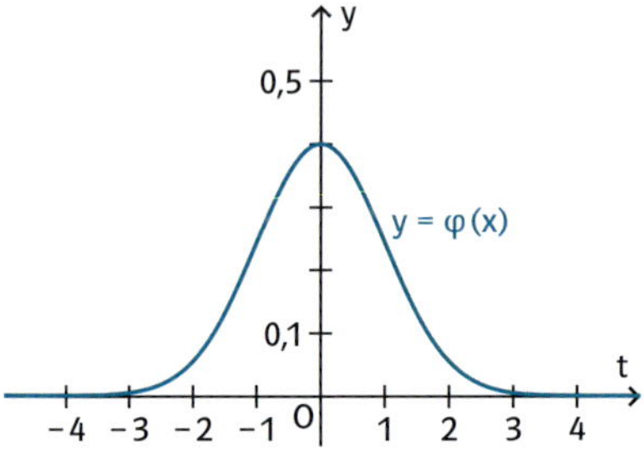

x	0	1	2	3	4	5	6	7	8	9
0,0	0,3989	3989	3989	3988	3986	3984	3982	3980	3977	3973
0,1	3970	3965	3961	3956	3951	3945	3939	3932	3925	3918
0,2	3910	3902	3894	3885	3876	3867	3857	3847	3836	3825
0,3	3814	3802	3790	3778	3765	3752	3739	3725	3712	3697
0,4	3683	3668	3653	3637	3621	3605	3589	3572	3555	3538
0,5	0,3521	3503	3485	3467	3448	3429	3410	3391	3372	3352
0,6	3332	3312	3292	3271	3251	3230	3209	3187	3166	3144
0,7	3123	3101	3079	3056	3034	3011	2989	2966	2943	2920
0,8	2897	2874	2850	2827	2803	2780	2756	2732	2709	2685
0,9	2661	2637	2613	2589	2565	2541	2516	2492	2468	2444
1,0	0,2420	2396	2371	2347	2323	2299	2275	2251	2227	2203
1,1	2179	2155	2131	2107	2083	2059	2036	2012	1989	1965
1,2	1942	1919	1895	1872	1849	1826	1804	1781	1758	1736
1,3	1714	1691	1669	1647	1626	1604	1582	1561	1539	1518
1,4	1497	1476	1456	1435	1415	1394	1374	1354	1334	1315
1,5	0,1295	1276	1257	1238	1219	1200	1182	1163	1145	1127
1,6	1109	1092	1074	1057	1040	1023	1006	0989	0973	0957
1,7	0940	0925	0909	0893	0878	0863	0848	0833	0818	0804
1,8	0790	0775	0761	0748	0734	0721	0707	0694	0681	0669
1,9	0656	0644	0632	0620	0608	0596	0584	0573	0562	0551
2,0	0,0540	0529	0519	0508	0498	0488	0478	0468	0459	0449
2,1	0440	0431	0422	0413	0404	0396	0387	0379	0371	0363
2,2	0355	0347	0339	0332	0325	0317	0310	0303	0297	0290
2,3	0283	0277	0270	0264	0258	0252	0246	0241	0235	0229
2,4	0224	0219	0213	0208	0203	0198	0194	0189	0184	0180
2,5	0,0175	0171	0167	0163	0158	0154	0151	0147	0143	0139
2,6	0136	0132	0129	0126	0122	0119	0116	0113	0110	0107
2,7	0104	0101	0099	0096	0093	0091	0088	0086	0084	0081
2,8	0079	0077	0075	0073	0071	0069	0067	0065	0063	0061
2,9	0060	0058	0056	0055	0053	0051	0050	0048	0047	0046
3,0	0,0044	0043	0042	0040	0039	0038	0037	0036	0035	0034
3,1	0033	0032	0031	0030	0029	0028	0027	0026	0025	0025
3,2	0024	0023	0022	0022	0021	0020	0020	0019	0018	0018
3,3	0017	0017	0016	0016	0015	0015	0014	0014	0013	0013
3,4	0012	0012	0012	0011	0011	0010	0010	0010	0009	0009
3,5	0,0009	0008	0008	0008	0008	0007	0007	0007	0007	0006
3,6	0006	0006	0006	0005	0005	0005	0005	0005	0005	0004
3,7	0004	0004	0004	0004	0004	0004	0003	0003	0003	0003
3,8	0003	0003	0003	0003	0003	0002	0002	0002	0002	0002
3,9	0002	0002	0002	0002	0002	0002	0002	0002	0001	0001
x	0	1	2	3	4	5	6	7	8	9

Beispiele: $\varphi(3{,}38) = 0{,}0013$ und $\varphi(-2{,}64) = 0{,}0122$.

Gauß'sche Summenfunktion (Verteilungsfunktion der Standardnormalverteilung)

Es gilt $\Phi(x) = \int_{-\infty}^{x} \varphi(t)\,dt = \frac{1}{\sqrt{2\pi}} \int_{-\infty}^{x} e^{-\frac{1}{2}t^2}\,dt$ und $\Phi(-x) = 1 - \Phi(x)$.

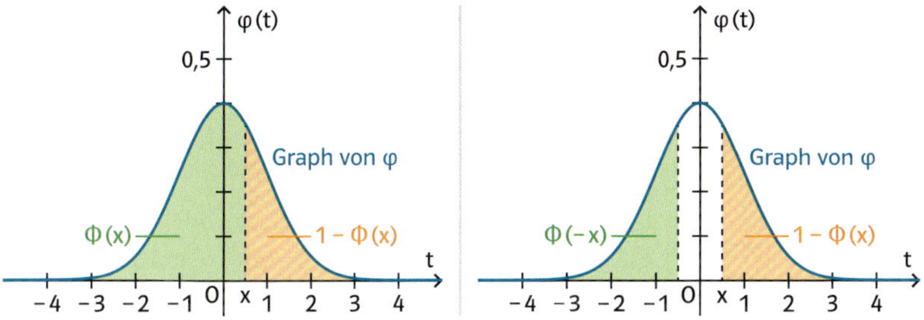

x	0	1	2	3	4	5	6	7	8	9
0,0	0,5000	5040	5080	5120	5160	5199	5239	5279	5319	5359
0,1	5398	5438	5478	5517	5557	5596	5636	5675	5714	5753
0,2	5793	5832	5871	5910	5948	5987	6026	6064	6103	6141
0,3	6179	6217	6255	6293	6331	6368	6406	6443	6480	6517
0,4	6554	6591	6628	6664	6700	6736	6772	6808	6844	6879
0,5	0,6915	6950	6985	7019	7054	7088	7123	7157	7190	7224
0,6	7257	7291	7324	7357	7389	7422	7454	7486	7517	7549
0,7	7580	7611	7642	7673	7704	7734	7764	7794	7823	7852
0,8	7881	7910	7939	7967	7995	8023	8051	8078	8106	8133
0,9	8159	8186	8212	8238	8264	8289	8315	8340	8365	8389
1,0	0,8413	8438	8461	8485	8508	8531	8554	8577	8599	8621
1,1	8643	8665	8686	8708	8729	8749	8770	8790	8810	8830
1,2	8849	8869	8888	8907	8925	8944	8962	8980	8997	9015
1,3	9032	9049	9066	9082	9099	9115	9131	9147	9162	9177
1,4	9192	9207	9222	9236	9251	9265	9279	9292	9306	9319
1,5	0,9332	9345	9357	9370	9382	9394	9406	9418	9429	9441
1,6	9452	9463	9474	9484	9495	9505	9515	9525	9535	9545
1,7	9554	9564	9573	9582	9591	9599	9608	9616	9625	9633
1,8	9641	9649	9656	9664	9671	9678	9686	9693	9699	9706
1,9	9713	9719	9726	9732	9738	9744	9750	9756	9761	9767
2,0	0,9772	9778	9783	9788	9793	9798	9803	9808	9812	9817
2,1	9821	9826	9830	9834	9838	9842	9846	9850	9854	9857
2,2	9861	9864	9868	9871	9875	9878	9881	9884	9887	9890
2,3	9893	9896	9898	9901	9904	9906	9909	9911	9913	9916
2,4	9918	9920	9922	9925	9927	9929	9931	9932	9934	9936
2,5	0,9938	9940	9941	9943	9945	9946	9948	9949	9951	9952
2,6	9953	9955	9956	9957	9959	9960	9961	9962	9963	9964
2,7	9965	9966	9967	9968	9969	9970	9971	9972	9973	9974
2,8	9974	9975	9976	9977	9977	9978	9979	9979	9980	9981
2,9	9981	9982	9982	9983	9984	9984	9985	9985	9986	9986
3,0	0,9987	9987	9987	9988	9988	9989	9989	9989	9990	9990
3,1	9990	9991	9991	9991	9992	9992	9992	9992	9993	9993
3,2	9993	9993	9994	9994	9994	9994	9994	9995	9995	9995
3,3	9995	9995	9995	9996	9996	9996	9996	9996	9996	9997
3,4	9997	9997	9997	9997	9997	9997	9997	9997	9997	9998
3,5	0,9998	9998	9998	9998	9998	9998	9998	9998	9998	9998
3,6	9998	9998	9999	9999	9999	9999	9999	9999	9999	9999
3,7	9999	9999	9999	9999	9999	9999	9999	9999	9999	9999
3,8	9999	9999	9999	9999	9999	9999	9999	9999	9999	9999
3,9	1,0000									
x	0	1	2	3	4	5	6	7	8	9

Beispiele: $\Phi(2{,}42) = 0{,}9922$ und $\Phi(-1{,}23) = 1 - 0{,}8907 = 0{,}1093$.

Gauß'sche Summenfunktion → S. 134
Standardnormalverteilung → S. 140

A

B

C

D

E

F

G

H

I

J

K

L

M

N

O

P

Q

R

S

T

U

V

W

Y

Z